贵州省职业教育人才培养质量提升工程 —— 省级现代学徒制试点项目成果

贵州农业职业学院　　校企合作开发
贵阳新希望农业科技有限公司

规模化养猪实用教程

主　编　蔡兴芳

副主编　杨　敏　许　芳　何明才　侯江勇

西南交通大学出版社
·成　都·

内容简介

本教材为贵州省人才质量提升工程 ——畜牧兽医专业现代学徒制试点项目成果，在遵循"以岗位需求为导向、以职业能力为核心"的教学指导思想的基础上，由校企共同开发。主要依据规模化生猪养殖工作过程，将内容分为八个项目。全书内容包括：猪场环境控制技术、后备猪舍生产技术、公猪舍生产技术、配怀舍生产技术、分娩舍生产技术、保育舍生产技术、生长育肥舍生产技术、猪场疾病防治技术。各项目按照生产的实际流程和技术需要进行编排，设有任务描述、任务目标、任务学习、任务检查、任务训练、任务拓展，便于学生明确学习重点、巩固所学知识，可有效实现对学生进行养猪生产技能培训的目标，力求符合我国职业教育发展方向，旨在培养高级技术技能型人才。

本教材可作为高等职业院校畜牧、畜牧兽医及相关专业的教学用书，也可作为养猪企业技术人员、基层畜牧兽医技术人员及养殖户的培训资料和参考书。

图书在版编目（ＣＩＰ）数据

规模化养猪实用教程 / 蔡兴芳主编. —成都：西
南交通大学出版社，2020.5（2022.8 重印）
ISBN 978-7-5643-7426-6

Ⅰ. ①规… Ⅱ. ①蔡… Ⅲ. ①养猪学 – 高等职业教育
– 教材 Ⅳ. ①S828

中国版本图书馆 CIP 数据核字（2020）第 073254 号

Guimohua Yangzhu Shiyong Jiaocheng
规模化养猪实用教程

主　编／蔡兴芳	责任编辑／牛　君
	封面设计／原谋书装

西南交通大学出版社出版发行
（四川省成都市金牛区二环路北一段 111 号西南交通大学创新大厦 21 楼　610031）
发行部电话：028-87600564
网址：http://www.xnjdcbs.com
印刷：四川森林印务有限责任公司

成品尺寸　185 mm×260 mm
印张　15　字数　373 千
版次　2020 年 5 月第 1 版
印次　2022 年 8 月第 2 次

书号　ISBN 978-7-5643-7426-6
定价　39.80 元

· 编 委 会 ·

·前　言·

2019 年，国家先后出台一系列政策，加速完善现代职教体系。其中，国务院印发的《国家职业教育深化改革实施方案》指出职业教育与普通教育是两种不同的教育类型，具有同等重要地位，明确了职业教育在我国教育体系中的重要地位。把发展高等职业教育作为优化高等教育结构和培养大国工匠、能工巧匠的重要方式，高等职业学校要培养服务区域发展的高素质技术技能型人才，提出"按照专业设置与产业需求对接、课程内容与职业标准对接、教学过程与生产过程对接"的要求。

随着规模化养猪产业的发展，行业急需大量高素质的技术技能型人才，也急需能对接生产过程的专业教材指导高职学生和相关技术人员。本教材编写力求突出实践性、应用性，突出职业技能特点，依据国家职业标准和专业教学标准，结合企业实际，突出新知识、新技术、新工艺、新方法，注重职业能力培养。

本教材为贵州省人才质量提升工程 —— 畜牧兽医专业现代学徒制试点项目成果，内容符合高等职业教育培养高素质技术技能型人才的培养目标，理论以必需、够用、实用为度，突出技能培养，在内容上与市场岗位需求保持一致，将培养学生的学习能力、分析能力及创新能力放在首位，可为学生未来的职业发展打下坚实的基础。

教材依据规模化生猪养殖工作过程，将内容分为八个项目。全书内容包括：猪场环境控制技术、后备猪舍生产技术、公猪舍生产技术、配怀舍生产技术、分娩舍生产技术、保育舍生产技术、生长育肥舍生产技术、猪场疾病防治技术。编写人员由贵州农业职业学院"现代学徒制试点"项目组老师和贵阳新希望农业有限公司技术员组成，具体编写分工为：绪论：蔡兴芳；项目一猪场环境控制技术、项目二后备猪舍生产技术、项目三公猪舍生产技术：杨敏、班明政、李兴美、乔艳龙；项目四配怀舍生产技术、项目五分娩舍生产技术、项目六保育舍生产技术：许芳、卢家友、李志惠、陈利；项目七生长育肥舍生产技术、项目八猪场疾病防治技术、附录：何明才、王海梅、李朝波，全书由蔡兴芳、彭中友、支锐统稿。任务检查、任务拓展、任务训练由相应项目的编写者完成，贵阳新希望农业有限公司侯江勇等企业专家对相关项目进行了审改。

本教材的编写参考了较多的同类专著、教材和有关文献资料,部分已注明出处,限于篇幅仍有部分文献未列出,在此对有关作者表示由衷的感谢和歉意!教材的编写和出版得到西南交通大学出版社的大力支持,在此表示衷心的感谢!

本教材可作为高等职业院校畜牧、畜牧兽医及相关专业的教学用书,也可作为养猪企业技术人员、基层畜牧兽医技术人员和养殖户的培训资料和参考书。

由于编者水平所限,书中难免有不妥之处,恳请读者提出宝贵意见。

编　者

2020 年 1 月

·目 录·

绪 论 ………………………………………………………………… 1

项目一 猪场环境控制技术 ……………………………………… 6
    任务一 猪场选址及布局 ……………………………………… 6
    任务二 猪群结构与猪栏配置 ……………………………… 12
    任务三 猪舍设施及猪舍设计 ……………………………… 17
    任务四 猪舍环境控制 ……………………………………… 29
    任务五 猪场废弃物处理 …………………………………… 38

项目二 后备猪舍生产技术 …………………………………… 46
    任务一 后备猪饲养管理技术 ……………………………… 46
    任务二 后备猪舍操作规程 ………………………………… 54

项目三 公猪舍生产技术 ……………………………………… 59
    任务一 种公猪饲养管理 …………………………………… 59
    任务二 公猪采精技术 ……………………………………… 63
    任务三 公猪舍操作规程 …………………………………… 70

项目四 配怀舍生产技术 ……………………………………… 76
    任务一 空怀母猪饲养管理技术 …………………………… 76
    任务二 母猪发情鉴定技术 ………………………………… 80
    任务三 母猪配种输精技术 ………………………………… 85
    任务四 妊娠母猪饲养管理 ………………………………… 89
    任务五 配怀舍操作规程 …………………………………… 95

项目五 分娩舍生产技术 ……………………………………… 99
    任务一 母猪产前的饲养管理 ……………………………… 99
    任务二 接产技术 ………………………………………… 101
    任务三 泌乳母猪的饲养管理技术 ……………………… 105

  任务四 哺乳仔猪饲养管理技术 ……………………………… 111

  任务五 分娩舍操作规程 …………………………………… 118

项目六 保育舍生产技术 …………………………………… 122

  任务一 保育猪的饲养管理 ………………………………… 122

  任务二 僵猪的处理 ………………………………………… 127

  任务三 保育舍操作规程 …………………………………… 132

项目七 生长育肥舍生产技术 ……………………………… 135

  任务一 生长育肥舍生产技术 …………………………… 135

  任务二 生长育肥舍操作规程 …………………………… 146

项目八 猪场疾病防治技术 ………………………………… 149

  任务一 猪场的常见疾病防治技术 …………………………… 149

  任务二 猪场的消毒与免疫接种技术 ……………………… 197

参考文献 ……………………………………………………… 214

附 录 ………………………………………………………… 215

  附录A 猪舍环境条件参数 …………………………………… 215

  附录B 猪场记录表格 ……………………………………… 218

  附录C 猪饲养标准 ………………………………………… 221

绪　论

我国是一个农业大国，猪肉是我国人民的主要肉食。自 20 世纪 80 年代以来，我国养猪业取得了迅猛发展，猪的年存栏数和年出栏数及年产肉量基本呈逐年增长趋势，多年来生猪出栏量保持在每年 6 亿头以上，市场规模在 5 000 亿元以上。我国虽然是公认的生猪大国，但不是生猪强国，和美国等技术先进的养猪强国相比还有一定的差距，疫病、药残、环境污染等因素制约着我国养猪业的持续健康发展。但随着文化、经济和人们生活水平的不断提高，未来我国养猪业必然向着集中化、集约化、专业化和工厂化的现代养猪生产体系发展。

一、我国养猪业发展历程

第一阶段：1990 年以前，商品短缺时期。供应不足，以庭院养猪为主体，人均消费低于 20 kg（2300 万吨）。

第二阶段：1991—1995 年，养猪生产快速增长期。个体户和小型猪场兴起和发展，庭院养猪繁荣，仍然为我国养猪生产的主体，人均消费达到 30 kg（3 600 万吨）。

第三阶段：1996—2005 年，供求基本稳定期。专业户和中小型猪场逐步兴起，庭院养猪逐步减少，人均消费量 30 ~ 31 kg（3 500 万 ~ 4 000 万吨）。

第四阶段：2006—2014 年，缓慢增长和效率规模提升期。现代养猪技术逐步引入，庭院养猪逐步退出养猪业的主体，集团化的大规模猪场逐渐兴起，国营养猪企业退出。人均占有量达到 35 kg（4 000 万 ~ 4 800 万吨）。

第五阶段：2015 年后，现代规模养猪生产增长期。效率提升、规模扩大、投资增大，应用现代养猪生产管理技术。庭院养猪退出历史舞台。人均占有量达到 40 kg（5 500 万吨）。

二、我国养猪业现状

1. 生产方式变化

我国养猪生产方式主要有三种：

（1）传统的农户养猪生产方式。一般每户饲养 1 ~ 5 头，作为家庭的副业，较为粗放。该方式已逐渐消失。

（2）专业户养猪。一般每户饲养规模从几十头到上百头，从数百头到上千头不等。这种生产方式具有一定的专业性，要有一定的投入，建造专门的养猪场，有专人负责管理，利用混合或配合饲料饲养，饲养专门化的瘦肉型猪品种或其二元、三元杂交种，生产的猪肉偏瘦肉型。

（3）规模化养猪生产。一般每场年出栏上万头到几万头。这种生产方式专业性很强，投入也较大，要有一批专业人员负责生产管理，同时对饲料的营养要求也很高，饲养专门的洋二元、三元杂交种或专门化配套系。

当前专业养殖户和规模企业快速扩张，成为我国生猪养殖新特点。随着养猪产业从无到有、由小到大、由分散到集约、由专业化生产到专业化经营的不断发展，规模化的养殖水平也出现不断扩大的趋势。从国家统计局生猪养殖规模化程度统计数据可知，2001年至今，我国养猪产业化程度逐年提高，特别是2007年后，呈加速增长趋势。

2. 养殖水平提高

养猪水平的不断提高，很大程度得益于饲料配方的调整。当前国内生猪使用全价料比例快速增加，饲料喂养比例提高，推动了饲料加工行业及养殖业发展，饲料原料产地发展迅速。生猪养殖逐步向原料产区或拥有良好交通环境的地区转移。同时猪的繁育水平也在提高，获得相同的出栏量所需母猪存栏量减少，单纯使用母猪存栏量来判断养猪效益或猪价已不具有科学性。

3. 环保政策趋严

2014年后《畜禽规模养殖污染防治条例》、新环保法、"水十条"等政策相继出台，2016年农业部颁布的《全国生猪生产发展规划（2016—2020年）》把南方8个水网密集省份规划为约束发展区。部分中小养殖场因环保要求或者地区发展经济需求需要拆迁，生猪养殖环保问题也成为养殖户（养殖企业）需要重点考虑的问题，环保费用成为生猪养殖成本的重要构成部分。

4. 疫病复杂，难以控制

疫情的净化和控制责任重大。控制猪场疾病是养猪生产的保证，近年来世界养殖业的疾病流行情况令人担忧，各地猪场疾病流行情况不容乐观，传统的流行疾病依旧威胁猪场安全。如2018年8月我国发现首例非洲猪瘟以来，全国多个省份相继发现疫情。非洲猪瘟作为一种致死率高、尚无有效疫苗进行防治的疫病，是生猪养殖行业的重大威胁，若被传染势必对整个养猪业造成严重影响。

三、发达国家养猪特点

1. 生产高度专业化、规模化、机械化和集约化

发达国家养猪场大多采用集约化管理，专业化程度高，如种猪场只负责生产仔猪，育肥场只负责育肥，保育场只负责保育，不同养殖场分工明确，专业性强。猪场数量逐年减少，养猪规模不断扩大，工业化水平不断提高。如美国从1980年到1986年间猪场总数从67.04万个减少到34.7万个（减少48%），每个养猪场平均猪数从96头增加到147头。猪场自动化、机械化程度高，猪场内采用全自动控制的饲喂系统，定时、自动添加饲料；自动饮水系统保证猪只24 h内自由饮水。在追求生产效率和规模经济效益的同时，养猪的现代化水平得到了巨大的提高，从而实现了高效、低成本的养猪生产。

2. 高效益的饲养管理新技术应用

种猪的繁育体系、杂交优势的利用、猪的人工授精、肥猪的全进全出饲养、仔猪的早期

隔离断乳和理想蛋白质理论等新的技术理论都被迅速推广运用，并产生了巨大的经济效益。如世界养猪发达国家 PSY（母猪年提供断奶仔猪头数）平均 25 头以上，丹麦在 27 头以上，冠军水平为 33 头（中国猪业 2014 年 PSY 平均不足 14 头，至 2016 年 PSY 平均接近 16 头，截至 2017 年，PSY 平均接近 18 头）。

3. 合作社和养猪协会在行业中发挥重要作用

为了克服养猪户在市场竞争中的不利地位，政府高度重视合作社和协会的发展。协会具有很高的权威性，利用信息网络系统及时为生产（科研工作）者提供市场需求信息，市场需要什么，他们就研究、生产什么。

4. 环境保护和资源循环利用

在环境保护方面，从特定的自然条件出发，有效利用资源和保护环境，对养殖、产品加工、粪便处理等方面都做到合理配置和循环利用，实现畜牧业的可持续发展。如猪场都建在农田中间，每到庄稼需要施肥的时候，就从猪场的粪便池中取粪施肥，实现资源的循环利用。

5. 信息统计的完善，注重宏观调控

世界畜牧业发达国家都普遍建立了完备的行业统计体系。欧洲的农业部专门设立了一个关于农业生产市场的统计司局，专门负责各种农产品的生产和市场信息统计和分析。在信息统计分析的基础上，控制猪场的规模和数量，实现按需生产。

四、规模化养猪概述

1. 规模化养猪的概念

规模化养猪也可称为现代化养猪，就是利用现代科学技术、现代工业设备和工业生产方式进行养猪；利用先进的科学方法来组织和管理养猪生产，以提高劳动生产率、繁殖成活率、出栏率和商品率，从而达到养猪的稳产、高产、优质（无公害）和低成本、高效益的目的。

2. 规模化养猪的特点

（1）运用综合科技手段。包括先进的遗传育种、营养需要、环境控制、专业化的机械设备和疫病防治等技术，不断提高生产效率和生产水平。

（2）规模大，终年舍内饲养。存栏母猪 1 000～10 000 头以上，可年出栏商品猪 20 000 头以上，采用高密度（育肥猪或育成猪）或单圈饲养（公母猪），减少占地面积和猪舍的建筑面积。

（3）机械化、自动化程度高。为了提高劳动生产率，便于管理，尽可能装备机械设备和自动化设备。喂料、通风、供热实现自动化、机械化。

（4）创造适宜的畜舍环境。根据猪的生理特点，创造并控制相应的畜舍环境，使养猪生产不受季节和温度的影响，从而可以使商品猪均衡地供应市场，为消费者提供可靠的猪肉来源，或者为养猪场、专业户提供优质的种猪。

（5）猪场管理专业化、数字化、科学化。采用科学的经营管理方法组织生产，使各生产要素、工艺流程等规格标准化并有规律地运转，使生产保质、保量、有序、平稳地进行。

3. 规模化养猪应具备的条件

（1）场地。养1头猪大约需要1 m²。养猪场要求既不能靠近公路，又不能太偏僻。靠近公路不利于防疫；太偏僻的地方，水、电、路都不方便，会给养猪场的建设和经营带来困难，使养猪成本增高。原则上要求养猪场距主要公路5~10 km，水源的水质好，水量足。还要考虑排污与环境等诸多方面因素。

（2）资金。充足的资金是养猪场建设和生产运转必需的。万头猪场需资金800万~1 000万元，养猪生产的连续性决定了必须有足够的资金作为保证。

（3）市场。市场需求量决定养猪的商品量。养猪市场一是销售市场，二是加工市场。销售市场既着眼本场市场，又要考虑到周边城市市场。加工市场是养猪生产可靠又稳定的市场，要与加工企业建立产销合同，以销定产。综合分析两个市场的销量情况，从而确定生产规模和出栏量。

（4）人才。人才是事业成功的保证。养猪的人才包括畜牧兽医专业人才和管理人才，以及有经验的饲养员等。充分发挥人才作用，研究和解决生产和管理中遇到的问题，不断总结经验，改进技术方案，开发新的饲料品种，打出市场热销的猪产品，占领国内外市场。

（5）先进的设备。先进的设备是规模化养猪的重要条件。没有先进的设备，会给生产和管理造成很大的麻烦。对养猪设备要求操作方便，坚固耐用。如母猪限位高栏和仔猪保育高栏的床底要用防腐防锈材料，既平整能漏粪，又不损伤蹄夹。养猪设备还包括给水、供料系统，猪栏，除粪设备，以及微机监控装置等。

（6）资源。优质充足的饲料资源是规模化养猪的物质保证。按养无公害猪肉的要求，组织购进玉米、豆粕和麦麸等主要原料，为了降低成本，猪场要自配饲料，按照不同时期、不同类别猪只的需要制造各种饲料。大型养猪场要自建仓库，贮备足够的饲料原料，避免市场涨价使饲料成本上升，降低市场风险。

五、规模化养猪发展趋势

1. 由数量向质量的发展

虽然我国生猪的存栏量、产肉量都居世界首位，但是我国猪肉出口量却只有16.2万吨，仅占世界猪肉出口量的2.8%。这是为什么呢？疫病和猪肉质量的影响，如过量使用药物导致药物残留问题，都是造成猪肉出口量低的直接原因。随着我国人均收入的增加，对高档冰鲜、品牌猪肉的消费能力也在增加。绿色、无公害、高品质的猪肉更贴近人心。而提高猪肉品质，实现养猪生产由注重数量到注重质量的转变已是大势所趋。

2. 由传统型生产向福利型生产的发展

我国规模化猪场一般都沿袭国外的定位栏饲喂模式，但是随着实际使用和时间检验，其弊端也日益突出，由于空间局限、运动量减少，猪蹄病日趋严重；猪群相互间伤害的行为加重，生产力下降等。欧盟已经淘汰限位栏，使用母猪电子饲喂站等先进设备，实现传统型向福利型生产转变，制订了社会责任标准，并以此作为绿色贸易堡垒。为提高我国养猪业的整体实力，促进猪肉的出口量，增加我国养猪业的创汇能力，我国必须适应国际潮流的新趋势，扩宽母猪的饲养空间，使用先进的母猪电子饲喂站等设备，并为猪提供必要的"玩具"设施，减少猪的异常行为，使我国的养猪业向符合动物福利要求的方向发展。

3. 由兽医防疫向工程防疫的发展

我国规模化养猪的疾病防治和防疫工作一直沿袭兽医防治体制，一般是出现疾病问题，然后寻找防治的方法，很难做到防患于未然。一旦暴发疫病，只能靠捕杀、隔离等手段进行防治。为了避免疫病的出现和及时地对疫病进行控制，从猪场选址、总体规划和工程措施入手，努力实现猪场多点生产工艺方式，建立适当的防疫隔离带，完善猪场的进出消毒制度，实施工程防疫，已成为今后一个时期养猪业防疫工作的发展方向。

4. 由耗能型向节能型发展

能源问题是今后制约我国发展的重要问题，规模化养猪是一个耗能型行业，需要消耗大量的水资源和电力资源。为了节约用水，应改传统的水冲粪和水泡粪方式为粪便零排放处理；为了节约用电，应研究开发局部降温、加热技术，以改变传统猪舍降温或加热方式，实现猪场的节能运转。

5. 由污染型向生态型发展

长期以来，规模化猪场一直被认为是巨大的污染源，是世界公害，但是如果猪场的粪污处理得当，不仅能消除污染，还能使猪粪成为良好的肥料。

6. 由分户散养转向区域布局、规模化饲养、专业化生产、产业化经营

当代养猪业的主要趋势是生产的集约化。猪场的规模扩大，有助于采用先进的生产设备、先进的管理技术，促进猪场的进一步发展。发展适度的规模化饲养已经成为一个全球发展的趋势，它有利于进行专业化生产，有利于提高生产力水平，降低生产成本。为了适应这种潮流，我国养猪也将进一步向区域化布局、规模化饲养、专业化生产、产业化经营发展。

综上可以看出，我国养猪业的发展大方向主要是围绕品质、动物福利、防疫、生态、产业化发展来进行，养猪企业应该以此为前进方向，寻求更长远的发展。

项目一 猪场环境控制技术

任务一 猪场选址及布局

【任务描述】

猪场技术人员应具备一定的猪场场址选择及布局的相关理论知识，并能科学合理地选择场址和进行猪舍布局，保障养猪生产安全有序地进行。

【任务目标】

- 了解养殖场建设的国家及行业相关标准；
- 掌握猪场场址选择的基本原则；
- 科学合理地进行猪场功能区划分及猪舍布局。

【任务学习】

猪场场址选择与布局对养猪生产具有重要意义。在养猪生产过程中，无论是安全生产还是环境污染控制，都必须接受相关部门的管理和监督，为了保证生产的安全和控制养殖废弃物对环境的污染，应依据国家及行业相关标准或规程，妥善选择养殖场址，并合理地对其进行规划和布局。

一、养殖场生产性质和规模

（一）猪场生产性质

规模化养猪场根据生产任务不同，一般可分为种猪繁殖场、商品肉猪场、自繁自养商品肉猪场和供精站。

1. 种猪繁殖场

目前大多种场为父母代场，以生产商品场所需要的种源。主要包括两种类型，一是以繁殖、出售优良种猪为主的专业场；二是以繁殖、出售商品仔猪为主的繁殖母猪专业场，主要饲养优良的杂一代种母猪，通过三元杂交生产、出售仔猪，供应商品肉猪场和市场。

2. 商品肉猪场

商品肉猪场专门进行育肥猪的饲养、销售。从种猪场直接购买商品仔猪进行育肥饲养。

3. 自繁自养商品肉猪场

从种猪场获取种源，通过饲养种母猪繁殖仔猪进行商品育肥，自行解决仔猪来源。目前我国大型、中型规模化猪场基本采用这种生产方式。

4. 供精站

专门从事种公猪的饲养，为各猪场提供量多质优的精液。种源必须来源于种猪性能测定站经性能测定的优秀个体或育种场核心群（没有种猪性能测定站的地区）的优秀个体。品种选择主要取决于国家培育方向推广的猪种，如长白猪、大约克夏、杜洛克等。

（二）猪场生产规模

养猪场生产规模一般以年存栏基础母猪数或年出栏商品肉猪头数来确定。根据生产规模大小，规模化猪场可分为三种类型，小型规模化猪场、中型规模化猪场、大型规模化猪场，详见表 1-1-1。

表 1-1-1　猪场生产规模分类

类型	年出栏商品肉猪/头	年饲养存栏母猪数/头
小型场	≤3 000	≤200
中型场	3 000～10 000	200～600
大型场	≥10 000	≥600

二、猪场场址的选择

猪场场址的选择是否适当，直接影响到猪场的生产效益的好坏。良好的小气候环境，才有利于猪舍内空气环境控制。合理的场区规划与布局，有利于合理地组织生产，要严格执行卫生防疫制度和做好环境保护。一般小型养猪场对场址没有很高的要求，但对于规模化、专业化猪场来说，合理选择场址对产品生产、疫病防控和环境保护等具有重要的意义。

（一）猪场建设占地面积

猪场占地面积应根据猪场饲养规模、生产任务和场地的总体特点而定，一般情况下可按每头基础母猪占地 45～50 m² 或每头出栏商品肉猪占地 3～4 m² 计算。规模化猪场建设占地面积可参考表 1-1-2 的数据。

表 1-1-2　猪场建设占地面积

猪场规模	100 头基础母猪	300 头基础母猪	600 头基础母猪
建设占地面积/m²（亩）	5 330（8）	13 333（20）	26 667（30）

（二）场址选择的原则

应符合国家或地方区域规划发展的相关规定，根据城乡建设规划，考虑长远发展，避免频繁搬迁和重建。

参照国家相关法律法规、标准：畜牧法、养殖场场区设计技术规程、规模化猪场建设等。《中华人民共和国畜牧法》第四十条规定：禁止在下列区域内建设畜禽养殖场、养殖小区；① 生活饮用水的水源保护区、风景名胜区以及自然保护区的核心区和缓冲区；② 城镇居民区、文化教育科学研究区等人口集中区域；③ 法律、法规规定的其他禁养区域。

（三）场址选择的内容

1. 地形地势

选择地势较高、干燥、地面平坦或稍有坡度，坡面向阳背风的场地建场。坡度以 2%～5%为好，最大不超过 25%，以利于猪场的保暖、采光、通风和排水，创建良好的场区小气候环境。低洼、泥泞的地势，易形成局部空气涡流现象，污浊空气长期滞留，出现潮湿、阴冷或闷热等现象，不利于猪群健康生长。

地形应要开阔、整齐，以利各区建设物的合理布置，保持最佳生产联系，并为场区发展留有余地。具体参阅《GB/T 17824 规模化猪场建设》。

2. 土壤质地

土壤要求未被污染过，无生物化学性地方病。土质以沙壤土为好，具有透水性好，透气好，导热性小，保温性能好等优良特性。不具备质地要求的，应做好加固处理。

3. 水源水质

养猪生产过程中，猪只饮用、饲料调制、猪舍清洁消毒、用具清洗、粪污清洁、环境绿化、夏季降温、职工生活用水、场区消防等都需要大量的水。猪场供水量应以夏季最大耗水量计算，水质应符合卫生要求，符合《NY 5027 无公害食品畜禽饮用水水质》。

4. 绿化植被

良好的绿化植被，有利于形成良好的场区小气候。

5. 气候因素

指与建设设计有关以及影响场区小气候的气象资料，如该地区平均气温、全年最高温度和最低温度、平均相对湿度、夏季及冬季主导风向、风力、日照情况等，有利于合理设计场区规划与布局、猪舍建设方位、朝向等。

6. 电力充足

猪场应具备三相电源，供电稳定。保证猪生长发育阶段、机械设备的运转、日常生活等有可靠的电力供应。并备有发电机，保证生产、生活的正常进行。

7. 交通便利

猪场应建在交通方便、道路平坦的地方，保证猪饲料、产品及其他生产、生活物资的运输便捷。但为了防疫安全，场区应有交通支道与交通主干线连接，按照畜牧场建设标准，新建场址应满足卫生防疫要求，场区距铁路、高速公路、交通干线不小于 1 000 m；距一般道路不小于 500 m；距其他畜牧场、兽医机构、畜禽屠宰厂不小于 2 000 m；距居民区不小于 3 000 m，并且应位于居民区及公共建筑群常年主导风向的下风向处。具体要求符合《NY/T 682 畜禽场场区设计技术规范》。

8. 卫生防疫

场址不得位于《中华人民共和国畜牧法》明令禁止区域。不能在化工厂、屠宰场、制革厂等容易产生环境污染企业的下风处或附近建场，避免工厂排放的废水、废气中重金属、有害气体及烟尘污染场区空气和水源，危害猪群和人体健康。大型猪场应离公路、河流、村镇（居民区）、工厂、学校和其他畜禽场 500 m 以外，特别是与畜禽屠宰场、肉类和畜产品加工厂距离应在 1 500 m 以上，以利于环境保护和防疫安全。

三、猪场规划布局

对猪场进行合理的规划与布局，既能保证生产过程的延续性，有利于生产管理和提高劳动生产效率，又能严格执行卫生防疫制度和做好环境保护，有利于保证人畜健康。

（一）规划布局的原则

（1）以防疫为前提，保证人员工作卫生安全、生活环境，保证畜禽场与周围环境的卫生安全。

（2）根据地势高低、全年主导风向进行各区位置排布，且各区应保持相对独立。生产区内按生产工艺流程进行圈舍设置，合理设计圈舍间距。

（3）充分利用地形地势、原有交通道路、供水供电线路，尽量减少投资。

（4）节约用地，在占地满足当前使用功能的同时，为今后发展需要留有余地。

（二）猪场功能区划分与总体布局

猪场通常按其功能划分为四个功能区，即生活及行政管理区、生产区辅助区、生产区、病污隔离区。场区内建筑物总体布局的基本要求是既要考虑生产上的最佳联系，又要考虑防疫卫生，以保证生产的顺利和安全。根据地形地势的高低和主导风的方向进行合理规划，依次排列（如图 1-1-1 所示）。猪场性质不同，规模不同，各区建筑物种类和数量也不尽相同。

图 1-1-1　功能区相对位置示意图

（三）功能区内建筑物的排布

1. 设置各区内的建筑物

生活及行政管理区包括职工生活用房、行政办公用房及后勤服务用房等。生产辅助区包括饲料加工及贮存间、饲料调制车间、药品房、消毒更衣室等。生产区是猪场中主要建筑区，一般建设面积占总建筑面积的 70%～80%，包括各类猪舍等生产用房、出猪台等，生产区布局根据猪场生产性质，分设繁殖工、保育工、生长育肥区。病污隔离区包括兽医诊断室、病猪隔离舍、病死猪处理场、粪污处理设施等。各区保持相对独立，入口处设置消毒通道。

2. 场区内各建筑物的位置排布

猪场建筑物的布局需考虑各建筑物间的功能关系，按生产便利、生产流程、卫生防疫、通风、采光、防火、节约用地等，科学合理地设置各种建筑物的位置、朝向、间距等。

（1）生活、行政管理区

为保证卫生防疫安全，应设置在场区最外侧，地势最高处，主导风侧风方向，与生产区保持 200～300 m 的距离，最好用围墙与生产区隔开。行政人员一般不进入生产区。外来人员只能在该区域内活动，不得进入生产区。

（2）生产辅助区

生产辅助区应位于行政管理区与生产区之间，便于生产联系。在生产区的入口处需设消毒间、更衣室，进入生产区的人员和车辆必须按防疫制度进行消毒。

（3）生产区

生产区位于生产辅助区与病污隔离区之间，区内各圈舍按猪生产流程进行猪舍排列，相应设置有种公猪舍、空怀配种舍、妊娠舍、分娩舍、保育舍、后备舍、肉猪舍。公猪舍应设在防疫较安全的生产区的相对独立位置，远离生产辅助区。商品猪置于离场门或围墙近处，装猪台靠近育成和育肥猪舍，便于运猪车在场外装猪。

（4）隔离区

隔离区设在场区最下风向、地势较低处，与生产区保持 50 m 以上的卫生间距，并设隔离屏障（围墙、林带等）和单独出入口，进出须经严格消毒，防止疫病蔓延、传播。处理病死猪设施应距猪舍 300～500 m，猪粪处理可在猪舍附近修建沼气池进行沼气生产或在固定场地进行堆积发酵处理或生产有机粪肥，参照《HJ/T81 畜禽养殖业污染防治技术规范》。

3. 猪舍的长轴方向、朝向、间距的要求

（1）猪舍长轴方向

从太阳高度角和夏季主导风考虑，猪舍长轴方向应以东西方向为宜。

（2）猪舍朝向

猪舍适宜朝向要根据各个地区的太阳辐射和主导风向这两个主要因素加以选择确定，猪舍朝向可参照全国部分地区建筑朝向确定，一般以南向或南偏东、南偏西45°以内为宜。

（3）猪舍间距

猪舍之间的距离以能满足光照、通风、卫生防疫和防火的要求为原则。猪舍间距一般以3～5H（H 为猪舍檐高）为宜。自然通风的猪舍间距一般取 5 倍屋檐高度以上，机械通风猪

舍间距应取 3 倍以上屋檐高度，即可满足日照、通风、防疫和防火的要求。

4. 其他设施：场区道路、赶猪通道、绿化、排水等

场区道路内应分净道、污道，且互不交叉。净道用于运送饲料、用具和产品，污道用于运送粪便、废弃物及病死猪。排水设施为排除雨而设。一般可在道路一侧或两侧设明沟排水或设暗沟排水，但场区排水管道不宜与舍内排水系统的管道通用。

场区周围设隔离林带或围墙。绿化可以美化环境，更重要的是可以吸尘灭菌、降低噪声、净化空气、防疫隔离、防暑防寒。绿化植树可考虑高秆落叶树，防止夏季阻碍通风和冬季遮挡阳光。

【任务检查】

表 1-1-3   任务检查单 ——猪场规划与布局

任务编号	1-1	任务名称	猪场规划与布局		
序号	检查内容			是	否
绘制猪场规划布局平面示意图					
1	简述猪场功能区的划分及相对位置				
2	简述猪场生产流程				
3	根据生产流程，说明生产区内圈舍的类别及相对位置				
4	简述生产区内圈舍的长轴方向、朝向及间距要求				
5	根据资料，绘制自繁自养肉猪场规划布局平面示意图				

【任务训练】

1. 养殖场场址选择应遵循哪些法律法规、行业标准？
2. 养殖场场址选择中哪些区域不能建场？
3. 具体选址时需考虑哪些因素？
4. 如何判定猪场生产规模？
5. 计算年出栏肉猪 3 000 头肉猪的养殖场建场面积需多少亩。

【任务拓展】

1. 中华人民共和国畜牧法
2. GB/T 17824.1 规模猪场建设
3. NY/T 388 畜禽场环境质量标准
4. NY/T 682 畜禽场场区设计技术规范
5. NY 5027 无公害食品 畜禽饮用水水质
6. HJ/T 81 畜禽养殖业污染防治技术规范

任务二　猪群结构与猪栏配置

【任务描述】

　　猪场养殖人员必须了解猪场的生产性质和生产工艺流程，明确本场猪群组成结构和猪栏位数，既是猪群周转管理的关键条件，又是确定修建猪舍栋数的重要依据。通过合理地设计猪栏，才能高效组织生产和提高猪舍利用率。

【任务目标】

- 掌握猪场生产工艺流程及工艺参数；
- 能利用生产工艺参数计算各类猪的存栏量；
- 能计算猪场各类猪栏的配置数量。

【任务学习】

一、猪场生产工艺类型

　　集约化、现代化养猪生产主要进行工厂化式生产，采用全进全出的工艺把猪从出生到出栏上市按工厂化的流水线方式进行均衡生产作业，即从母猪配种→妊娠→分娩哺育→保育→生长育肥→出栏上市形成一条连续的流水线，各生产阶段有计划、有节奏地周转运行。每道工序内的猪只数量和猪舍相对稳定，即每期需有同等数量的母猪配种妊娠、分娩，同时也有同窝数量的断乳仔猪和生长育肥猪出场，整个生产过程具有流式水作业特点，以实现全年均衡生产，从而提高生产水平和经营效益。目前，猪场常见的生产工艺类型主要有一点一线生产工艺和多点式生产工艺。

（一）一点一线生产工艺

　　一点一线生产工艺是指猪场在一个养殖场内，按配种、妊娠、分娩哺乳、保育、生长、育肥生产流程组成一条生产线进行商品生产。根据猪不同年龄、不同生理阶段对饲养管理措施要求的不同，又分为三段式生产工艺（将养猪生产分为母猪繁殖、仔猪哺乳、生长育肥三个阶段）、四段式生产工艺、五段式生产工艺、六段式生产工艺等。目前，规模化猪场常以五段式生产工艺、六段式生产工艺为主（见图1-2-1）。

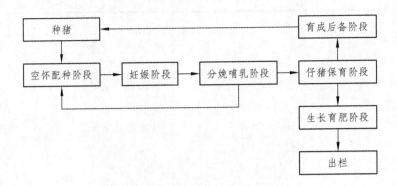

图 1-2-1　猪场五阶段生产工艺流程

（二）多点式生产工艺

鉴于一点一线生产工艺存在的卫生防疫问题，1993 年以后美国养猪界开始采用早期隔离断乳养殖工艺，将早期断乳的仔猪转运到较远的另外一个场集中饲养，以防止病原的积累和传染，减少疫病风险。其优势在于仔猪出生后 21 日龄内，趁其体内母源抗体还没有消失之前就进行断乳，然后转移到远离原生产区的清洁干净保育场进行饲养，由于仔猪健康无病，不受病原体的干扰，免疫系统没有激活，减少了抗病的消耗，因此不仅成活率很高，而且生长快。据美国堪萨斯州立大学的研究结果表明：仔猪在 77 日龄时，早期隔离断乳仔猪（5 ~ 10 日龄断乳后被转到远离的保育场）比传统方法养的仔猪多增重[①]16.8 kg。

目前，我国规模化养猪场大多采取这种养殖工艺，在不同场址修建不同生产场，以两点式或三点式生产工艺进行分类生产。其工艺流程见图 1-2-2、图 1-2-3。

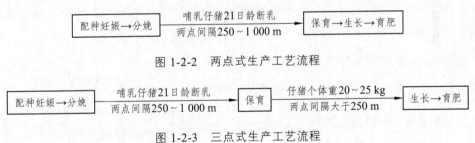

图 1-2-2　两点式生产工艺流程

图 1-2-3　三点式生产工艺流程

二、猪场工艺参数

确定场内各类猪栏位的数量，是养猪场规划设计的基本程序。需要根据当地或养猪场本场的生产数据和各项信息资料，确定生产工艺参数，以此计算各生产群的猪只存栏量、周转量、栏位数、猪舍数量等。猪场工艺参数参考值见表 1-2-1。

---

① 实为质量，包括后文的重量、体重等。但现阶段我国农林畜牧等行业的生产、科研实践中
一直沿用，为使学生了解、熟悉行业实际，本书予以保留。——编者注

表 1-2-1　猪舍工艺参数参考值

项目	参数	项目	参数
繁殖节律	7 d	发情期受胎率	85%
发情周期	21 d	分娩率	95%
空怀母猪饲养期	14 d	窝产活仔猪数	10 头
妊娠期	114 d	公猪年更新率	30%、3 年
哺乳期	21 d、28 d	母猪年更新率	30%、3 年
保育期	42 d、35 d	公母比例	1∶30
生长育肥期	110 d	后备母猪饲养期	8 周
哺乳期成活率	90%	公猪饲养期	52 周
保育期成活率	95%	后备公猪饲养期	8 周
生长、育肥期成活率	99%	空栏消毒日	7 d
繁殖周期	149 d	母猪年产仔窝数	2.27 胎

三、猪栏配置

不同生产性质、不同生产规模、不同生产工艺流程、不同工艺参数的猪场，猪舍种类及猪栏类型和数量不同。

以年产 10 000 头肉猪，采用五阶段生产工艺的自繁自养肉猪场为例，进行猪栏配置。

1. 根据猪群结构确定猪舍种类及猪栏种类

根据五阶段生产工艺流程，该场猪群有公猪群、空怀母猪群、妊娠母猪群、分娩哺育母猪群、保育猪群、生长育肥猪群，相应的有种公猪舍、空怀母猪舍、妊娠母猪舍、分娩哺乳舍、断乳仔猪保育舍、生长育肥舍，需要配置相应的公猪栏、空怀配种母猪栏、妊娠母猪栏、分娩哺乳栏、保育栏及生长育肥栏。

2. 计算各类猪舍中的猪只存栏量

参阅表 1-2-1 中工艺参数计算本场各类猪的存栏量。

（1）年需要基础母猪总头数 $=\dfrac{\text{年出栏商品肉猪总头数}}{\text{母猪年产胎次×窝产活仔数×各阶段成活率的乘积}}$

$=\dfrac{10\ 000}{2.27\times10\times0.9\times0.95\times0.99}=520(\text{头})$

（2）公猪头数 = 基础母猪总头数×公母比例 $=520\times\dfrac{1}{30}\approx17(\text{头})$

（3）空怀母猪头数 $=\dfrac{\text{总基础母猪头数×饲养日数}}{\text{繁殖周期}}=\dfrac{520\times(14+21)}{149}=122(\text{头})$

（4）妊娠母猪头数 $=\dfrac{\text{总基础母猪数×饲养日数}}{\text{繁殖周期}}=\dfrac{520\times(114-21-7)}{149}\approx300(\text{头})$

（5）分娩哺乳母猪头数 $= \dfrac{总基础母猪数 \times 饲养日数}{繁殖周期} = \dfrac{520 \times (7+21)}{149} = 98(头)$

（6）分娩哺乳舍哺乳仔猪头数 $= \dfrac{总基础母猪数 \times 母猪年产胎次 \times 窝产活仔数 \times 饲养日数}{365}$

$$= \dfrac{520 \times 2.27 \times 10 \times 21}{365} \approx 679(头)$$

（7）保育舍仔猪头数

$$= \dfrac{总基础母猪数 \times 年产胎次 \times 窝产活仔数 \times 哺乳期成活率 \times 饲养日数}{365}$$

$$= \dfrac{520 \times 2.27 \times 10 \times 0.9 \times 35}{365} \approx 1\ 019(头)$$

（8）生长育肥舍肉猪数

$$= \dfrac{总基础母猪数 \times 年产胎次 \times 窝产活仔数 \times 哺乳期成活率 \times 保育期成活率 \times 饲养日数}{365}$$

$$= \dfrac{520 \times 2.27 \times 10 \times 0.9 \times 0.95 \times 110}{365} \approx 3\ 042(头)$$

3. 计算各类猪群的周转饲养量

根据繁殖节律确定周转饲养量。生产中，把组建哺乳母猪群的时间间隔（天数）称为繁殖节律。合理确定繁殖节律是均衡生产商品肉猪，有计划利用猪舍和合理组织生产的保障。繁殖节律通常按间隔天数分为 1 日制、2 日制、7 日制或 14 日制，视集约化程度和饲养规模而定，一般年产 30 000 头以上商品肉猪的大型猪场多实行 1 日制或 2 日制，即每日（每 2 日）有一批猪配种、产仔、断乳、仔猪生长和肉猪出栏；年产 3 000 ~ 30 000 商品肉猪的猪场多实行 7 日制。本例采用 7 日制繁殖节律计算各类猪群每周的周转饲养量。

（1）年产总窝数 = 基础母猪数 × 年产仔窝数 = 520 头 × 2.27 胎/头 ≈ 1 180 胎/年

（2）每周分娩母猪数 = 年产总窝数 ÷ 52 周 = 1 180 ÷ 52 周 ≈ 23 窝

（3）每周妊娠母猪数 = 每周分娩母猪数 ÷ 分娩率 = 23 ÷ 95% ≈ 25 头

（4）每周空怀配种母猪数 = 妊娠母猪数 ÷ 发情期受胎率 = 25 ÷ 85% ≈ 30 头

（5）每周产出的哺乳仔猪数 = 每周产胎数 × 胎产活仔猪数 = 23 胎 × 10 头/胎 ≈ 230 头

（6）每周转入保育猪数 = 每周哺乳仔猪数 × 哺乳期成活率 = 230 × 90% ≈ 207 头

（7）每周转入生长育肥猪数 = 每周保育猪数 × 保育期成活率 = 207 × 95% ≈ 196 头

（8）每周出栏肉猪数 = 每周生长育肥猪数 × 生长育肥成活率 = 196 × 99% ≈ 194 头

（9）每周转出后备母猪数 = 520/3 年/52 周/50% = 7 头/周（选种率 50%）

4. 确定各类猪的栏位数量

（1）计算生产群的组数及每组饲养量

由于该猪场执行以周为单位、全进全出、批量生产的饲养流程，故用各类猪的存栏量除以每周周转量计算猪群的饲养组数，每饲养组的饲养量仍以每周的周转量为主，以此估算每组所需的栏位数量（见表 1-2-2）。

表 1-2-2　应组建的生产群组数及每组的饲养量

猪类别	猪群存栏量/头	周转量/头	饲养组数/组	每组的饲养量/头
公猪	17	不周转	1	17
空怀母猪	122	30	5	30
妊娠母猪	300	25	12	25
分娩母猪	98	23	5	23
保育猪	1 019	207	5	207
生长育肥猪	3 042	196	16	196

（2）估算各类猪的猪栏组数及总栏位数

由于每饲养小组按 7 日制繁殖节律进行周转，加上消毒空舍时间 7 d，故在饲养组数基础上加 1，推算出所需猪栏组数。利用下式计算每组栏位数及总栏位数。

$$每组栏位数 = \frac{每组饲养量}{每栏饲养量}$$

$$各类猪的总栏位数 = 猪栏组数 \times 每组栏位数$$

本场各类猪的猪栏组数及栏位数见表 1-2-3。

表 1-2-3　各类猪的猪栏组数及栏位数

猪类别	饲养组数/组	猪栏组数/组	每组饲养量/头	每栏饲养量/头	每组栏位数/个	总栏位数/个
公猪	1	—	16	1	—	16
空怀母猪	4	5	30	5	6	30
妊娠母猪	12	13	25	1	25	325
分娩母猪	4	5	23	1	23	115
保育猪	5	6	207	8 ~ 12	21	126
生长育肥猪	16	17	196	8 ~ 12	20	340

注：除公猪外，其余猪别均需增加 1 组猪栏做消毒周转。

【任务检查】

表 1-2-4　任务检查单——猪栏配置

任务编号	1-2	任务名称	猪场猪栏配置		
序号	检查内容			是	否
	计算猪栏数量				
1	简述猪场生产工艺类型				
2	掌握猪场生产工艺参数				
3	调查实训猪场的生产规模、经营类型及生产工艺				
4	根据资料，确定年产 6 000 头肉猪的自繁自养肉猪场的猪群类别、猪栏类别，计算各类猪的存栏量及周转量，进行猪栏配置				

【任务训练】

一、填空题

1. 猪场常见的生产工艺类型主要有_____、_____。

2. 一点一线生产工艺，根据猪不同年龄、不同生理阶段对饲养管理措施要求的不同，又分为_____、_____、_____、_____等。

二、简答题

1. 简述一点一线生产工艺中三段式、四段式及五段式工艺流程及其特点。

2. 简述两点式、三点式生产工艺的不同优势。

三、计算题

某自繁自养肉猪场，年出栏 4 000 头肉猪场，按妊娠期为 114 d，哺乳期为 28 d，断乳后至再次发情间隔时间为 10 d，情期受胎率 85%，分娩率 95%、每胎活产仔数 10 头，哺乳仔猪成活率 92%，保育猪成活率 96%，肉猪成活率 98%情况下，试问，该场母猪的繁殖周期多少天？母猪年产多少胎次？生产中需多少头基础母猪才能保证其生产量？采用人工授精进行母猪配种，需养多少头成年公猪？

【任务拓展】

GB/T 178824.1 规模猪场建设

任务三 猪舍设施及猪舍设计

【任务描述】

合理的猪舍建筑设计要尽可能为不同生理阶段的猪群提供一个最适宜的生长和生产环境。要求猪舍具有良好的保温隔热性能，温度、湿度适宜，透光通风良好、卫生清洁、牢固耐用。在建猪舍时，要根据猪的生物学特性和生产工艺，科学合理地选择适宜的设施设备，设计经济、适用、合理的猪舍，满足生猪最大的生产潜能需要。

【任务目标】

● 了解猪舍内部设施的设置；

● 了解猪舍的建筑类型与基本结构；

● 了解猪栏的排列方式；

● 能利用相关数据进行猪舍数量及平面尺寸设计。

【任务学习】

一、猪舍内部设施

（一）猪 栏

猪栏是限制猪活动范围和防护的设备，为猪的活动和生长发育提供适宜的场所，也便于饲养人员的管理。规模化猪场猪栏一般采用金属栅栏式，常规情况下，金属栅栏一般采用型材进行工厂化批量生产，结合生产实际设计相对固定的规格尺寸。在猪舍设计中，根据猪群类别选择适宜的猪栏，再根据养殖量确定猪栏数量，结合猪栏尺寸计算圈舍平面尺寸。

1. 公猪栏

公猪争斗性强，一般采用单栏饲养。因公猪体格高大，破坏力强，猪栏设计为水泥漏缝地板，栏位应有足够的空间供其自由运动，栏位面积不小于 6 m^2，一般以 9 ~ 10 m^2 为宜（见图 1-3-1）。栏位规格大小一般为 3 m × 3.5 m × 1.2 m 或 4 m × 2.7 m × 1.2 m 为宜。

2. 妊娠母猪限位栏

妊娠母猪可采用小群实地圈栏或单体限位栏，单体限位栏避免妊娠母猪因打斗或碰撞而造成流产，也易控制喂量，控制膘情，预防流产。单体限位栏规格大小以 2.1 m × （0.6 ~ 0.7 m）× 1 m 为宜（见图 1-3-2）。群养时，每栏 4 ~ 5 头，栏位面积 8 ~ 9 m^2，每头 1.5 ~ 1.8 m^2 为宜。

图 1-3-1　公猪栏　　　　　　　　　图 1-3-2　妊娠母猪限位栏

3. 产仔哺乳栏

产仔哺乳栏是母猪分娩、哺乳和哺乳仔猪活动的场所。栏位中间为母猪限位栏，两侧为仔猪活动栏，用于隔离仔猪，仔猪在围栏内采食、饮水、取暖和活动。栏位规格尺寸为（2.1 ~ 2.3 m）×（1.6 ~ 1.7 m）× 1 m，仔猪活动栏高 0.4 ~ 0.5 m（见图 1-3-3）。

4. 断乳仔猪保育栏

断乳保育猪采用群体饲养，每栏饲养一窝仔猪，即 8 ~ 12 头，每头仔猪需占栏面积 0.3 ~ 0.4 m^2。常用的仔猪保育栏规格尺寸为 2 m × 1.7 m × 0.7 m，离地高 0.3 m（见图 1-3-4）。

图 1-3-3　产仔哺乳栏 　　　　　　　　　图 1-3-4　断乳仔猪保育栏

5. 空怀、配种母猪栏

空怀母猪采用小群饲养，利于促使母猪同步发情。每栏饲养空怀母猪 4～5 头，每头母猪需占床面积 1.5～2 m²（见图 1-3-5）。规格尺寸可参考公猪栏规格尺寸。

6. 生长、育肥猪栏

生长育肥合群饲养能促进采食，促进生长发育，通常采用大群饲养，每栏饲养 10～12 头，每头占床 0.8～1 m²（见图 1-3-6）。栏位类型设计为水泥漏缝地板，规格尺寸为地 3 m×4 m×1.2 m。

图 1-3-5　空怀、配种母猪栏 　　　　　　　图 1-3-6　生长、育肥猪栏

（二）供料及喂料设备

1. 饲料贮存塔

饲料贮存塔主要由仓体、出料管、支脚组成。饲料由场区运输车直接运送到饲料贮存塔中贮存，经出料管进入舍内上料系统（见图 1-3-7）。

2. 自动上料系统

自动喂料系统由料塔、传感器、输料电机、输料管、贮料桶组成，能自动将料塔中的饲料运输到猪采食槽（料箱）中（见图 1-3-8）。传感器能检测到贮料桶中的料，当料槽缺料时，在微处理器控制下，启动输料电机，输料管开始下料，传感器检测到料满状态，输料电机停止输料。自动上料系统可以实现全自动操作，降低工人的劳动强度，提高猪场的生产效率。

图 1-3-7　饲料贮存塔　　　　　　　　　图 1-3-8　自动喂料系统

3. 饲　槽

猪饲槽主要用于盛放饲料供猪采食，根据喂料方式不同分为自动饲槽和限量饲槽。

（1）自动饲槽

适用于保育、生长和育肥阶段的猪群进行自由采食时使用，其形式有方形和圆形。饲槽顶部装有饲料贮存箱，随着猪只的采食，饲料在重力作用下不断落入槽中，供猪自由采食（见图 1-3-9）。

（2）限量饲槽

供公猪、母猪等需要限量饲喂的猪群使用，常用水泥、金属等材料制成。高床饲养的母猪栏内常配备金属材料制成的限量饲槽（见图 1-3-10）。

图 1-3-9　自动饲槽（方形）　　　　　　图 1-3-10　母猪栏内限量饲槽

（3）仔猪补料食槽

仔猪补料食槽供仔猪哺乳期内开食补料时使用。放置在母猪分娩栏的仔猪活动区内，让仔猪自由采食。有圆形和方形等多种形式。

（4）干-湿食槽

食槽上部贮存箱内贮存干粉饲料，下部安装有乳头自动饮水器和放料装置，猪采食时，拱动下料开关，饲料从贮料箱中落入食槽中，猪拱食时触动饮水器，水流入食槽中与饲料混合，以满足猪只喜欢采食湿料的习性要求。

（三）供水饮水设备

1. 猪舍供水系统

猪舍供水系统指为猪舍猪群提供饮水的成套设备，为猪群提供清洁饮水。主要由管路、阀门和自动饮水器组成。

2. 自动饮水器

现代养猪生产中，猪的饮水方式全部采用自动饮水器自动饮水。猪常用自动饮水器有鸭嘴式、乳头式和杯式等（见图1-3-11）。目前普遍采用碗式自动饮水器，能减少滴水漏水现象，节约用水。

（a）鸭嘴式　　　　　（b）乳头式　　　　　（c）碗式

图1-3-11　猪用自动饮水器

（1）鸭嘴式饮水器

其外形近似鸭嘴，主要由饮水器体、阀杆、弹簧和胶阀等组成。阀杆在弹簧作用下压紧胶阀封闭水流出口，猪饮水时咬动阀杆，水通过胶阀密封垫的缝隙沿鸭嘴尖端流出，供其饮用。猪嘴松开阀杆时，弹簧使阀杆复位，密封垫将水孔堵严而停止供水。

（2）乳头式饮水器

主要由饮水器体、阀杆、钢球等组成。猪饮水时，猪嘴顶推阀杆，使之向上顶起钢球，水由钢球与饮水器体缝隙流出，猪嘴松开时，钢球和阀杆复位封闭水流出口而停止供水。

（3）碗式饮水器

由杯体、压板、弹簧、阀门组成。猪饮水时拱动压板，压板推出水阀，水从水管流入杯中供猪饮用，猪饮用结束，压板在弹簧作用下复位，切断水源，停止供水。

群养猪栏中，每个饮水器可负担15头猪饮用。其水流速度和安装高度应充分考虑栏内饲养的猪群类别（见表1-3-1）。

表 1-3-1 自动饮水器的水流速度和安装高度

适用猪群	水流速度/mL·min⁻¹	安装高度/mm
成年公猪、空怀妊娠母猪、哺乳母猪	2 000~2 500	600
哺乳仔猪	300~800	120
保育猪	800~1 300	280
生长育肥猪	1 300~2 000	380

除上述猪栏、喂料与饮水设备等外，现代化猪场设备还有通风降温设备、采光设备、清粪设备、供热保温设备、清洗消毒设备、运输设备、检测仪器及标记用具等。

二、猪舍设计

（一）猪舍设计的原则

（1）合理选择猪栏，以满足猪正常生活和生产空间的需要。

（2）合理设置工作区域，以满足工作人员工作空间的需要。

（3）合理设计通风与采光、保温与防寒、供料与饮水、清粪方式等，以满足畜禽生活和生产环境的需要。

（4）经济适用、坚固耐用。

（二）猪舍建筑类型

猪舍建筑类型多种多样，按墙体封闭程度可分为开放式、半开放式和密封式，其中密封式按窗户的有无分为有窗式封闭式和无窗式封闭式；按舍内猪栏排列形式分为单列式、双列式、多列式；按屋顶建筑形式分为平顶式、单坡式、双坡式、钟楼式、半钟楼式、拱顶式等。各地根据气候条件、饲养规模、生产工艺和实际需要选择适合的类型设计。

1. 开放式猪舍

猪舍只有东西两侧端墙和北墙墙体，南向无墙。结构简单、通风采光良好，但受外界环境影响，室内环境控制难度大，冬季保温难度较大。

2. 半开放式猪舍

猪舍有三面墙体，南向设置半截墙体，使用效果与开放式猪舍接近。

3. 有窗封闭式猪舍

猪舍四面设墙，多在南北向纵墙上设置窗户，窗户数量、大小和形状根据所养猪群的采光系数、当地气候条件而定。寒冷地区可适当少设窗户，且南墙窗宜大而多，北窗宜小而少，南墙与北墙窗户比例（2~4）:1，以利保温。夏季炎热地区南北墙窗户比例（1~2）:1，还可在纵墙上设地窗，屋顶设通风管或天窗等，以利通风换气。目前，规模化猪场常见的猪舍类型为双坡式有窗封闭式猪舍（见图1-3-12）。

图 1-3-12　双坡式有窗封闭式猪舍

4. 无窗全封闭式猪舍

猪舍四面有墙，墙体上只有应急窗，而无采光窗户设置。猪舍与外界环境隔绝程度高，舍内温度、湿度、光照、通风等全部通过机械设备调控，能给猪提供适宜的环境条件，有利于猪的生长发育。国内比较先进的猪场多采用全封闭结构，自动调节舍内小气候。

（三）猪舍的基本结构

有窗封闭式猪舍的基本结构主要包括地基与基础、地面、墙体、屋顶、门及窗、粪污沟等（见图 1-3-13）。其中地面、墙体、屋顶将猪舍内外分隔，能够有效地抵御不利环境的影响，统称为猪舍的外围护结构。猪舍的小气候在一定程度上取决于猪舍外围护结构的性能。

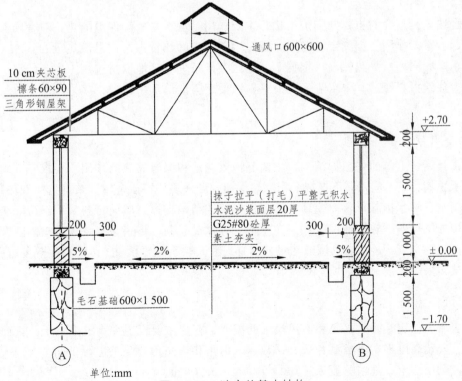

单位:mm

图 1-3-13　猪舍的基本结构

1. 地　基

地基指支撑整个建筑物的土层部分，可分为天然地基和人工地基。一般小型猪舍多直接建筑于天然地基上，天然地基的土层要求结实、坚固，土质一致，稳定性强，有足够的厚度。土质以沙壤土层或碎石土层较好，黏土、沙土不宜用作地基。地基受潮会引起墙壁及舍内潮湿，为防止地下水通过毛细管作用浸润墙体，地下水位在 2 m 以上。在建造猪舍之前，应切实掌握有关土层的组成、厚度及地下水位等勘探情况。

2. 基　础

基础是墙体的延伸段，其作用是将猪舍自身重量、舍内地面及墙体上的设备重量、屋顶积雪等各种荷载传给地基。基础一般比墙宽 10 ~ 20 cm，并形成梯形或阶梯形，以减少建筑物对地基的压力。基础埋置深度一般为 50 ~ 70 cm，在土层最大冻结深度之下，同时须加强其防潮和保温能力，在基础顶部铺设防潮层。目前，在畜禽舍建造中广泛采用石棉水泥板及刚性泡沫隔热板，以加强基础的防潮和保温，以利于改善舍内小气候。

3. 地　面

猪舍地面是猪只活动、采食、趴卧和排粪尿的地方，对猪舍的保温性能及猪只的生产性能有很大影响。地面要求坚实、耐久、保温防潮、不渗水、防滑平整、且便于清洁消毒。从趴卧区向排污区应有 2% ~ 3% 缓坡，以利排污和保持地面干燥。目前，猪舍地面多采用水泥实地面或漏缝地板设计。

4. 墙　体

猪舍墙体是猪舍的主要外围护结构，主要作用是承重受力和保温隔热，对舍内温湿度等小气候起着重要作用。据测定，冬季，通过墙壁散失的热量占舍内总散热量的 35% ~ 40%。一般要求坚固耐用、隔热保温。根据不同地区气候条件，就地取材选用土木、砖混、保温复合板材等建筑材料建造，要求表面光滑平整，便于清洁消毒。目前，多采用新型材料，做成钢架结构支撑。

5. 屋顶与天棚

屋顶是猪舍上部的外围护结构，主要起挡风遮雨和保温隔热的作用，要求坚固耐用，有一定的承重能力，不漏水、不透风，能隔热保温，形式多样。猪舍屋顶最好选用双坡顶结构，有利于雨水、雪水排除。目前屋顶主体多做成钢架结构支撑，屋面材料采用新型隔热保温材料。为增加屋顶的隔热性和保暖性，在屋顶下方增设天棚，将猪舍与屋顶下空间隔开，形成一个不流动的空气缓冲层，以调节热量的传递。因天棚不需要承重，可选择隔热复合夹芯板。屋顶形式多采用"人"字双坡形式。

6. 门、窗

猪舍窗户作用是满足采光和通风换气的需要，窗户主要设置在南北纵墙上，其面积大小和数量、安装高度根据猪类型和采光系数、入射角和透光角的要求进行设计。舍门大多设置在东西两侧山墙上，规格一般为（100 ~ 120 m）× 200 m。

（四）猪栏的排列方式

按猪栏的排列方式可分为单列式、双列式、多列式猪舍。

1. 单列式

舍内靠南墙将猪栏排成一列，利于采光、通风、保温等，靠北墙设工作通道。

2. 双列式

猪栏排成两列，中间设工作通道，靠南墙、北墙设清粪通道。管理方便、猪舍利用率较单列式高，能有效提高劳动效率。

3. 多列式

猪栏排成三列或四列，每两列中间设工作通道。多列式猪舍适合配置现代化的设施设备，饲养密度大，工作效率高，但环境控制和防疫要求很高。

（五）猪舍数量及平面设计

猪只性别不同、年龄不同、生理阶段不同、饲养量不同，栏位数量及尺寸不同，舍内布局不同，猪舍的环境条件的要求各不相同，猪舍的设计要求不同。

1. 各类猪所需每组栏位数及总栏位数

某猪场各类猪总存栏量及栏位数如表1-3-2所示。

表1-3-2　各类猪的存栏量及栏位数

猪类别	猪群存栏量/头	猪栏组数/组	每组饲养量/头	每栏饲养量/头	每组栏位数/个	总栏位数/个
公猪	16	—	16	1	—	16
空怀母猪	114	5	30	5	6	30
妊娠母猪	279	13	25	1	25	325
分娩母猪	91	5	23	1	23	115
断乳保育猪	1 019	6	207	8～12	21	126
生长育肥猪	3 043	17	196	8～12	20	340

2. 各类猪栏尺寸

各类猪栏尺寸见表1-3-3。

表1-3-3　猪栏尺寸

猪栏类别	长/mm	宽/mm	高/mm
公猪栏	3 000（4 000）	3 500（2 700）	1 200
空怀、配种母猪栏	3 000（4 000）	3 500（2 700）	1 200
妊娠母猪栏	2 100	700	1 200
分娩母猪栏	2 100	1 600	1 000
断乳仔猪保育栏	2 000	1 700	700
生长育肥猪栏	3 000	4 000	1 200

3. 猪舍的内部布局及平面尺寸

（1）公猪舍

公猪饲养量 16 头，需 16 个栏位，采用实地面双栏饲养，每列 8 个栏位。舍内设置有饲料间 3 m×3 m，精液分析室 3 m×3 m，工作走道宽度 1.5 m，两侧清粪走道宽度各 1 m。两端工作走道宽度 1.5 m。

舍宽 = 双列栏长+工作走道宽度+两端清粪走道宽度
= 2×3 + 1.5 + 2×1=9.5（m）

舍长 = 栏宽×单列栏位数+两侧工作走道宽度+工作间宽
= 3.5×8 + 2×1.5 + 3 = 34（m）

该尺寸符合常规建舍尺寸，建公猪舍一栋即可，可按常规建筑模数调整舍长为 35 m，舍宽 9.5 m。也可采用单列饲养，栏位布局不同，猪舍平面尺寸也不同。

（2）空怀母猪舍

空怀母猪采用实地面小群饲养，总饲养量 114 头，每 7 d 周转 30 头，需分为 4 个单元组，加上消毒空舍 7 d，共需设置 5 个单元组。每组栏位需要量按 30 头计，每个栏位饲养 5 头，则每组需 6 个栏位，共需 30 个栏位，采用双列饲养，每列 15 个栏位，栏位尺寸见表 1-3-3。饲料间 3 m×3 m，值班室 3 m×3 m，中间工作走道宽度 1.5 m，两侧清粪走道宽度 1 m，两端工作走道宽度 1.5 m。

舍宽 = 双列栏长+工作走道宽度+两端清粪走道宽度
= 2×3 + 1.5 + 2×1 = 9.5（m）

舍长 = 栏宽×单列栏位数+两侧工作走道宽度+工作间宽
= 3.5×15 + 2×1.5 + 3 = 58.5（m）

空怀配种母猪舍一栋即可，可按常规建筑模数调整舍长为 60 m，舍宽为 10.5 m。也可按单元组设计每个单元小间的平面尺寸。

（3）妊娠母猪舍

妊娠母猪总存栏量 279 头，采用妊娠母猪限位栏实行单栏饲养，共需 325 个栏位（具体见表 1-3-2）。栏位采用双列排列，每列 163 个栏位，栏位尺寸长 2.1 m，宽 0.7 m。

舍宽 = 双列栏长+中间工作走道宽度+两端清粪走道宽度
= 2×2.1 + 1.5 + 2×1 = 7.7（m）

舍长 = 栏宽×单列栏位数+两侧工作走道宽度+工作间宽
= 0.7×163 + 2×1.5 + 3 = 120.1（m）

该舍长度为 120.1 m，不符合常规猪舍建舍尺寸和建筑模数，故妊娠母猪舍调整为 2 栋，每栋长 60 m，宽 8 m。

按以上思路，计算分娩哺乳母猪舍、断乳保育猪舍、生长育肥猪舍的舍长和舍宽。

【任务检查】

表 1-3-4　任务检查单 ——猪舍设计

任务编号	1-3	任务名称	猪场猪舍设计		
序号	检查内容			是	否
计算猪舍平面尺寸及猪舍数量					
1	简述常见猪栏类别及尺寸				
2	掌握猪舍设计的原则				
3	调查生产中常见的猪舍类型及栏位排列方式				
4	根据任务 1-2 中案例数据，计算分娩哺乳母猪舍、断乳保育猪舍、生长育肥猪舍的平面尺寸及猪舍栋数				

【任务训练】

一、选择题

1. 目前规模化猪场使用最多的饮水器是（　　　　）

A. 乳头式饮水器　　　B. 吸吮式饮水器　　　C. 自流式饮水器　　　D. 碗式饮水器

2. 养猪场常用高床全漏缝地板饲养的栏舍是（　　　　）

A. 保育舍　　　　　　B. 育成舍　　　　　　C. 育肥舍　　　　　　D. 空怀配种舍

二、填空题

1. 通常情况下，猪舍配置设施设备有＿＿＿＿＿＿＿、＿＿＿＿＿＿＿、＿＿＿＿＿＿＿、＿＿＿＿＿＿＿、＿＿＿＿＿＿＿、＿＿＿＿＿＿＿、＿＿＿＿＿＿＿等。

2. 规模化猪场常见的猪栏类别有＿＿＿＿＿＿＿、＿＿＿＿＿＿＿、＿＿＿＿＿＿＿、＿＿＿＿＿＿＿、＿＿＿＿＿＿＿等。

3. 猪舍建筑类型多种多样，按墙体封闭程度可分＿＿＿＿＿＿＿、＿＿＿＿＿＿＿、＿＿＿＿＿＿＿。按栏位排列形式分为＿＿＿＿＿＿＿、＿＿＿＿＿＿＿、＿＿＿＿＿＿＿。

4. 猪舍的外围护结构主要指＿＿＿＿＿＿＿、＿＿＿＿＿＿＿、＿＿＿＿＿＿＿。

5. 猪舍常见的屋顶形式有＿＿＿＿＿＿＿、＿＿＿＿＿＿＿、＿＿＿＿＿＿＿、＿＿＿＿＿＿＿等，生产中主要以＿＿＿＿＿＿＿形式为主。

【任务拓展】

自动饲喂系统

猪场自动饲喂系统是养殖业规模化发展的必然产物，养猪业的规模化、工厂化已经成为养猪业进一步降低成本、提高产品质量的一条捷径。

自动饲喂系统由供料系统和喂料系统组成，供料系统包括：料塔、主驱动单元、输送单元、电控单元。喂料系统包括落料器、调节单元、电控单元等（见图 1-3-14、图 1-3-15）。

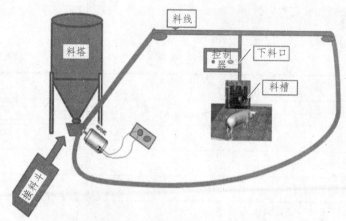

图 1-3-14　猪场自动喂料系统

转角轮

料槽及控制器

定量杯

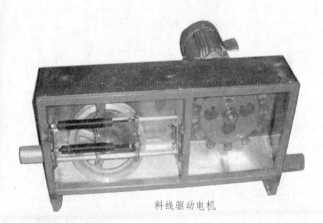

料线驱动电机

图 1-3-15　猪场自动喂料系统部件

　　料线有两种：一种叫赛盘链条料线，赛盘链条料线适宜开口多的圈舍，如限位栏的猪舍，不容易断裂，可以转弯，爬升效果不好。一种叫绞龙料线，适宜在户外，爬升效果好，对一条料线的，开口少的圈舍，如育肥舍、保育舍等较适用，不能转弯。通过料穴转换，可以两种料线搭配使用，如户外用绞龙线，室内用赛盘链条线（见图 1-3-16）。

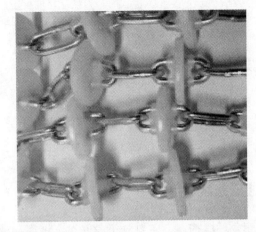

（a）赛盘链条料线

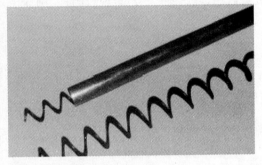

（b）绞龙料线

图 1-3-16　猪场自动喂料系统料线

自动喂料系统的料线是由传感器检测到料槽中的料位当料槽缺料时，在微处理器控制下，启动输料电机，料槽开始下料，当料槽中料满，传感器检测到料满状态，输料电机停止输料。

料仓可以装 4 000 kg 饲料，由上料电机给料仓加料，当料仓缺料时，控制箱发出声光报警，提示工人上料，当料仓料上满后，控制箱有 LED 指示，停止上料。

自动喂料系统的优点：可以实现全自动操作，降低工人的劳动强度，提高猪场的生产效率，降低养殖成本；喂料过程安静，减少应激、流产、器械损伤；减少人员进出、老鼠等对饲料的污染，保持饲料新鲜。

任务四　猪舍环境控制

【任务描述】

猪舍的环境控制是养猪安全生产的重要内容，是养猪业可持续发展不可缺少的重要技术环节。养猪生产中，通过人为地进行猪舍环境条件的调节和控制，克服自然气候因素对养猪生产的不良影响，使猪群生活在符合其生理要求和便于发挥生产潜力的小气候环境中，从而达到高产的目的。

【任务目标】

● 了解猪舍的环境参数及要求；
● 能合理提出猪舍环境条件的控制措施。

【任务学习】

猪舍环境控制，主要对猪舍气温、湿度、通风、光照、噪声及有害气体控制等环境参数进行调控，以提供良好的环境条件，确保猪只安全、健康，充分发挥其生产潜力。

一、猪舍环境参数及要求

（一）温度、湿度

在猪舍中，温度是影响猪只健康和生产性能最重要的因素。生产性能只有在适宜的温度条件下才能得到充分发挥，温度过高过低，都会影响畜禽健康，甚至使畜禽生产力下降。

猪是恒温动物，在正常情况下，体温为 38.7~39.1 ℃。猪汗腺不发达，皮下脂肪厚，热量散发困难，导致猪的耐热性很差。猪对环境温度、湿度的要求较高。在高温情况下，湿度过大，易造成猪散热受阻，猪只会通过减少采食量或拒食，以减少体内热增耗，由于采食量下降，营养摄入减少，生产力下降。低温情况下，高湿环境易使猪只散热增加，猪只会增加采食量以增加产热量抵御寒冷，能量消耗增加，饲料转化率下降，生长缓慢。气温对育肥猪的影响见表 1-4-1。

表 1-4-1　气温对育肥猪生长发育的影响

气温/℃	日采食量/kg·d^{-1}	日增重/kg·d^{-1}	总耗料量/总增重
0	5.09	0.54	9.54
5	3.76	0.53	7.10
10	3.50	0.80	4.37
15	3.15	0.79	3.99
20	3.22	0.85	3.79
25	2.63	0.72	3.65
30	2.21	0.45	4.91
35	1.51	0.31	4.87

数据来源：李保明，2004，家畜环境与设施。

为保证猪群正常的生长发育和生产性能，需要给猪群提供适宜的温湿度。猪舍适宜的空气温度和相对湿度见表1-4-2。

表1-4-2 猪舍适宜的空气温度和相对湿度

猪舍类别	空气温度/°C			相对湿度/%		
	舒适范围	高临界	低临界	舒适范围	高临界	低临界
种公猪舍	15～20	25	13	60～70	85	50
空怀配种母猪舍	15～20	27	13	60～70	85	50
妊娠母猪舍	15～20	27	13	60～70	85	50
哺乳母猪舍	18～22	27	16	60～70	80	50
哺乳仔猪保温箱	28～32	35	27	60～70	80	50
保育猪舍	20～25	28	16	60～70	80	50
生长育肥猪舍	15～23	27	16	65～75	85	50

（二）通风换气

猪舍内空气流动是不同部位的空气温度差异造成的，空气受热，比重轻而上升，留出的空间被周围冷空气填补而形成气流。通风与温度、湿度共同作用于猪体，主要是影响猪的体热散失。在高温时，只要气温低于猪体温，气流有助于猪体的散热，缓解高温对猪的影响，有利于猪的生长；在低温时，气流会增加猪体的散热，使猪感到寒冷，对生长不利。因此，猪舍内应保持适宜的气流和换气量，不仅使猪体感舒适，而且还有利于舍内污浊气体的排出。冬季，猪舍内通风的气流速度以0.1～0.3 m/s为宜。具体要求符合《GB/T 17824.3 规模猪场环境参数及环境控制》。

猪舍适宜的通风量与风速见表1-4-3。

表1-4-3 猪舍适宜的通风量和风速

猪舍类别	通风量/m³·h⁻¹·kg⁻¹			风速/m·s⁻¹	
	冬季	春秋季	夏季	冬季	夏季
种公猪舍	0.35	0.55	0.7	0.3	1.0
空怀配种母猪舍	0.30	0.45	0.6	0.3	1.0
妊娠母猪舍	0.30	0.45	0.6	0.3	0.4
哺乳母猪舍	0.30	0.45	0.6	0.15	0.6
保育猪舍	0.30	0.45	0.6	0.2	1.0
生长育肥猪舍	0.35	0.55	0.7	0.3	1.0

（三）光　照

光照主要来源于自然光照和人工光照。自然光通过畜禽舍门、窗、通风口等开露部分进入舍内，称为自然光照。以照明灯为光源进行畜禽舍内的采光称为人工光照。对哺乳动物而言，光线通过视网膜引起视神经兴奋，通过神经传导促进激素释放，进而影响机体的生长发育、生产和繁殖。适宜的光照时间和光照强度，可促进母猪的发情和排卵。据试验报道，猪处于光照强度过低（5~10 lx）的环境中，公猪、母猪生殖器官发育较正常光照下的猪差，且仔猪生长缓慢，成活率低。但过强的光照会引起精神兴奋，提高机体代谢率，影响增重和饲料利用率。光照时间对育肥猪的影响不太明显，一般认为适当缩短光照时间，降低光照强度有利于提高猪的日增重，一般情况下，生长育肥猪群的光照强度为 30~50 lx，光照时间为 8~12 h。各类猪舍适宜的采光要求见表1-4-4。

表1-4-4　猪舍采光参数

猪舍类别	自然采光	人工照明	
	采光系数	光照强度/lx	光照时间/h
种公猪舍	1 :（10~12）	50~100	10~12
空怀配种母猪舍	1 :（12~15）	50~100	10~12
妊娠母猪舍	1 :（12~15）	50~100	10~12
哺乳母猪舍	1 :（10~12）	50~100	10~12
保育猪舍	1 : 10	50~100	10~12
生长育肥猪舍	1 :（12~15）	30~50	8~12

（四）空气卫生

在集约化、规模化养猪生产中，影响猪舍空气卫生质量的主要因素：一是高密集饲养下猪群呼出的二氧化碳浓度超标；二是猪粪尿分解产生的氨气、硫化氢等有害气体含量超标；三是猪舍日常管理不当、粪污清理不及时、消毒措施不到位等使舍内空气中病原微生物、粉尘等含量超标。污浊的空气意味着舍内通风不良，高浓度的二氧化碳使空气中氧含量减少，猪只为食欲减退、精神沉郁、增重缓慢、体质下降；舍内大量的有害气体、病原菌等除对猪群健康、生产性能造成严重影响外，还会造成疾病的传播。猪舍空气中氨（NH_3）、硫化氢（H_2S）、二氧化碳（CO_2）、细菌总数和粉尘量不宜超过表1-4-5规定的数值。

表1-4-5　猪舍空气卫生指标

猪舍类别	氨 /mg·m^{-3}	硫化氢 /mg·m^{-3}	二氧化碳 /mg·m^{-3}	细菌总数 /万个·m^{-3}	粉尘 /mg·m^{-3}
种公猪舍	25	10	1 500	6	1.5
空怀配种母猪舍	25	10	1 500	6	1.5
妊娠母猪舍	25	10	1 500	6	1.5
哺乳母猪舍	20	8	1 500	6	1.2
保育猪舍	20	8	1 500	6	1.2
生长育肥猪舍	25	10	1 500	6	1.5

（五）噪　声

噪声是一种有害声波，其计量单位是分贝（dB）。高分贝的噪声会使动物受到惊吓、血压增高、精神紧张、烦躁不安等，影响动物正常的生理机能，危害其健康，导致其生产性能下降。据报道，母猪在噪声影响下，受胎率下降，流产现象增多。65 dB 以下的噪声对 1~10 周龄的猪无影响，而 65 dB 以上的噪声则造成 1~10 周龄的猪血细胞增多，胆固醇提高。据《GB/T17824.3 规模猪场环境参数及环境管理》规定，各类猪舍的生产噪声和外界传入噪声不得超过 80 dB，同时应避免突发的强烈噪声。

二、猪舍环境控制措施

（一）舍温控制

1. 猪舍外围护结构的保温隔热设计

合理进行猪舍的外围护结构的保温隔热设计，有利于在炎热季节，隔断太阳辐射传入舍内，防止舍温升高；在寒冷季节，减少猪舍内热能向外散失。在猪舍外围护结构中，屋顶面积大，冬季散热和夏季吸热量多，因此，必须选用导热性小的隔热材料建造屋顶，并且要求有一定厚度。此外，在屋顶增设天棚，将猪舍与屋顶下方空间隔开，使该空间形成一个不流动的空气缓冲层，有利于阻隔热量的传导，明显增强舍内保温隔热效果。由于猪只与地面距离较近，在冬季，通过地面散失的热量也很大，因此，要注意地面材料的防潮和保温性能。

2. 适宜的畜舍朝向

畜舍朝向不仅影响采光，且与冷风侵袭有关。我国大部分地区夏季盛行东南风或西南风，冬季盛行西北风或东北风，实践中，畜舍朝向以坐北朝南为主，以利夏季大量风通过门、窗涌入，通过风的流动缓解高温对舍温的影响，而冬季北面墙体阻隔寒风侵袭，有利于减少舍温的散失。

3. 猪舍防暑降温措施

炎热夏季，太阳辐射强度大，气温高，猪在高温环境下，采食量下降，生产力下降。生产中，猪舍环境温度高于临界范围上限值时，应采取喷雾、湿帘和遮阳等降温措施，加强通风，保证清洁饮水，缓和高气温对猪健康和生产力的不良影响。目前，规模猪场普遍采取湿帘-通风降温措施进行舍温的调控（详见通风降温部分）。

4. 猪舍防寒保温措施

寒冷冬季，猪舍环境温度低于临界范围下限值时，应采取供暖、保温措施，保持圈舍干燥、控制风速外，对产房和仔猪舍应进行人工供暖。人工供暖可分为集中供暖和局部供暖。目前，规模猪场主要采用热风炉对猪舍进行集中供暖，采用电热板或红外线灯对仔猪进行局部供暖。

（二）湿度控制

（1）加强通风换气，排出舍内多余的水汽；

（2）及时清理粪污，尽量减少舍内水分滞留；

（3）合理设计猪舍地面，保证舍内防潮和排污良好；

（4）注意猪舍冬季保温，防止水汽凝结。

（三）通风-降温控制

目前，规模猪场通风-降温主要采用负压湿帘通风降温系统，利用水蒸发降温原理为猪舍进行降温。该系统主要由湿帘、循环水路、负压风机和温度控制装置组成（见图1-4-1），其运行由恒温控制系统装置来完成，当舍温高于设定温度范围的上限时，启动风机排风，依靠机械动力强制将舍内污浊空气抽出，舍内空气密度相应减少形成负压区，舍外空气通过湿帘被吸入舍内，同时控制装置系统开启水泵将水箱中水经进水管送至给上水管，再通过喷水管的喷水孔将水喷向反水板（喷水孔面向上），从反水板上流下的水均匀流向湿帘，流下的水经集水槽和回水管流回水箱，水分受热蒸发带走热量而使进入舍内的空气温度降低。在夏季，空气经过湿帘进入舍内，可降低舍温 5~8 ℃。当舍温下降低于设定温度范围的下限时，控制装置系统首先关闭水泵，延时 30 min 后，将风机关闭，整个系统停止工作。延时关闭风机的目的是使湿帘完全晾干，便于控制藻类的滋生。

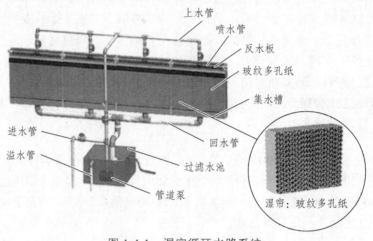

图 1-4-1 湿帘循环水路系统

1. 风机设置

风机多采用轴流变频排风机，风机大小与数量根据猪舍养殖情况和通风量而定。

第一步：确定猪舍最大通风量。根据猪舍养殖数量，参照猪舍夏季通风量（见表1-4-6）和风机损耗计算猪舍最大通风量。风机风量损耗按猪舍夏季通风量的 10%~15% 计算。

表 1-4-6 猪舍通风量与风速

猪舍类别	通风量/$m^3 \cdot h^{-1} \cdot kg^{-1}$			风速/$m \cdot s^{-1}$	
	冬季	春秋季	夏季	冬季	夏季
种公猪舍	0.35	0.55	0.70	0.30	1.00
空怀母猪舍、妊娠母猪舍	0.30	0.45	0.60	0.30	1.00
哺乳母猪舍	0.30	0.45	0.60	0.15	0.40
保育猪舍	0.30	0.45	0.60	0.20	0.60
生长育肥猪舍	0.35	0.50	0.65	0.30	1.00

数据来源：GB17824.3 规模猪场环境参数及环境控制。

第二步：计算风机数量。

根据选定风机的风量，计算风机的数量。

$$风机数量 = \frac{猪舍最大通风量}{选定风机的风量}$$

2. 湿帘设置

湿帘多采用玻纹多孔纸制作，一般安装在负压风机对侧墙体上。湿帘面积可通过下式计算：

$$F_{湿帘} = \frac{L}{3\,600v}$$

式中：$F_{湿帘}$ 为湿帘的总面积，m^2；L 为猪舍夏季最大通风换气量，m^3/h；v 为空气通过湿帘时的流速，m/s，一般取 1.0~1.5 m/s（潮湿地区取较小值，干燥地区取较大值）。

（四）光照控制

有窗封闭式猪舍以自然光照为主，辅以人工光照，全封闭式猪舍则宜完全进行人工光照。自然光照通过猪舍窗户进入舍内，射入光量与畜舍朝向、舍外情况、窗口面积大小等有一定关系，合理设计采光窗的位置、形状、数量与面积，才能有效保证猪舍内光照充足且分布均匀。

1. 采光窗的设置

生产中，要既要避免夏季直射阳光进入舍内，又要保证冬季阳光能较多进入舍内，采光窗大多设置在南北纵墙上，其采光面积根据当地气候确定，夏热冬冷和寒冷地区，南北窗面积之比为（2~4）：1，炎热地区南北窗面积之比为（1~2）：1。猪舍附近如有高大建筑物或树木，就会遮挡太阳直射光和散射光，影响舍内光照。因此，一般要求相邻猪舍间距不应小于檐高的3倍。采光窗的设计取决于采光系数、入射角、透光角的要求。

第一步：计算采光窗总面积

根据猪舍采光系数计算采光窗总面积。采光系数是指窗户的有效采光面积与舍内地面面积之比。采光系数越大，进入舍内的光量就越多。猪舍类别不同，采光系数不同（见表1-4-7）。

表1-4-7　猪舍的采光系数

猪舍类别	采光系数
种公猪舍	1：12~1：10
空怀母猪舍、妊娠母猪舍	1：15~1：12
哺乳母猪舍	1：10~1：12
保育猪舍	1：10
生长育肥猪舍	1：15~1：10

采光窗总面积可按下式计算：

$$S_{窗} = S_{地} \times 采光系数 \div 遮挡系数$$

窗扇遮挡系数，单层金属窗为 0.80，双层金属窗为 0.65；单层木窗为 0.70，双层木窗为 0.50。

第二步：确定采光窗形状、大小与数量

由于窗的形状关系到采光和通风的均匀度。在窗面积一定情况下，采用宽度大而高度小的"卧式窗"，可使舍内长度方向光照和通风均匀，而跨度方向则较差；高度大而宽度小的"立式窗"，舍内长度方向光照和通风均匀度较差；"方形窗"光照和通风效果介于两者之间。根据禽舍对采光和通风的要求，建议南向窗口采用"近方形窗"，北向窗口采用"卧式窗"。

采光窗大小可参照门窗标准图集酌情确定。南北窗的数量分配根据南北窗面积比例确定。为使光照均匀，在窗面积一定情况下，可进行窗口拆分，以增加窗的数量来减小窗间距。

第三步：确定采光窗上、下缘的高度

采光窗上、下缘的高度可根据禽舍窗口的入射角和透光角计算而得，如图 1-4-2 所示。

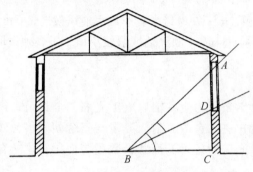

图 1-4-2　窗口入射角及透光角

入射角是指窗口上椽外角（A）到舍内地面中央一点（B）所引直线（AB），与地面水平线（BC）形成的夹角（$\angle ABC$），为保证舍内适宜的光量，$\angle ABC$ 不应小于 25°。通过 $AC = \tan\angle ABC \times BC$，推算出窗口上椽离地高度最低值。

透光角是指直线 AB 与窗口下缘内角（D）与舍内地面中央一点（B）所引直线（BD）间所形成的夹角（$\angle ABD$）。透光角越大，采光就越多，为保证舍内适宜的光量，$\angle ABD$ 不应小于 5°。通过 $DC = \tan(\angle ABC - \angle ABD) \times BC$，推算出窗口下椽离地高度最高值。但也不能过低，一般最低不能低于 1.2 m。

2. 照明灯的布置

由于自然采光光照度和光照时间具有明显的季节性，且舍内照度不均匀，为满足畜禽生长、生产过程中对光照度和光照时间的需要，须在舍内安装照明灯和光照控制设备来进行光照补充。猪舍人工照明宜使用节能灯，光照应均匀，按灯距 3 m、高度 2.1 ~ 2.4 m，每灯光照面积 9 ~ 12 m² 的原则布置，且灯具应保持清洁。

（五）空气质量的管理

消除舍内有害物质是改善舍内空气质量的一项重要措施。由于造成舍内高浓度有害物质的原因是多方面的，因此，消除舍内有害物质须采取多方面的综合措施。

1. 合理调控日粮

饲粮组成是影响舍内氨气浓度的一个主要因素。利用理想蛋白质技术配制低蛋白饲粮，降低饲粮蛋白质水平，提高蛋白质利用率，减少粪氮的排出量。

2. 合理使用添加剂

通过在饲粮中添加酶制剂、益生菌、植物提取物等来降低粪中氨气的排放。在粪便、垫料中添加各种具有吸附功能的添加剂，以减少氨的释放。

3. 合理设计排污沟

及时清除舍内粪尿，减少有害气体产生。

4. 做好猪舍的日常清洁与消毒工作

养殖生产过程中，严格日常消毒工作，在疾病传播时采用隔离、淘汰病猪和进行应急消毒措施，以减少病原微生物的滋生，控制病原菌的扩散。

5. 禁止带猪干扫猪舍或刷拭猪体

养殖生产过程中，定时进行猪舍通风换气，在并通风口设置过滤网，减少舍内尘粒量。

6. 做好场区绿化

在猪场周围和场区空闲地种植环保型树、花、草，绿化环境，减少尘粒产生、净化空气、降低外界噪声的传入，改善猪舍小气候，加强防疫。畜禽养殖场绿化覆盖率应在30%以上，并在场外缓冲区建5~10 m的环境净化带。

【任务检查】

表1-4-8　任务检查单——猪舍通风湿帘降温系统、采光窗的设置

任务编号	1-4	任务名称	猪舍通风湿帘降温系统的设置		
序号	检查内容			是	否
	计算猪舍风机数量、湿帘的面积				
1	了解猪舍通风湿帘降温系统的组成情况				
2	确定猪舍类别及饲养情况				
3	了解猪舍通风换气量				
4	掌握湿帘面积的计算公式				
5	根据资料进行猪舍通风湿帘降温系统的设置。某猪场哺乳母猪舍饲养有100头哺乳母猪，平均体重210 kg，要实行负压湿帘通风，问该舍安装几台轴流排风机？湿帘面积多少为宜（风机大小及风量数据可网上查询）				
	计算猪舍采光窗数量				
1	简述猪舍光照控制的措施				
2	采光窗的设计要求				
3	掌握各类猪舍的采光系数				
4	根据资料进行采光窗的数量设置。如南方某猪场妊娠母猪舍长度为54 m、跨度为9 m，计算该舍采光窗口总面积？窗户上缘离地不能低于多少米？窗户下缘至少离地多少米				

【任务训练】

一、名词解释

采光系数　　　透光角　　　入射角　　　噪声　　　自然光照　　　人工光照

二、填空题

1. 猪舍内环境控制参数有＿＿＿＿＿＿＿＿、＿＿＿＿＿＿＿＿、＿＿＿＿＿＿＿＿、＿＿＿＿＿＿＿＿、＿＿＿＿＿＿＿＿等。

2. 在猪舍中，＿＿＿＿＿＿是影响猪只健康和生产性能最重要的因素。不同生产阶段的猪，对温度的需求不同，空怀母猪舍、妊娠母猪舍内适宜的温度范围为＿＿＿＿＿＿＿＿，哺乳母猪舍适宜的温度范围为＿＿＿＿＿＿＿＿，保育舍为＿＿＿＿＿＿＿＿，生长育肥舍为＿＿＿＿＿＿＿＿。

3. 冬季温度下，猪舍内通风的气流速度以＿＿＿＿＿＿ m/s 为宜，最高不超过＿＿＿＿ m/s。

4. 一般情况下，生长育肥猪群的光照强度为＿＿＿＿＿＿＿＿lx，光照时间为＿＿＿＿＿＿h。

5. 猪舍内的有害气体主要有＿＿＿＿＿＿＿、＿＿＿＿＿＿＿、＿＿＿＿＿＿＿等。

6. 在集约化、规模化养猪生产中,影响猪舍空气卫生质量的主要因素是＿＿＿＿＿＿＿＿、＿＿＿＿＿＿＿＿、＿＿＿＿＿＿＿＿等物质的含量超标。

7.《GB/T17824.3　规模猪场环境参数及环境管理》规定，各类猪舍的生产噪声和外界传入噪声不得超过＿＿＿＿＿＿＿＿dB。

8. 规模猪场通风-降温主要＿＿＿＿＿＿＿＿，利用水蒸发降温原理为猪舍进行降温。该系统主要由＿＿＿＿＿＿、＿＿＿＿＿＿、＿＿＿＿＿＿和＿＿＿＿＿＿组成。

9. 为避免猪舍附近建筑物或树木影响舍内光照，要求相邻猪舍间距不小于椽高＿＿＿倍。

10. 为保证舍内适宜的光量，透光角不应小于＿＿＿＿°，入射角不应小于＿＿＿＿°。

三、简答题

1. 简述控制舍温的控制。

2. 简述消除舍内有害物质的措施。

【任务拓展】

1. GB/T17824.3　规模猪场环境参数及环境管理

2. NY/T1167　畜禽场环境质量及卫生控制规范

任务五　猪场废弃物处理

【任务描述】

　　随着养猪生产由小规模、分散的生产方式向集约化、规模化、工厂化的生产方式转变，猪场每年产生大量的猪粪、尿液、污水等废弃物并进行集中排放，如果处理不当，很容易造成猪场周边环境污染。了解猪场废弃物的种类，合理处理及再利用猪场废弃物，减少对环境的污染，是养猪生产必须解决的问题。

【任务目标】

● 了解猪场废弃物的种类及危害；
● 能合理提出猪场废弃物的处理与再利用措施。

【任务学习】

一、猪场废弃物的种类及危害

猪场养殖生产过程中，产生的污染源主要有以下三大类：

（1）固体废弃物：猪粪、病死猪、垫料、饲料残渣等。

（2）液体废弃物：猪排出的尿液，冲洗圈舍、用具及粪污沟等产生的污水。

（3）气体废弃物：各种有害气体及恶臭。

由于废弃物中垫料和饲料残渣所占比重很小，病死猪通常单独收集和处理，臭气的产生源主要是猪粪尿，因此，猪粪尿是猪场的主要污染源。随着单个养殖场规模的不断扩大，粪尿产量随之加大（见表1-5-1）。一般情况下，猪粪中水分占72.4%，有机物占24.16%。其中有机氮占粪便中总氮量的80%以上，部分磷也以有机磷的形式存在，它们必须经过分解矿化后才能被植物吸收，如不妥善处理，随意排放，将造成土壤营养富集、水体富营养化、空气恶臭，对环境带来严重污染；此外，粪污中还含有大量的病原微生物，引发疫病及寄生虫病的流行与传播，危害人及动物的健康。如能进行无害化处理，将粪污中多种成分转化为植物生长需要的养分，则能变废为宝，成为有用的资源。

表1-5-1　不同阶段猪的粪尿产量（鲜量）

种类	体重/kg	每头每天排泄量/kg			平均每头每年产粪量/t		
		粪量	尿量	粪尿合计	粪量	尿量	粪尿合计
种公猪	200～300	2.0～3.0	4.0～7.0	6.0～10.0	0.9	2.0	2.9
空怀、妊娠母猪	160～300	2.1～2.8	4.0～7.0	6.1～9.8	0.9	2.0	2.9
哺乳母猪	—	2.5～4.2	4.0～7.0	6.5～11.2	1.2	2.0	3.2
保育猪	30	1.1～1.6	1.0～3.0	2.1～4.6	0.5	0.7	1.2
生长猪	60	1.9～2.7	2.0～5.0	3.9～7.7	0.8	1.3	2.1
育肥猪	90	2.3～3.2	3.0～7.0	5.3～10.2	1	1.8	2.8

二、猪场废弃物的处理与再利用措施

（一）粪尿、污水的处理及再利用

目前，我国治理猪场污染防治应符合《畜禽养殖业污染防治技术规范》的规定，主要分为产前、产中和产后"三化"治理及资源化利用。

1. 产前减量化生产，控制排污源头

（1）适度养殖规模

新建场应进行合理规划，根据所产生的粪污量及环境对粪污的消耗承载能力，适度规模生产，减少污染物的土壤负荷，减少营养素（氮、磷、钾）或有害残留物、病原体等对土壤、水体的污染。

（2）实行种养结合

畜禽粪污中富含农作物生长所需的氮、磷等养分，经过适当的处理后，可作为有机肥施用，不仅能改良土壤和为农作物生长提供养分，还能大大降低粪污的处理成本，缓解环保压力。再者，绿色农产品生产中提倡减量化使用常规农药、化肥，有机农产品生产中强调不能使用化学合成的农药、化肥等物质，因此，通过种植业和养殖业的有机结合，使用畜禽粪便作为原料的有机肥，以实现农村生态效益、社会效益、经济效益的协调发展。

2. 产中科学化管理，减少排泄量

（1）科学配制生态营养环保饲料

粪便中的养分与动物摄取的饲料营养成分成正比，畜禽所摄取的饲料氮、磷和钾等养分只有部分能被动物吸收利用，用于其生长和繁殖，未被利用的养分随粪尿排泄出来，造成土壤富集、水体富营养化、空气污浊，对环境造成严重污染。由于生产需要，动物日粮中还添加有铁、铜、锌、硒、镉、砷、镁等金属成分，但动物吸收量只有 5%～15%，大部分被排泄到环境中，因此，解决畜禽养殖废弃物污染环境问题首先应从动物日粮入手，在生产中，根据不同年龄、不同生理阶段猪的营养需要，科学配置日粮；采用"理想蛋白模式"，配制蛋白平衡日粮；用合成氨基酸代替蛋白质饲料，在不影响猪体生产性能的前提下，降低日粮中粗蛋白水平；在饲料中应用微生态制剂、酶制剂等措施，提高猪饲料利用率，以减少粪尿中氮、磷的排放量。

（2）做好雨污分流

养殖场要建立独立的雨水和污水收集输送系统，实现雨污分离。尿液沟设置在舍内，通过尿液收集系统进入污水沟，舍外粪污沟采用暗沟排污，避免雨水混入。合理选择饮水器，减少动物饮水漏水现象，将漏水引流到雨水渠，确保漏水不进入粪尿中，减少污水排泄量，减少污水中污染物的浓度。

（3）将湿法清粪工艺改为干法清粪工艺

目前，猪舍清粪方式主要有水冲清粪、水泡清粪、干清粪等。不同清粪方式，产生的污水量和水质不同（见表1-5-2）。

表 1-5-2　不同清粪工艺的养猪场污水水质和水量

项目		水冲清粪	水泡清粪	干清粪
水量	平均每头/L·d⁻¹	35~40	20~25	10~15
	万头猪场/m³·d⁻¹	210~240	120~150	50~90
水质指标/mg·L⁻¹	BOD_5	7 700~8 800	12 300~15 300	3 960~5 940
	COD_{Cr}	17 000~19 500	27 200~34 000	8 790~13 200

① 水冲清粪：每天数次从沟端间隙式放水，利用水冲力将粪沟中粪尿污水冲出至粪污主干沟进入贮粪池。

② 水泡清粪：在粪沟中注入一定量的水，粪、尿、污水一并通过漏缝地板掉入粪沟中，储存一定时间后（一般为 1~2 个月），打开抽粪闸门，将沟中粪水一次性排出至粪污主干沟进入贮粪池。

③ 干清粪：粪尿一经产生就将粪、尿和污水分离，干粪由机械或人工收集、清扫，运至粪便堆放场进行处理；尿及冲洗污水从排污沟流入污水池进行贮存处理。

水冲清粪、水泡清粪处理过程中，粪便中的大部分可溶性有机物进入液体，使液体部分的浓度很高，增加了处理难度，且经固液分离后的干物质肥料价值大大降低。根据《畜禽场环境污染控制技术规范》要求，提倡养殖场采用干法清粪工艺收集粪便，实行"粪尿分离、干湿分离"，分类清除，以减少污水排放量。干清粪是减少和降低养猪生产给环境造成污染的重要措施之一，是目前粪污处理的最佳方法。

（4）利用猪粪原位降解工艺实现粪污零排放

猪粪原位降解工艺是指养殖过程中猪粪与发酵床（混有发酵菌剂的垫料）接触，利用发酵床中好氧和厌氧微生物对猪粪尿中有机物进行降解、转化，使猪粪免于清扫，就地发酵，降解为有机肥，以达到零排放、无污染的生态养殖模式。其工艺类型多样，根据发酵床的调制工艺分湿式发酵床（垫料原料与发酵菌加水拌和，提前发酵，散热后摊撒在畜床上）和干撒式发酵床（垫料原料与发酵菌拌和后不加水，直接摊在畜床上）；根据猪群与发酵床接触情况分为接触型工艺（猪群直接养在发酵床上，见图 1-5-1）和非接触型工艺（利用漏缝地板将猪群与发酵床隔开，猪粪通过漏缝地板散落在下层发酵床上，见图 1-5-2）。

图 1-5-1　接触型猪粪原位降解工艺　　　　图 1-5-2　非接触式猪粪原位降解工艺

（5）提供良好的饲养环境

舒适的饲养环境中能有效提高畜禽抗病力，保障肠道健康，以提高饲料消化率，减少氮、磷等排放。

3. 产后无害化处理，进行资源化利用

猪场应建造专门的畜禽粪污贮存设施，通过物理、化学、生物学等处理方法，及时对猪粪污进行无害化处理，使粪尿、污水中的有害物质得以消除而达到净化，进行资源化利用，以减少对环境的污染，减少对人、畜的危害。

（1）粪污利用沼气工程技术，生产沼气、沼液、沼渣

沼气工程技术是以厌氧发酵为核心的畜禽粪污的处理方式，是我国大中型畜禽养殖场粪污处理的主要方式之一。猪场粪尿、污水在沼气池中通过厌氧发酵，发酵后的沼气经过脱硫处理，是优质的清洁燃料，可进入发电系统进行发电；沼液中含有各类氨基酸、维生素、蛋白质、糖类等营养成分，也含有对植物病害有抑制和杀灭作用的活性物质，是优质的有机液态肥，可直接施用于农田或经处理达标后排放；沼渣养分较全面，含有丰富的有机质、腐殖酸、粗蛋白质、氮、磷等，是优质的有机固体肥，可直接施用于农田、果园等。进行沼液、沼渣利用时，要符合《畜禽粪便安全使用准则》的规定，要避免出现新的污染。

（2）固体粪便进行堆肥发酵，生产有机粪肥

堆肥是在人工控制水分、碳氮比和通风条件下，通过微生物作用，对固体粪便中的有机物进行降解，使其矿质化、腐殖化和无害化的过程。堆肥过程中微生物降解物料中有机质并产生 50～70 ℃高温，杀死病原微生物、寄生虫及其虫卵，腐熟后的物料养分充分且无臭，成为有益于植物生长的有机粪肥。堆肥工艺有自然堆肥、大棚式堆肥、槽式堆肥（见图 1-5-3）、发酵罐（塔）堆肥等。

图 1-5-3　槽式堆肥

猪场粪污处理模式见图 1-5-4。

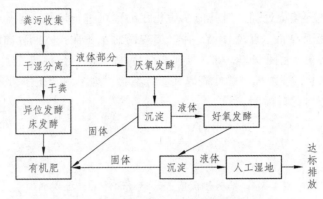

图 1-5-4　猪场粪污处理模式

引自：王新谋，等. 家畜粪便学. 上海交通大学出版社，1997。

粪便经堆肥处理后，须达到表 1-5-3 的卫生学要求。堆肥使用要符合《畜禽粪便安全使用准则》。

表 1-5-3　粪便堆肥无害化卫生学要求

项目	卫生标准
蛔虫卵	死亡率≥95%
粪大肠菌群数	≤10^5 个/kg
苍蝇	有效地控制苍蝇滋生，堆体周围没有活的蛆、蛹或新羽化的成蝇

（3）污水分离、净化后，进行还田或循环利用

为防止猪场污水对周围水体造成污染，除通过雨污分离、限制冲洗量等措施，减少污水排放量外，还需通过物理处理法、生物学处理法使污水达到净化后，进行排放。污水经处理后向环境排放应符合《畜禽养殖业污染物排放标准》的规定，有地方标准的应执行地方排放标准。作为灌溉用水排放农田的，须符合《农田灌溉水质标准》的规定。污水回收利用须进行严格消毒，提倡采用非氯化消毒措施，避免产生二次污染。

① 物理处理法：利用格栅、多级沉淀调节池、固液分离机等，对污水实施隔滤处理、多级沉淀和固液分离，将污水中悬浮物、油类及固体物质分离出来，对污水进行预处理。

② 生物处理法：通过人工生物处理和自然生物处理，借助微生物的代谢作用，进一步分解污水中有机物而使其达到净化。人工生物处理即是利用曝气和生物膜，通过人工强化措施，为微生物繁衍增殖创造条件，利用微生物活动降解水体有机物，使水体净化的过程。自然生物处理主要利用氧化塘和人工湿地，利用自然生态系统中生物的代谢活动降解水体有机物，使水体净化的过程。

（二）病死猪的处理

养猪生产中，猪因疾病或其他原因死亡，特别是发生传染病的病死猪，尸体中含有较多的病原微生物，若处理不当，任其分解腐败，散发恶臭，会污染大气、水源和土壤，并造成疾病的传播与蔓延。因此，做好病死猪处理是防止疾病流行的一项重要措施。对病死猪要及时处理、严禁随意丢弃，严禁出售或作为饲料再利用。对病死猪的处理原则是：因烈性传染

病而死亡的猪必须进行焚烧处理；对其他伤病死亡的猪可进行坑埋和湿化处理。填埋井应为混凝土结构，深度大于 2 m，直径 1 m，井口加盖密封。每次投入病死猪后，应覆盖一层厚度大于 10 cm 的熟石灰，密闭井口，坑内尸体在微生物作用下经 4~5 个月可全部分解，分解时温度可达 65 ℃ 以上，可杀灭一般性病原菌，且不会对地下水及土壤带来污染，井填满后，须用黏土填埋压实并将封口封闭。

【任务检查】

表 1-5-4　任务检查单 —— 猪场粪污的处理现状

任务编号	1-5	任务名称		猪场粪污的处理情况调查	
序号		检查内容		是	否
	猪场猪粪、污水、病死猪的处理措施				
1	了解现阶段规模化猪场猪粪、污水、病死猪的处理措施				
2	了解现阶段规模化猪场猪粪、污水的利用途径				
3	到实训猪场调查，相关信息： 1. 养殖规模，清粪方式 2. 每天猪粪的产生量、污水排出量 3. 猪粪及污水的处理方式、处理设施及再利用途径 4. 病死猪的处理方式、处理设施				
4	对实训猪场粪污处理情况进行评价				

【任务训练】

一、名词解释

水泡清粪　　水冲清粪　　干清粪　　猪粪原位降解工艺　　堆肥

二、填空题

1. 目前，国内外治理猪场污染主要分为产前_____生产，控制排污源头；产中_____；减少排泄量；产后_____处理，进行资源化利用。

2. 目前，猪舍清粪方式主要有_____、_____、_____等。其中_____是减少和降低养猪生产给环境造成污染的重要措施之一，是目前粪污处理的最佳方法。

3. _____是我国大中型畜禽养殖场粪污处理的主要方式之一，产生优质的清洁燃料_____，优质的液态肥_____及优质的有机固体肥_____。

4. 进行沼液、沼渣利用时，要符合_____的规定，要避免出现新的污染。

5. 堆肥工艺有_____、_____、_____等。

6. 猪粪原位降解工艺，根据发酵床的调制工艺_____、_____；根据猪群与发酵床的接触情况分为产_____和_____。

7. 污水生物净化主要通过_____和_____，借助微生物的代谢作用，进一步分解污水中有机物而使其达到净化。

三、简答题

1. 粪便经堆肥处理后，须达到哪些卫生学要求？

2. 简述污水的分离、净化处理措施。

3. 针对病死猪，有哪些处理原则及措施？

【任务拓展】

1. HJ/T 81　畜禽养殖业污染防治技术措施

2. NY/T 1334　畜禽粪便安全使用准则

3. NY/T 5033　生猪饲养管理准则

4. GB 5084　农田灌溉水质标准

项目二 后备猪舍生产技术

任务一 后备猪饲养管理技术

【任务描述】

　　本任务主要介绍后备猪舍猪的饲养管理。后备猪主要包括后备公猪和后备母猪两个类型猪的饲养和管理。

【任务目标】

● 后备公猪的选择；
● 后备公猪的饲养管理；
● 后备母猪的选择；
● 后备母猪的饲养管理。

【任务学习】

　　一个正常的猪群，由于性欲减退、配种能力降低或其他机能障碍，每年需淘汰部分繁殖种猪，因此必须注意培育后备猪补充。一般后备公猪占整个种公猪群的比例约为30%，后备母猪占整个种母猪群的30%~35%，所以后备猪饲养的优劣，会影响整个场的生产安全，饲养好了整个猪场繁殖情况良好，饲喂较差，则整个猪场生产安全形势严峻，故应加强后备猪的饲养。

一、后备公猪的饲养管理

（一）后备种公猪的选择

1. 品种选择

　　根据生产目的的不同，一般在商品仔猪（肉猪）生产中，二元杂交模式下选择生长速度较快或胴体性能较好的大白、长白或杜洛克为父本；三元杂交模式下生产商品仔猪，第一父本选择繁殖和产肉较好的大白或长白公猪，第二父本选择生长速度较快、产肉性能和饲料利用率较好的杜洛克公猪。

2. 个体选择

（1）生长速度快，体质优良，胴体品质好

一般体重为100 kg时，饲养天数在175 d内，要求猪只体质结实，料肉比在3.0 kg以下。体质优良，背膘厚度20 mm以下。

（2）体型外貌

体质结实，体态匀称，头颈结合良好，比例适当，背腰平直，胸深较宽，肩臀发达，肌肉丰满，四肢粗壮有力，毛色、耳型、头型良好，符合品种特征。

（3）生殖系统机能健全

生殖器官发育良好，无隐睾、单睾、疝气和包皮积尿，睾丸匀称，界限明显，精液优良，性欲旺盛。

（4）选留数量一般为最终选择的10～20倍。

（二）后备种公猪的饲养

1. 后备公猪的饲养要点

一般以80～90 kg为界限，前期实行自由采食，后期实行限制饲喂。前期保证猪营养供应，身体各系统发育正常，特别是骨骼、肌肉和生殖系统，后期是脂肪沉积的高峰期。后期参照体况评分，一般要求在3～3.5分为宜，体况评分参考图2-1-1，限制饲喂，保持适当运动。饲粮可参照NY/T 65—2004猪饲养标准提供。控制饲粮体积，防止垂腹，影响配种能力。饲喂多以精料为主，辅以适当的青绿饲料，切记饲喂过多的青粗料。

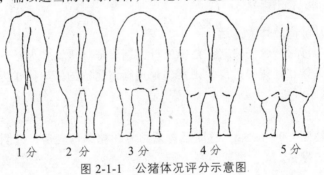

1分   2分   3分   4分   5分

图 2-1-1   公猪体况评分示意图

2. 性成熟前后的饲养方式

后备公猪性成熟前可合群饲养，接近性成熟时，因雄性激素分泌较为旺盛，会出现互相爬跨、斗殴、啃咬等现象，为防止身体外伤，尤其是肢蹄和生殖器官，故性成熟后单独饲喂，并在圈舍外修建单独的活动场地，利于猪只运动锻炼。

3. 达到配种体重时的管理措施

后备公猪达到配种体重时开始配种调教和采精训练。一般公猪适宜的配种年龄和体重见表2-1-1。

表 2-1-1　种公猪性成熟及适宜配种时期

类型	性成熟		适宜配种	
	时间/月	体重/kg	时间/月	体重/kg
地方品种	3 ~ 6	—	5 ~ 6	70 ~ 80
引进猪种	6 ~ 7	—	8 ~ 9	120 ~ 130
培育/杂交品种	4 ~ 5	—	7 ~ 8	90 ~ 100

注:"—"表示未找到相关资料。

二、后备母猪的饲养管理

(一)后备种母猪的选择

1. 后备母猪的选择标准

(1)生长速度快,体质优良,发育良好

可参照公猪饲养的要求,注重生长速度和背膘厚。

(2)体质、外形优良

体质外形符合本品种特征,尤其是皮肤、毛色、耳型和外形,对于后备母猪来说,乳房和外阴需发育完善。乳房要求 6 ~ 7 对以上,排列在腹线两侧,间隔整齐,距离适当,不得有副乳头、瞎乳头、瘪乳头等。外阴发育良好,不得过小。若外阴发育过小,则说明该头母猪生理发育停留在原始阶段,不适合配种。

2. 后备母猪的选择时期

(1)断奶至 2 月龄段选择为窝选

可挑选来自大窝母猪产的仔猪,仔猪中公母比例以仔母猪较多为好,一般以 60% 左右的仔母猪为好,如仔母猪在仔猪中过少,则不建议选择该窝猪的仔母猪作为种母猪。选择数量为最终需要量的 5 ~ 10 倍。

(2)4 月龄选

这时一般猪可达到 50 ~ 60 kg,这时从外观可看出猪只的乳房、外阴、肢蹄、体格等部位,淘汰发育不良的母猪。

(3)6 月龄选

跟自身和同胞的生长发育状况对比,一般情况下育肥 6 月龄猪只,引进品种可达到 90 ~ 100 kg。如果后备猪小于这个体重,说明饲喂欠缺,可加强营养;若大于这个体重,说明饲喂过量,导致猪只过肥,应适当限饲,让体重与年龄相适宜,以利于配种。

(4)初配阶段选择

可根据猪只发情情况选,正常后备母猪到初配时应经历 2 ~ 3 个发情期,且发情特征明显,精神兴奋、躁动不安,接受其他公猪或母猪爬跨,或爬跨其他猪只,压背反射明显,外阴红肿,有黏液流出,持续时间较长,发情周期21 d,且间隔时间一致。

（二）后备母猪的饲养

1. 后备母猪的饲养管理

（1）配置饲粮

后备母猪日粮可参照消化能 12.96 MJ/kg，粗蛋白 15%、赖氨酸 0.7%、钙 0.82% 和磷 0.73%。饲料符合相应卫生标准，不得饲喂发霉、变质、冰冻、水浸的饲料。保证饲料中维生素和矿物质供应。

（2）合理饲养

后备母猪饲养管理要点在于控制猪只生长发育，让其年龄和体况相适宜，生长前期可采用自由采食，后期限饲的饲喂方式，一般引进猪种以 90 kg，体成熟为界限。前期注重能量、蛋白、钙磷等矿物质、维生素等营养物质的摄入，促使其骨骼、肌肉充分发育，脂肪发育适度，同时保证各个器官充分发育，身体各机能系统协调一致。后期根据猪只体况评分，保证在 3~3.5 分，体况评分参考图 2-1-2，对于过肥或过瘦的猪只，适当限饲或补料。避免出现体重过大过肥的小骨架猪出现。配种前两周，停止限饲，加强营养，采取短期优饲的方法，促进母猪排卵，利于配种。

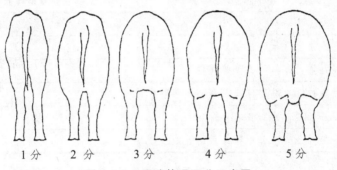

1分　2分　3分　4分　5分

图 2-1-2　母猪体况评分示意图

限饲可采用限质或限量的方法，限质即在保证饲喂数量不变的情况下，用部分青绿饲料、青贮饲料或青粗饲料替代精料，降低饲料营养浓度，达到限饲目的；限量即直接减少饲喂的数量，一般饲喂数量为标准饲喂数量的 80%~90% 不等。

（3）合理分群

引进猪种以 60 kg 为界限，之前可采用小群饲喂，每群 4~5 头，密度适当，每头猪占地 0.8 m²，60 kg 后每群 2~3 头，最好和生产过的母猪混群饲喂，每头猪占地 1.2~1.5 m²，以利于后备发情，或者直接上限喂栏饲喂。饲喂过程中注意建立人畜亲和关系，饲养人员可在饲喂过程中亲近母猪，抚摸耳根、腹侧或乳房等部位，严禁粗暴对待，训练良好的生活规律，利于后期配种。

2. 后备母猪的初配年龄和体重

后备母猪须达到一定的体重和年龄（见表 2-1-2）或经历 2~3 个发情期再配种。配种过早，母猪身体发育不全，各系统机能不完善，出现流产、早产概率增加，影响以后的繁殖成绩，缩短利用年限；配种过晚，母猪身体机能虽发育完善，但可能存在体重过大，饲料费用过多，利用效率不高等问题。配种时，体重和年龄需一致，如该头母猪年龄已到 8 月龄，但体重未达标准，此时需加强营养，等体重达标方可配种；体重已达 100 kg，但年龄才到 6 月龄，等年龄达到 7 ~ 8 月龄方可配种。

表 2-1-2　种母猪性成熟及适宜配种时期

类型	性成熟		适宜配种	
	时间/月	体重/kg	时间/月	体重/kg
地方品种	3 ~ 4	—	5 ~ 6	60 ~ 70
引进猪种	6	—	8 ~ 10	90 ~ 120
培育/杂交品种	介于地方和引进猪种之间	—	7 ~ 8	90 ~ 100

注："—"表示未找到相关资料。

【任务检查】

表 2-1-3　任务检查单 ——后备猪饲养管理技术

任务编号	2-1	任务名称	后备猪饲养管理技术		
序号	检查内容			是	否
1	简述后备公猪、母猪的选择要点				
2	简述后备公猪、母猪的饲养管理措施				
3	学会区别猪的性成熟和体成熟及初配年龄和体重				
4	简述后备公猪和母猪的合理分群				
5	根据相关资料会辨别公母猪的种用性能				

【任务训练】

一、填空题

1. 一般后备公猪占整个种公猪群的比例约为＿＿＿%，后备母猪占整个种母猪群的＿＿＿＿%。

2. 三元杂交模式下生产商品仔猪，第一父本选择繁殖和产肉较好的＿＿＿＿或＿＿＿＿公猪，第二父本选择生长速度较快、产肉性能和饲料利用率较好的＿＿＿＿＿公猪。

3. 一般情况下，后备公猪的选留数量一般为最终选择的＿＿＿＿ ~ ＿＿＿＿倍以上。

4. 后备公猪的饲养要求一般以＿＿＿＿＿ kg 为界限，前期实行＿＿＿＿＿，后期实行＿＿＿＿。后期体况评分一般要求在＿＿＿ ~ ＿＿＿＿分为宜。

5. 后备母猪选择时要求乳房＿＿＿ ~ ＿＿＿对以上，不得有＿＿＿＿、＿＿＿＿、＿＿＿＿等。

6. 对于过肥或过瘦的猪只，适当＿＿＿＿或＿＿＿＿。避免出现体重过大过肥的＿＿＿＿猪出现。

7. 杂交母猪的适宜的初配年龄为＿＿＿＿月龄，体重为＿＿＿＿kg。

【任务拓展】

猪种简介

一、猪的经济类型

1. 脂肪型

瘦肉率：低于45%；背膘厚：4 cm以上；外形：短、宽、圆、矮、肥。

2. 瘦肉型

瘦肉率：高于56%；背膘厚：1.5～3.5 cm；外形：长、宽、平、高、丰满。

3. 兼用型

介于前二者之间。

二、我国优良的地方品种简介

（一）我国地方猪的优良种质特性

（1）繁殖力强、性成熟早、产仔多；

（2）适应性强；

（3）抗寒与抗热能力强；

（4）肉质好；

（5）性情温驯，母性强。

（二）主要代表猪种

1. 民猪

（1）产地分布：东北、华北。

（2）品种特征：头中等，耳大下垂，毛黑密长，体躯扁平，四肢粗壮（见图2-1-3）。

（3）优点：抗寒、耐粗饲、产仔多、肉脂品质好。缺点：后腿不丰满。

图 2-1-3 民 猪

2. 两广小花猪

（1）产地分布：广东、广西。

（2）品种特征：被毛稀疏，毛色黑白（头、耳、背、腰、臀黑色），头短、颈短、身短、脚短、尾短（见图2-1-4）。

（3）优点：母性强，肉质好。

图 2-1-4　两广小花猪

3. 太湖猪

（1）产地分布：长江下游太湖流域。地方类型有二花脸、梅山、枫泾、嘉兴黑、横泾、米猪、沙乌头。

（2）品种特征：头大、额宽、额部皱褶多，耳特大，被毛黑色或青灰色（见图2-1-5）。

（3）优点：以产仔多著称于世，平均产仔数：15.83 头，母性好，肉鲜味美。缺点：增重慢、大腿欠丰满。

图 2-1-5　太湖猪

4. 香猪

（1）产地分布：贵州省从江、榕江，广西环江。

（2）品种特征：体躯矮小，耳小平伸或稍垂，四肢细短，背腰宽微凹、腹大触地，后躯较丰满。毛色多为黑色，也有白色、六白、六白不全等。

（3）优点：早熟易肥、皮薄骨细、肉质鲜嫩。公猪 37.4 kg、母猪 40 kg，可朝实验型、乳猪型、宠物型方向发展。

图 2-1-6　香　猪

三、国外引入品种

（一）引入猪种的主要种质特性

（1）生长速度快，日增重 550～800 g。

（2）胴体瘦肉率高，可达 55%～65%。

（3）屠宰率高，可达 70%～75%。

（4）主要缺点：繁殖性能低，肌纤维粗，肉质较差。

（二）主要代表猪种

国外引入品种大约克夏、长白、杜洛克是当前规模化猪场主要猪种来源。

1. 大约克夏猪

（1）产地类型：英国，瘦肉型。

（2）品种特征：体大，匀称，全身白色，耳直立，背腰微弓，四肢较高（见图 2-1-7）。

（3）生产性能：成年公猪 350～380 kg，成年母猪 250～300 kg，产仔数 12 头以上。日增重：700 g 以上，瘦肉率 61% 以上。优点：生长快较耐粗。缺点：蹄质欠坚实。

图 2-1-7　大约克夏猪

2. 长白猪（兰德瑞斯猪）

（1）产地类型：丹麦，瘦肉型。

（2）品种特征：颜面直，耳大前伸或下垂，被毛白色，体躯长，前窄后宽（见图 2-1-8）。

（3）生产性能：成年公猪 250～350 kg，成年母猪 200～300 kg，产仔数 11～12 头。日增重 700 g 以上，瘦肉率 62%。缺点：抗寒性稍差、皮肤病较多。

图 2-1-8　长白猪

3. 杜洛克猪

（1）产地类型：美国，瘦肉型。

（2）品种特征：颜面微凹，耳中等大半下垂，背腰微弓，四肢粗壮，全身被毛棕红色，深浅不一（见图 2-1-9）。

（3）生产性能：成年公猪 340～450 kg，成年母猪 300～390 kg，产仔数 9.78 头、日增重 750 g 以上，瘦肉率 63%以上。优点：生长快、瘦肉多，较耐寒，但产仔数少。

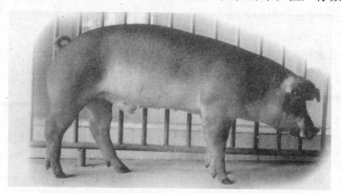

图 2-1-9　杜洛克猪

任务二　后备猪舍操作规程

【任务描述】

　　了解后备猪舍的岗位职责和岗位规范，掌握后备猪舍操作规程，严格按照要求饲养后备猪群，为后续生产任务打下基础。

【任务目标】

● 学会后备猪舍岗位规范；
● 学会后备猪舍岗位流程。

【任务学习】

一、后备猪饲养员岗位职责

（1）负责后备猪的饲养、称重、体尺测量等日常管理工作；
（2）负责后备猪圈舍的卫生清洁和消毒保洁工作；
（3）训练后备公猪；
（4）协助配怀舍完成后备猪的选择工作；

（5）协助兽医室做好后备猪疾病诊治、免疫接种等技术工作；

（6）填写测定记录和免疫档案；

（7）完成领导交办的临时工作。

二、后备猪舍饲养流程

（一）工作目标

保证后备母猪使用前合格率在90%以上，后备公猪使用前合格率在80%以上。

（二）工作日程

工作日程参考表2-2-1。

表 2-2-1　后备猪舍工作日程

工作时间		工作内容	备注
7：30—11：30	7：30—8：00	观察猪群情况	
	8：00—8：30	饲喂	
	8：30—9：30	治疗生病猪只	
	9：30—11：30	清理卫生、其他工作	
14：00—17：30	14：00—15：30	冲洗猪栏、清理卫生	
	15：30—17：00	治疗，其他工作	
	17：00—17：30	饲喂	

（三）操作规程

（1）按进猪日龄，分批次做好免疫计划、限饲优饲计划、驱虫计划并予以实施。后备母猪配种前驱体内外寄生虫一次，进行乙脑、细小病毒、猪瘟、口蹄疫等疫苗的注射。

（2）日喂料两次。限饲优饲计划：母猪4月龄以前自由采食，5月龄适当限制，配种使用前一月或半个月优饲。限饲时喂料量控制在2 kg以下，优饲时2.5 kg以上或自由采食。

（3）做好后备猪发情记录，并将该记录移交配种舍人员。母猪发情记录从6月龄时开始。仔细观察初次发情期，以便在第2~3次发情时及时配种，并做好记录。

（4）后备公猪单栏饲养，圈舍不够时可2~3头一栏，配前一个月单栏饲养。后备母猪小群饲养，4~5头一栏。

（5）引入后备猪第1周，饲料中适当添加一些抗应激药物，如电解多维，矿物质添加剂等，以缓解应激反应。

（6）外引猪的有效隔离期约8周，即引入后备猪至少在隔离舍饲养50 d。若能周转开，最好饲养到配种前1个月，即母猪7月龄、公猪8月龄。转入生产线前最好与本场老母猪或老公猪混养 2 周以上。

（7）后备猪每天每头喂 2.0 ~ 2.5 kg，根据不同体况、配种计划增减喂料量。后备母猪在第一个发情期开始，要安排喂催情料，比规定料量多 1/3，配种后料量减到 1.8 ~ 2.2 kg。

（8）进入配种区的后备母猪每天放到运动场 1 ~ 2 h 并用公猪试情检查。

（9）以下方法可以刺激母猪发情：调圈、和不同的公猪接触、尽量放在靠近发情的母猪、进行适当的运动、限饲与优饲、应用激素等。

（10）凡进入配种区后超过 60 d 不发情的小母猪应淘汰。

（11）对患有气喘病、胃肠炎、肢蹄病等病的后备母猪，应隔离单独饲养在一栏内；此栏应位于猪舍的最后。观察治疗两个疗程仍未见有好转的，应及时淘汰。

（12）后备母猪在 7 月龄转入配种舍。后备母猪的初配月龄须达到 7.5 月龄，体重要达到 110 kg 以上。公猪初配月龄须达到 8.5 月龄，体重要达到 130 kg 以上。

【任务检查】

表 2-2-2　任务检查单 —— 后备猪舍操作规程

任务编号	2-2	任务名称	后备猪舍操作		
序号	检查内容			是	否
1	简述后备猪饲养员岗位职责				
2	根据工作目标学会合理制动工作日程，并严格按照日程操作				
3	根据操作规程要求，牢记相关关键参数，严格执行规程要求				
4	根据品种不同，学会灵活掌握相关操作规程技术参数				

【任务训练】

一、简答题

简述后备猪舍的工作职责。

二、填空题

1. 母猪发情记录从_____时开始。仔细观察初次发情期，以便在第_____ ~ ____次发情时及时配种并做好配种记录。

2. 为减少应激反应，后备猪引入的第 1 周，饲料中适当添加一些抗应激药物如_____，矿物质添加剂等。

3. 外引猪的有效隔离期约_____周。

4. 凡进入配种区后超过_____天不发情的小母猪应淘汰。

5. 后备母猪在_____月龄转入配种舍。后备母猪的初配月龄须达到_____月龄，体重要达到_____kg 以上。公猪初配月龄须达到_____月龄，体重要达到_____kg 以上。

猪的选种方法

一、猪的选种依据

1. 繁殖性状

（1）产仔数：母猪一窝的产仔总数（包括活的和死的）。活产仔数：母猪一窝产的活仔猪数。

（2）仔猪的初生重：初生个体重指仔猪初生后 12 h 之内、未吃初乳前的重量。初生窝重指各个个体重的总和。

（3）泌乳力：20 日龄仔猪的窝重。

（4）断奶窝重：同窝仔猪在断奶时各个体重的总和，注明断奶日龄。

2. 育肥性状

（1）平均日增重：整个育肥期间平均每天体重的增长量。

（2）饲料利用率：单位增重所消耗饲料量。

3. 胴体性状

胴体指活体猪经过宰杀放血，脱毛，去掉内脏（保留肾脏和板油），去掉头、蹄、尾所余下的部分。

（1）屠宰率：胴体重占宰前活重的百分数。

（2）瘦肉率：瘦肉重占胴体重的百分比。

（3）背膘厚度：第 6、7 胸椎结合处皮下脂肪厚度；肩部最厚处、胸腰椎结合处、腰间椎结合处三点的皮下脂肪厚度的平均值来表示。

（4）眼肌面积：胸腰椎结合处的背最长肌的横断面积。

$$眼肌面积（cm^2）=眼肌高（cm）×眼肌宽（cm）×0.7$$

二、猪的选种方法

1. 断奶仔猪选择

（1）根据亲代或同胞资料选择：对系谱资料进行比较，从亲本优异的窝中选留；在产仔数多、哺乳期成活率高、断奶窝重大、发育整齐、无遗传疾患或畸形的窝中进行选择。

（2）根据本身表型选择：达到体重和体尺指标；符合品种特征。断奶重大、身长、健壮、发育好、乳头 6～7 对以上。

（3）选留数是需要更新种猪的 4～5 倍。

2. 后备猪选

（1）4 月龄阶段：表型选择，以生长发育和外形为依据。

（2）6 月龄阶段：除繁殖性能以外的性状已基本表现，以个体表型选择为主，参考同胞成绩严格淘汰。

① 根据外形选择：符合品种特征，体质结实，健康，结构匀称。四肢结实，体躯长，腿臀丰满。

② 根据生产性能和生长发育选择：体重、体尺、胴体品质、生长速度等，具体根据 6 月龄体重（日增重）、背膘厚、体长。母猪要求发情明显，正常。采食快、食量大、不挑食。

3. 配种阶段选择

8 月龄左右，淘汰生长慢或有繁殖疾患个体。

4. 成年种猪选择

（1）初产母猪（14～16 月龄）：淘汰产仔少，成活率低，仔猪有畸形及毛色、耳型不符合育种要求的个体。

（2）初配公猪选择：依据同胞姐妹的繁殖成绩和自身的性能及配种成绩选择。

（3）种公、母猪选择：2 胎以上的母猪和正式参加配种的公猪，根据本身生产力表现和后裔成绩进行选择。

项目三 公猪舍生产技术

任务一 种公猪饲养管理

【任务描述】

种公猪是指优良品种没有阉割的且专门用于给多个母猪交配并能让母猪产仔的公猪。优良的种公猪，是获取大批优质仔猪的基础，用于保种和进行本品种选育提高的种公猪。我国所饲养利用的种公猪绝大多数属于纯种公猪。纯种公猪除进行纯种生产以外，还广泛用于杂交生产，就是与其他品种母猪进行杂交，生产杂交猪，内地多用瘦肉型品种公猪与地方优良品种进行二元和三元杂交生产商品肉猪。

【任务目标】

● 能熟悉种公猪的选择；
● 能熟悉种公猪的管理；
● 能熟悉种公猪的合理利用。

【任务学习】

种公猪在养猪生产中虽所占数量不多，但是种公猪的经济价值最高，对猪群的质量影响最大，管理好公猪提高其利用率对整个猪场十分重要，种公猪的饲养管理是一个猪场的核心，但实际生产中饲养管理不到位导致种公猪过肥或过瘦、无精或少精等现象经常发生，严重降低了种公猪的种用和经济价值，因此要加强种公猪的饲养管理。主要从种公猪的选择和种公猪的饲养管理两方面进行把握。

一、种公猪的选择

（一）种公猪的概念

种公猪是指优良品种没有阉割的且专门用于给多个母猪交配并能让母猪下仔的公猪。饲养利用种公猪绝大多数属于纯种公猪，除进行纯种生产以外，还广泛用于杂交生产。

（二）种公猪的选择

种公猪来源于取得省级《种畜禽生产经营许可证》的原种猪场或国家核心育种场，种公猪须身体健康，具有完整系谱和性能测定记录，评估优秀，符合种用要求。品种为杜洛克猪、长白猪、大约克夏猪。

1. 品种特征

不同品种具有不同的特征，如毛色、耳型、头型等，种公猪的选择特别是纯种公猪必须符合种用的要求。

2. 身体结构

整体结构要匀称、协调，头大而宽，精短而粗，背腰平直，四肢强健和运动问题，肢蹄结实，蹄趾粗壮、对称，无跛蹄，左右对称，起卧及走动灵活。

3. 性特征

种公猪要求睾丸发育良好、对称，无单睾、隐睾、中等下垂，包皮积尿不明显，性欲旺盛。

4. 系谱资料

系谱选择必须具备完整的记录档案，根据记录分析各性状逐代传递的趋向，选择综合评价指数最优的个体留作公猪

5. 个体生长发育

个体生长发育选择，是根据种公猪本身的体重、体尺发育情况，测定种公猪不同阶段的体重、体尺变化速度，在同等条件下选育的个体，体重、体尺的成绩越高，种公猪的等级越高。对幼龄小公猪的选择，生长发育是重要的选择依据之一。

（三）公猪选择的两个原则

（1）选拔的公猪能够保持猪群的生产水准。
（2）选拔的公猪能够改进猪群弱点。

二、种公猪的饲养管理

（一）种公猪的饲养

种公猪管理的主要目标是提高种公猪的配种能力，使种公猪体质结实，良好的体况，肢强体健，精力充沛，精力旺盛，性欲强，精液品质良好，提高配种受胎率。

1. 饲粮供应

种公猪的日粮应营养全面，适口性好，易消化，保持较高的能量和蛋白质水平，充足

的钙磷，同时满足维生素 A、D、E 及微量元素的需要，这样才能保证种公猪有旺盛的性欲和良好的精液品质。种公猪的日粮要合理搭配，营养均衡。日粮中蛋白质直接影响种公猪精液的数量和品质，公猪日粮中蛋白质含量一定要适量，对成年公猪或非配种期公猪饲料中蛋白质应占 12%，而配种公猪饲料中蛋白质含量不低于 14%。日粮中应保证有适量的微量元素、维生素添加剂。日粮钙磷比以 1.5 : 1 为宜，如日粮中缺乏钙、磷，易使精液品质降低，影响配种和受胎率。如日粮中缺乏维生素 A、D、E 等，会逐渐使种公猪睾丸退化萎缩，性欲减退，丧失繁殖能力。因此建议种公猪的日粮配比为：玉米 58%、糠麸 18%、豆粕 12%，种公猪专用预混料 12%，种公猪每天的饲喂量，非配种期每天饲喂量 2.5 kg，配种期饲喂量 3 kg，配种期应补饲适量的胡萝卜或优质青绿饲料，配种或采精后应加喂鸡蛋 2~3 枚。

2. 饲喂方式

采用潮拌料，调制均匀，种公猪的日粮标准要稳定，每日供应量 2.75 kg，日喂 3 次，冬季每日供应量 3.0 kg，每头每日加喂 1 枚鸡蛋，夏季每头每日喂青饲料 1.5 kg。日喂 2 次，6 至 8 月龄每头每天喂 2.3~2.5 kg，成年公猪按标准饲喂。保证充足的饮水，食槽内剩水、料及时清理更换。每餐不要喂得过饱，以免猪饱食贪睡，影响性欲和精液品质。

（二）种公猪的管理

1. 种公猪的运动

公猪要求单栏饲养，不要将公猪长期养在栏内，运动 800~1 000 m，加强运动，可提高神经系统的兴奋性，增强体质，避免肥胖，提高配种能力和抗病力。对提高肢蹄结实度有好处。运动不足会使公猪贪睡、肥胖、性欲低、四肢软弱、易患肢蹄病。因此，在非配种期和配种准备期适度运动。一般要求上午、下午各运动一次，每次 1~2 h，1~2 km，圈外驱赶或自由运动，夏季早晚，冬季中午进行。当舍外运动场温度低于 25 ℃ 时放公猪出去运动，有利于提高新陈代谢，增强其食欲和性欲。冬天在中午进行，运动和配种均要在食后半小时进行，运动不足会严重影响配种能力。

2. 公猪的护理

（1）刷拭和修蹄：每天定时用刷子刷拭猪体，热天结合淋浴冲洗，可保持皮肤清洁卫生，促进血液循环，少患皮肤病和外寄生虫病。这也是饲养员调教公猪的机会，使种公猪温驯、听从管教，便于采精和辅助配种。要注意保护猪的肢蹄，对不良的蹄形进行修蹄，蹄不正常会影响活动和配种。

（2）定期检查精液品质：实行人工授精的公猪，每次采精都要检查精液品质。如果采用本交，每月也要检查 1~2 次，特别是后备公猪开始使用前和由非配种期转入配种期之前，都要检查精液 2~3 次，劣质精液的公猪不能配种。

（3）定期称重：根据体重变化情况检查饲料是否适当，以便及时调整日粮，以防过肥或过瘦。成年公猪体重应无太大变化，但需经常保持中上等膘情。

（4）防寒防暑：种公猪适宜的温度为 18~20 ℃。冬季猪舍要防寒保温，以减少饲料的消耗和疾病发生。夏季高温时要防暑降温，防暑降温的措施有通风、洒水、洗澡、遮阴等方法，各地可因地制宜进行操作。短暂的高温可导致长时间的不育；刚配过种的公母猪严禁用凉水冲身。

（5）防止公猪咬架：公猪好斗，如偶尔相遇就会咬架。公猪咬架时应迅速放出发情母猪将公猪引走，或者用木板将公猪隔离开，也可用水猛冲公猪眼部将其撵走。

（6）做好疫病防治和日常的管理工作：如保持栏舍及猪体的清洁卫生、防疫灭病等。

① 驱虫：每年两次用阿维菌素驱虫，每次驱虫分两步进行，第一次用药后 10 d 再用一次药。同时每月用 1.5% 的兽用敌百虫进行一次猪体表及环境驱虫。

② 防疫：每年分别进行两次猪瘟、猪肺疫、猪丹毒、蓝耳病防疫，10 月底和 3 月份各进行一次口蹄疫防疫。4 月份进行一次乙脑防疫。公猪圈应设严格的防疫屏障及进行经常性的消毒工作。

③ 建立良好的生活制度：饲喂、采精或配种、运动、刷拭等各项作业都应在大体固定的时间内进行，利用条件反射养成规律性的生活制度，便于管理操作。

【任务检查】

表 3-1-1　任务检查单——公猪品种识别

任务编号	2-1	任务名称	公猪品种识别		
序号	检查内容			是	否
公猪的品种识别					
1	确定目前养猪生产中使用的引入猪种				
2	了解引入猪种的生产性能特征及生产中的应用				
3	了解所引入猪种的产地及典型的外貌特征				
4	能准确根据图片资料识别引入猪种				

【任务训练】

一、填空题

1. 种公猪须来源于取得省级_____的原种猪场或国家核心育种场。

2. 选择种公猪的原则：一是能够_____；二是能够_____。

3. 目前，生产中主要引入的瘦肉型猪种有_____、_____、_____。

4. 种公猪适宜的温度要求为_____ ~ _____ ℃。冬季猪舍要_____，夏季高温时要_____。

二、简答题

1. 选择种公猪时，应考虑哪些内容？

2. 如何做好公猪的护理？

【任务拓展】

猪的体尺测量

测量时要使被测个体站在平坦的地方，姿势保持端正。一般站在被测个体的左侧，测具应紧贴所测部位表面，防止悬空测量。

器具：主要有测杖、卷尺、圆形测定器、测角计等。

常用测定项目：

（1）体长：从两耳根连线的中点，沿背线至尾根的长度。单位：cm，用皮尺量取。

（2）体高：从鬐甲最高点至地面的垂直距离。单位：cm，用测杖量取。

（3）胸围：沿肩胛后角绕胸一周的周径。单位：cm，用皮尺量取。

（4）腿臀围：从左侧膝关节前缘，经肛门绕至右侧膝关节前缘的距离。单位：cm，用皮尺量取。

（5）管围：左前肢管骨上 1/3（最细处）水平周径。单位：cm，用皮尺量取。

任务二　公猪采精技术

【任务描述】

公猪的采精是种猪生产过程中的重要环节，认真做好种公猪采精前的调教及准备工作，熟悉并细心掌握公猪采精技术可以充分发挥优质种公猪的生产性能，降低养猪成本，提高公猪的生产力，增加养猪的经济效益。

【任务目标】

● 掌握种公猪的采精频率；

● 掌握采精前的准备；

● 掌握采精的方法。

【任务学习】

一、种公猪的采精频率

经训练调教后的公猪，一般一周采精一次，12月龄后，每周可增加至2次，成年后2～3次。在美国，10月龄之前每周采精1次；10～15月龄每2周采精3次；15周龄以上每周采精2次。一头成年公猪一周采精一次的精液量比采三次的低很多，但精子密度和活力却要好很多，采精过于频繁，精液品质差，密度小，精子活力低，母猪配种受胎率低，产仔数少，可利用年限短；经常不采精的公猪，精子在附睾贮存时间过长，精子会死亡，采得的精液活精子少，精子活力差，不适合配种。公猪采精应根据年龄按不同的频率有规律地采精，采精用的公猪的年限，美国一般使用 1.5 年，更新率高；国内的一般 2～3 年，超过 4 年的老年公猪，精液品质逐渐下降，一般不予留用。

二、采精前的准备

1. 公猪采精的调教

后备公猪在 7.5 月龄开始采精调教，挤出包皮积尿，清洗公猪的后腹部及包皮部，按摩公猪的包皮部。诱发爬跨，用发情母猪的尿或阴道分泌物涂在假母猪上，同时模仿母猪叫声，也可以用其他公猪的尿或口水涂在假母猪上，目的都是诱发公猪的爬跨欲，可赶来一头发情母猪，让公猪空爬几次，在公猪很兴奋时赶走发情母猪，也可采取强制将公猪抬上假台畜的方法。对于难调教的公猪，可实行多次短暂训练，每周 4～5 次，每次 15～20 min，调教成功以后，每天采一次，连采 3 次，如果公猪的性欲很好，调教以后 7 d 采一次；公猪性欲一般，则调教成功后 2～3 d 采一次，连采 3 次。如果公猪表现任何厌烦、受挫或失去兴趣，应该立即停止调教训练。在公猪很兴奋时，要注意公猪和采精员自己的安全。无论哪种调教方法，公猪爬跨后一定要进行采精，不然会影响调教的进行和造成不必要的经济损失。

2. 器材的准备

将盛放精液用的食品保鲜袋或聚乙烯袋放进采精用的保温杯中，工作人员只接触留在杯外袋的开口出处，将袋口打开，环套在保温杯口边缘，并将消过毒的四层纱布罩在杯口上，用橡皮筋套住，连同盖子，放入 37 ℃ 的恒温箱中预热，冬季尤其应引起重视。采精时，拿出保温杯，盖上盖子，然后传递给工作人员；当处理时距采精室较远时，应将保温杯放入泡沫保温箱，然后带到采精室，这样做可以减少低温对精子的刺激。

3. 公猪的准备

采精之前，应将公猪尿囊中残尿挤出，若阴毛太长，则要用剪刀剪短，防止操作时阴茎勃起，以利于采精。冲洗干净并擦干净包皮部，避免采精时残液滴或流入精液中导致污染精液，也可以减少部分疾病传播给母猪，从而减少母猪子宫炎及其他生殖道或尿道疾病的发生，以提高母猪的发情期受胎率和产仔数。

4. 采精室的准备

采精前先将母猪台周围清扫干净，特别是公猪精液中的胶体，一旦残落地面，公猪走动很容易打滑，易造成公猪扭伤而影响生产。安全区应避免放置物品，以利于采精人员因突发事情而转移到安全地方。采精室内避免积水、积尿，不能放置易倒或能发出较大响声的东西，以免影响公猪的射精。

三、采精的方法

1. 假阴道采精法

利用假阴道内的压力、温、湿润度和母猪阴道类似的原理来诱使公猪射精而获得精液的方法。假阴道由阴道外筒、内胎、胶管漏斗、气嘴、双连球和集精杯等部分组成。外筒上面有一个小注水孔，注入 45 ~ 50 ℃的温水，调节假阴道内的温度维持在 38 ~ 40 ℃。再用润滑剂将内胎由外到内涂均匀，增加其润滑度，用双连球进行充气，增大内胎的空气压力，使内胎具备类似母猪阴道壁的功能。假阴道一端为阴茎插入口，另一端则装一个胶管漏斗，以便将精液收集到集精杯内。

2. 徒手采精法

徒手采精是一种简单、方便、可行的方法，在国内外广泛应用。优点是可将公猪射精的前部分和中间较稀的精清部分弃掉，根据需要取得精液；缺点是公猪的阴茎刚伸出和抽动时，容易因碰到母猪台而损伤龟头或擦伤阴茎表皮，易污染精液。

具体操作是将采精公猪赶到采精室，先让其嗅、拱母猪台，工作人员用手抚摸公猪的阴部和腹部，以刺激其性欲的提高。当公猪性欲达到旺盛时，它将爬上母猪台，并伸出阴茎龟头来回抽动。若采精人员用右手采精时，则要蹲在公猪的左侧，右手抓住公猪阴茎的螺旋头处，并顺势拉出阴茎，稍微回缩，直至和公猪阴茎同时运动，左手拿采精杯；若用左手采精时，则要蹲在公猪的右侧，左手抓住阴茎，右手拿采精杯。

四、精液生产的要求

公猪精液品质关系到产仔猪的数量及质量，所以精液品质一定要达到标准才能更好地进行生产。

1. 原精液要求

按照国家标准《种猪常温精液》的规定[1]：外观乳白色，无脓性分泌物，无皮毛等异物；采精量≥100 mL；精子密度≥1亿/mL；精子活力≥70%；精子畸形率≤20%。

2. 精液产品要求

按照《种猪常温精液》规定：外观乳白色，无杂质，包装封口严密；剂量地方品种猪为40 ~ 50 mL，其他品种猪为 80 ~ 100 mL；精子活力≥60%；每剂量中直线前进运动精子数地方品种猪≥10亿，其他品种猪≥25亿。

五、精液的处理

（一）精液品质检查

整个检查过程要迅速、准确，一般在 5 ~ 10 min 内完成，以免时间过长影响精子的活力。精液质量检查的主要指标有：精液量、颜色、气味、精子密度、精子活力、畸形精子率等。检查结束后应立即填写《公猪精液品质检查记录表》，每头公猪应有完善的《公猪精检档案》。

1. 精液量

后备公猪的射精量一般为 150 ~ 200 mL，成年公猪为 200 ~ 600 mL，称重量，算体积，1 g 计为 1 mL。

2. 颜色

正常精液的颜色为乳白色或灰白色。如果精液颜色有异常，则说明精液不纯或公猪有生殖道病变，均应弃去。同时对公猪进行检查，然后对症处理。

3. 气味

正常的公猪精液具特有的微腥味，无腐败恶臭气味。有特殊臭味的精液一般混有尿液或其他异物，一旦发现，不应留用。

4. 密度

指每毫升精液中含有的精子数，它是用来确定精液稀释倍数的重要依据。正常公猪的精子密度为 2.0 亿~3.0 亿/mL，有的高达 5.0 亿个精子/mL。

5. 精子活力

检查精子活力前必须使用 37 ℃ 左右的保温板预热，一般先将载玻片放在 38 ℃ 保温板上预热 2~3 min，再滴上 1 小滴精液，盖上盖玻片，然后在显微镜下进行观察。保存后的精液在精检时要先在玻片预热 2 min。精子活力一般采用 10 级制，即在显微镜下观察一个视野内做直线运动的精子数，若有 90%的精子呈直线运动则其活力为 0.9；有 80%呈直线运动，则活力为 0.8；以此类推。新鲜精液的精子活力以高于 0.7 为正常，稀释后的精液；当活力低于 0.6 时，则弃去不用。

6. 畸形精子率

畸形精子包括巨型、短小、断尾、断头、顶体脱落、有原生质滴、大头、双头、双尾、折尾等精子。它们一般不能做直线运动，受精能力差，但不影响精子的密度。公猪的畸形精子率一般不能超过 18%，否则应弃去。要求每两周检查一次畸形率，发现不合格的精液一律作废，不得用于生产。

（二）精液稀释

1. 稀释剂配制

配制稀释液要用精密电子天平，不得更改稀释液的配方或将不同的稀释液随意混合。配制好后应先放置 1 h 以上才用于稀释精液。液态稀释液在 4 ℃ 冰箱中保存不超过 24 h，超过贮存期的稀释液应废弃。抗生素的添加，应在稀释精液前加入稀释液里，太早易失去效果。稀释液的配制的具体为：所用药品要求选用分析纯，对含有结晶水的试剂按摩尔浓度进行换算。按稀释液配方，用称量纸和电子天平按 1 000 mL 和 2 000 mL 剂量准确称取所需药品，称好后装入密闭袋。使用前 1 h 将称好的稀释剂溶于定量的双蒸水中，用磁力搅拌器加速其溶解，如有杂质需要用滤纸过滤。稀释液配好后及时贴上标签，标明品名、配制时间和经手人等。放在水浴锅内进行预热，以备使用，水浴锅温度设置不能超过 39 ℃。

2. 精液稀释

（1）确定稀释倍数

可用数显精子密度仪直接测量精子密度，确定稀释瓶数和要加入的稀释液，要求稀释后每份精液活力不低于 0.7、有效精子数不低于 25 亿。人工授精的正常剂量一般为 40 亿个精子/头份，体积为 80 mL，假如有一份公猪的原精液，密度为 2 亿/mL，采精量为 150 mL，稀释后密度要求为 40 亿/80 mL 头份。则此公猪精液可稀释 $150 \times 2/40 = 7.5$（头份），需加稀释液量为（$80 \times 7.50-150$）mL = 450 mL。

（2）高倍稀释

精液如需进行高倍稀释，应先进行 1∶1 低倍稀释，1 min 后再将余下的稀释液缓慢分步加入，精子需要一个适应过程，不能将稀释液直接倒入精液。精液稀释均要检查活力，稀释后要求静置片刻再作活力检查。活力下降必须查明原因并加以改进。混精的制作：两头或两头以上公猪的精液 1∶1 稀释或完全稀释以后可以做混精。做混精之前需各倒一小部分混合起来，检查活力是否有下降，如有下降则不能做混精。把温度较高的精液倒入温度较低的精液内。每一步都需检查活力。

3. 注意用具的洗涤

精液稀释的成败，与所用仪器的清洁卫生有很大关系。所有使用过的烧杯、玻璃棒及温度计，都要及时用蒸馏水洗涤，并进行高温消毒，以保证稀释后的精液能适期保存和利用。

（三）精液的分装

1. 分装制品要求

精液瓶和输精管必须为对精子无毒害作用的塑料制品。

2. 分装前镜检

稀释好精液后，先检查精子的活力，活力无明显下降则可进行分装。

3. 分装量

按每头份 60~80 mL 进行分装。如果精液需要运输，应对瓶子进行排空，以减少运输中震荡。

4. 分装标记

精液分装好后用精液瓶加盖密封，贴上标签，标签上清楚标明公猪站号、公猪品种、采精日期及精液编号。

（四）精液的保存

1. 保存温度

需保存的精液应先在 22 ℃左右室温下放置 1~2 h 后放入 17 ℃（变动范围 16~18 ℃）冰箱中，或用几层干毛巾包好直接放在 17 ℃冰箱中。冰箱中必须放有灵敏温度计，随时检查其温度。分装精液放入冰箱时，不同品种精液应分开放置，以免拿错精液。精液应平放，可叠放。

2. 保存时间

精液一般可成功保存 3 ~ 7 d。

3. 注意事项

（1）从放入冰箱开始，每隔 12 h，要小心摇匀精液一次（上下颠倒），防止精子沉淀聚集造成精子死亡。一般可在早上上班、下午下班时各摇匀一次，并做好摇匀时间和人员的记录。夜间超过 12 h 应安排夜班于凌晨摇匀一次。

（2）冰箱应一直处于通电状态，尽量减少冰箱门的开关次数，防止频繁升降温对精子的打击。保存过程中，一定要随时观察冰箱内温度的变化，出现温度异常或停电，必须普查贮存精液的品质。

（五）精液的运输

精液运输成败的关键在于保温和防震是否做得足够好，公猪站与猪场之间的精液运输采用专业的精液运输箱来运送，要求置于（17±1）℃ 恒温的便携式运输箱内运输。冬季要用毛巾包裹，夏季要用毛巾包裹后于其上放置冰袋，运输过程中应避免强烈震动和碰撞。

（六）运输后的贮存

1. 精液运输到各猪场以后的贮存方法

不同品种精液应分开放置，以免拿错精液。精液瓶应平放，可叠放。

2. 注意事项

精液瓶从放入冰箱开始，每隔 12 h 要小心摇匀精液一次（上下颠倒几次），冰箱应一直处于通电状态，尽量减少冰箱门的开关次数。出现温度异常或停电，必须普查贮存精液的品质。

六、精液生产注意事项

1. 尽快稀释

精液采集后应尽快稀释，原精放置时间应不超过 10 min，原精颜色不正常、有臭味或异味、品质达不到国家标准要求的不能稀释。

2. 精液与稀释液温度相等

精液稀释时，精液与稀释液温差不超过 1 ℃，将稀释液缓缓加入精液中，稀释前、后都要进行镜检，如果稀释后精液活力下降，达不到产品要求，则废弃不用。

3. 避免出现"稀释打击"

如果加入的稀释液量过大，则应先少量加入部分稀释液，等 1 ~ 3 min 后精液若无变化，再将剩余稀释液加入精液中，以防一次性加入大量稀释液造成"稀释打击"。

4. 排尽空气

精液封装时应注意排尽瓶中空气,保持密封效果,并在实验室 22～25 °C 的室温放置 1 h,温度平衡后放入 17 °C 冰箱中或直接发放。

【任务检查】

表 3-2-1 任务检查单——公猪精液的稀释

任务编号	3-2	任务名称	公猪精液的稀释		
序号	检查内容			是	否
公猪的精液稀释					
1	确定公猪采精量				
2	确定原精液的密度、活力				
3	确定稀释后精液品质要求				
4	确定人工授精的剂量				
5	根据数据资料,进行精液的稀释				

【任务训练】

一、填空题

1. 后备公猪在_____月龄开始采精调教,经训练调教后的公猪,一般一周采精_____次,12 月龄后,每周可增加至_____次。

2. 种公猪的利用年限,一般_____～_____年。

3. 假阴道采精时,须通过注入 45～50 °C 的温水,调节假阴道内的温度维持在_____～_____°C

4. 目前常用的采精方法有_____和_____。

5. 精液品质检查过程要求迅速、准确,一般在_____～_____min 内完成。

6. 精液质量检查的主要指标有_____、_____、_____、_____、_____、_____等。

7. 新鲜精液的精子活力以高于_____为正常,稀释后的精液;当活力低于_____时,则弃去不用。

8. 精液稀释后,按输精量每头份_____～_____mL 进行分装,保存于_____°C 的恒温冰箱中。

二、简答题

1. 简述原精液及精液产品要求。

2. 采精前的准备有哪些?

3. 采精后精液的处理有哪些？

【任务拓展】

1. GB 23238　种猪常温精液

任务三　公猪舍操作规程

【任务描述】

　　公猪舍饲养管理的详细操作说明，保证了公猪在生产的过程中能够保证生产顺利进行，主要从公猪舍的饲养管理规程、公猪舍常规管理规程、精液采集操作规程、精液处理操作规程等方面对公猪舍操作进行具体操作过程。

【任务目标】

- 掌握公猪舍饲养管理规程；
- 掌握公猪舍常规管理规程；
- 掌握精液采集操作规程；
- 精液处理操作规程；
- 输精技术操作规程。

【任务学习】

一、公猪舍饲养员岗位职责

（1）负责公猪的饲养管理工作；
（2）协助组长做好公猪的预防注射工作。

二、公猪舍饲养流程

（一）工作目标

培养体质健壮、精液品质优良公猪，提高公猪的繁殖力和延长使用寿命。

（二）工作日程

工作日程参考表 3-3-1。

表 3-3-1　公猪舍工作日程

工作时间		工作内容	备注
7：30—11：30	7：30—7：40	记录温度、观察猪群情况	
	7：40—8：40	采精、分装精液、输精、配种记录	
	8：40—9：30	喂料、清扫圈舍	
	9：30—11：30	公猪运动、小公猪训练，清理运动场	
13：00—17：00	13：00—13：30	观察猪群	
	13：30—14：30	采精、分装精液	
	14：30—15：30	公猪运动、小公猪训练，清理运动场	
	15：30—16：30	喂料、清扫圈舍、记录	
	16：30—17：00	输精、配种记录	

（三）操作规程

1. 常规管理规程

（1）温湿度：公猪圈舍应保持干暖、清洁，阳光充足、空气新鲜。舍内温度保持 16～25 ℃，相对湿度 60%左右。

（2）密度：成年公猪单栏饲养。

（3）使用：后备公猪 9 月龄，体重应达到 130 kg 以上开始使用。9～12 月龄公猪每周采精（配种）1～2 次，13 月龄以上公猪每周采精（配种）3～4 次。刚参加配种的青年公猪，不得连续采精（配种），两次采精（配种）间至少休息 1 d。

（4）运动：坚持常年自由运动，至少保证上下午各 1 次，每次 1.5～2.0 h。配种前后 1 h 内不宜运动。

（5）管理：关好圈门，杜绝偷配。公猪打架，应迅速用门板、车厢板、筐、围裙等将猪隔开，并将公猪赶走。

（6）防暑降温：高温天气下午洗浴 1 次并选择在早晚较凉爽时配种，适当减少配种次数。当室外温度超过 25 ℃时，不安排公猪运动，并停止本交和采精。

（7）清扫：舍内走廊、床面、粪沟每天清扫、刮粪两次以上，确保排粪沟畅通、没有积粪。保证猪舍周围的运动场、空地和道路的清洁（清除杂物、杂草等工作）。

（8）喂料：采用专用的饲料饲喂，日喂 2 次，每头每天 2.5～3 kg 精料、0.51 kg 青饲料，按品种、体重、采精次数增减日喂料量的 10%～20%，自由饮水。

（9）调教：关爱公猪，不得粗暴对待，每年修蹄 1 次，经常刷拭冲洗猪体，最好同时按摩睾丸 10 min。

（10）消毒：严格执行消毒制度。及时驱除体外寄生虫，并做好消毒和驱虫记录。种公猪采精后不能立即趴卧粪水沟中或洗浴。

（11）采精：应在早晨空腹时采精。如已饲喂必须在喂后 1 h 采精。

（12）治疗：对于性欲低下、跛行，以及其他疾病造成精检不合格的公猪应立即停止采精并对症治疗。

（13）淘汰：对于老龄公猪或多次精检不合格且伴有睾丸肿大、萎缩等疾病的公猪应淘汰。

2. 精液采集操作规程

（1）工作目标

采集全部的浓精，并确保洁净、无胶状物、不受任何污染及物理因素影响。

（2）一般流程

将采精室调到适宜温度→准备好采精器材→赶公猪到采精室→诱导公猪爬上假母猪台→洗净包皮等部位→徒手采精→弃掉最初精清→收集浓精液→弃掉最后稀精液→送实验室处理精液→填写采精记录→赶公猪回原栏→清洗采精栏。

（3）操作规程

① 将采精室温度调到 18 ~ 23 ℃。

② 准备采精杯、一次性采精手套、纸巾、毛巾、0.1%高锰酸钾水溶液、清水。

③ 配制适量稀释液放入水浴锅中预热。

④ 采精杯放入集精袋，套上两层滤纸放入干燥恒温箱恒温（37 ℃）预热。

⑤ 从恒温箱（37 ℃）取出一干净的采精杯。

⑥ 在左手或右手戴上双层无滑石粉的专用聚乙烯手套（不能用乳胶、聚氯乙烯手套）。

⑦ 公猪进入采精栏后，排空包皮积液，并剪去尿道口的长毛。

⑧ 先用 0.1%的高锰酸钾水溶液清洗消毒公猪的阴茎、包皮及其周围，然后用清水冲洗并擦干。

⑨ 按摩公猪的包皮部，刺激并引导公猪爬上假母台。

⑩ 公猪阴茎完全勃起后脱去外层专用手套，用右手或左手抓握公猪的龟头，使龟头前部露出拳心约 2 cm，并用大拇指对龟头轻触刺激。

⑪ 公猪臀部前冲时将阴茎的"S"状弯曲自然伸展拉直，握紧阴茎螺旋部的第 1 褶和第 2 褶。

⑫ 用手指抓紧阴茎前端的龟头，并对阴茎龟头前端第 1、2 圈螺旋施加适当压力。

⑬ 公猪停止抽动，达到强直"锁定"状态，开始射精。

⑭ 最初射出的精清（约 25 mL）和最后射出较为稀薄的部分及胶状物（20 40 mL）弃去不要，从浓精（80 ~ 400 mL）开始接取。保持公猪完成 3 ~ 5 min 的整个射精过程才放手。

⑮ 将采集的精液去掉纱布或滤纸，加盖盖好，立即放到精液处理室窗口处，让公猪停留几分钟后，再小心护理其爬下假母台。

⑯ 迅速将采精杯放入恒温水锅内或恒温干燥箱内待检。

3. 精液处理操作规程

（1）工作目标

避免精液的处理和保存受外界不良因素影响。

（2）用品准备

采精用品、精液品质检查用品、精液稀释配制与精液稀释分装用品、保存用品、输精用品、消毒用品等。

（3）操作规程

① 采集的精液 10 min 之内完成检测，使用前 1 h 内完成稀释液的配制。

② 评定精液活率，活率＜60%应倒掉。

③ 对采集的精液进行称重来确定其体积（1 g=1 mL）。

④ 估测精子密度（2 亿～4 亿个/mL），计算总精子数。

⑤ 输精剂量每头份按 100 mL 含 40 亿个总精子数计，计算可稀释头份数。

⑥ 计算应添加稀释液的量及稀释后精液总体积。

⑦ 稀释液与精液等温稀释，两者温差不能超过 1 ℃。

⑧ 把盛放精液的袋子放入能足够放置稀释液的容器中。

⑨ 把盛放精液容器放到电子天平上，按下零按钮。

⑩ 按计算的量（1 g=1 mL）将稀释液在玻璃棒的引流下注入精液中，分 3 次到位，每次间隔 1～2 min，并搅拌均匀，避免稀释打击。

⑪ 稀释后静置 2～3 min，检查稀释后精子的活率。

⑫ 若稀释前后活率无太大变化，即可分装精液或保存。

⑬ 按公猪耳号、品种和采精日期标记精液。

⑭ 将稀释后精液置于室温（21 ℃）2 h，然后用几层毛巾包好后直接放到 17 ℃ 恒温箱保存。

⑮ 保存过程中每隔 8～12 h 将精液轻轻摇匀 1 次。

⑯ 分装的精液需要运送时，应将精液瓶装入保温箱中同时避免震动太大。

⑰ 清洗所有重复使用的采精和精液稀释设备，并用双蒸水冲洗后高温消毒，再放入干燥箱或贮柜中，清洗不要使用肥皂或洗洁精、消毒剂。

⑱ 下班之前或精液采完稀释后彻底冲洗采精栏。

⑲ 做好采精记录，标明公猪的品种、耳号、采精日期。

4. 输精技术操作规程

（1）工作目标

将输精器插入母猪阴道内，准确、适时、顺利、干净地将精液输入子宫颈处，并通过子宫收缩和重力作用吸入母猪体内；配种受胎率在 85%以上；洋种猪和土种猪平均窝产活仔数分别为 10 头和 11 头以上。

（2）输精时机

当母猪出现静立反应，或母猪接受公猪爬跨后的 4～8 h 之内是输精最佳时机。一个发情期输精 3 次，一次输精后间隔 8～12 h，再进行下一次输精。

（3）输精过程

① 输精应当在母猪熟悉的环境中进行，确保母猪表现为稳定的站立发情。

② 精液从 17~18 ℃ 冰箱中或精液保温箱中取出后不需升温直接用。

③ 用清水清洗外阴部后用干毛巾或一次性纸巾擦干。

④ 从干净的箱中取出输精管。对后备母猪和经产母猪分别采用初配母猪一次性输精器和经产母猪一次性输精器。

⑤ 在输精管头的海绵体上涂抹对精子无毒的专用润滑油。

⑥ 将母猪阴唇分开，将输精管轻轻插入母猪阴门，先以 45°向上推进约 15 cm，然后再平插。

⑦ 确认公猪的品种、耳号。

⑧ 缓慢摇匀精液，使精液瓶竖直向上，保持精液流动畅通，开始进行输精。

⑨ 按压母猪背部、后臀部、刺激阴道和子宫的收缩产生负压，加快精子运输速度。

⑩ 让精液自行流入母猪生殖道，整个输精过程应控制在 5~8 min。

⑪ 做好母猪的配种记录。

【任务检查】

表 3-3-2　任务检查单 ——公猪舍的操作规程

任务编号	3-3	任务名称	公猪舍的日常操作规程		
序号	检查内容			是	否
	公猪舍的操作规程				
1	公猪舍常规管理规程				
2	精液采集操作规程				
3	精液处理操作规程				
4	精液处理操作规程				
5	输精技术操作规程				

【任务训练】

一、填空题

1. 公猪精液是由_____和_____组成。

2. 种公猪的利用年限长短和精液品质好坏，一方面取决于_____，另一方面取决于_____利用是否得当。

3. 猪舍相对湿度是控制在_____。

4. 猪的精液在低温和常温下可保存数日，生产中普遍采用_____保存。

5. 精子靠尾部的摆动所产生的推动力，使精子能在精液中游离前进。精子的运动形式有直线运动、原地转圈、原地摆动等三种形式，其中正常的运动只有_____。

二、判断题

1. 精子最后成熟的部位是输精管。（   ）

2. 公猪过瘦由于公猪的日粮能量水平过低，喂量不足或过稀。（   ）

3. 工作人员出入必须踏入口消毒池，每周更换一次消毒液。（   ）

4. 生产线内工作人员不准留长指甲，男性员工不准留长发，不得带私人物品入内，可以在生产区内穿拖鞋。（   ）

5. 公猪仅饲养了6个月，体重60 kg以下，就开始初配会影响后期配种。（   ）

项目四 配怀舍生产技术

任务一 空怀母猪饲养管理技术

【任务描述】

配怀舍生产技术人员，特别是空怀母猪舍技术人员，要求缩短母猪的空怀期，提高养殖场的经济效益，其主要任务是让母猪尽快恢复合适的膘情，按时发情配种，并做好妊娠鉴定工作，为转入妊娠舍做好准备。

【任务目标】

- 掌握空怀母猪的饲养目标；
- 掌握饲养空怀母猪的方法；
- 空怀母猪管理的要点。

【任务学习】

空怀母猪是指尚未配种的或虽配种而没有受孕的母猪，包括青年后备母猪、断奶母猪、流产母猪、返情母猪、长期不发情母猪。空怀期指母猪从仔猪断奶到再配种时期。合理饲养空怀母猪的目的：一是母猪断奶后 5~7 d 发情，减少返情，确保年产 2.3 胎以上，最终让每头母猪一年多产仔猪是提高养猪经济效益的途径之一；二是要使断奶母猪或配过种但没有受孕的母猪，尽快重新配种受孕。

一、空怀母猪的饲养

（一）合理饲养空怀母猪

1. 保持适当膘情，防止过肥或过瘦

一般最佳膘情就是七八分膘情为宜，用 1、2、3、4、5 分眼观评定膘情法就是在 2.5~

3.5 分（见表 4-1-1）。

表 4-1-1　膘情的鉴别

体型评分	体型	臀部及背部外观
1	消瘦	骨骼明显外露
2	瘦	骨骼稍外露
3	理想	手掌平压可感骨骼
4	肥	手掌平压未感骨骼
5	过肥	皮下厚覆脂肪

为防止空怀母猪过肥，日粮中的能量水平不宜太高，每千克配合饲料含 11.715 MJ 可消化能即可，粗蛋白水平为 12% ~ 13%，如果饲料中含能量偏高，则应加入适量的干草粉或青饲料，来降低饲料中的能量浓度，防止母猪过肥。对于较瘦的经产母猪可在配种前 10 ~ 14 d 开始，后备母猪则可在配种前 7 ~ 10 d 开始，加料时间一般为 1 周左右。在优饲期间，每头母猪每天增加喂料量 1.5 kg 左右，例如平时喂 1.4 ~ 1.8 kg/d，在此期间可加喂到 2.9 ~ 3.3 kg/d。增加喂料量对刺激内分泌和提高繁殖机能有明显效果。

应注意的是，短期优饲不能提高日粮蛋白质水平，但能提高日粮中的总能量。

2. 合理饲喂

空怀母猪多采用湿拌料、定量饲喂的方法，每日喂 2 ~ 3 次。90 ~ 120 kg 体重的母猪每天喂 1.5 ~ 1.7 kg，120 ~ 150 kg 体重的母猪每天喂 1.7 ~ 1.9 kg，150 kg 以上的母猪每天喂 2.0 ~ 2.2 kg，中等膘情以上者每天母猪饲喂 2.5 kg，中等膘情以下者自由采食。对那些在仔猪断奶后极度消瘦而不发情的母猪，应增加饲料定量，让它较快地恢复膘情，并能较早地发情和接受交配。

3. 增加饲料中维生素和微量元素的含量

维生素对母猪的繁殖机能有重要作用，对空怀母猪适当增加青绿饲料的饲喂量，可促进母猪发情。因为青绿饲料中不仅含有多种维生素，还含有一些具有催情作用类似雌激素的物质。此外，合理补充钙、磷和其他微量元素，对母猪的发情、排卵和受胎帮助很大。一般来说，每千克配合饲料中含钙 0.7%、磷 0.5%，即可满足需要。

（二）促使母猪发情排卵，提高受胎率

1. 掌握母猪发情的典型表现

（1）外阴部从出现红肿现象到红肿开始消退并出现皱缩，同时分泌由稀变稠的阴道黏液。

（2）精神出现由弱到强的不安情况，来回走动，试图跳圈，以寻求配偶。

（3）食欲减退，甚至不吃。

（4）从开始时爬跨其他母猪，但不接受其他母猪的爬跨，到能接受其他母猪的爬跨。

（5）按压其背部无逃避现象，一般认为，母猪出现"静立反射"现象，适于首配，隔 8 ~ 10 h 再配一次，这样能做到发情期受胎率高且产仔数也较多。

2. 促使母猪发情排卵的措施

为让母猪达到多胎高产或促使不发情母猪和屡配不孕的母猪正常发情、排卵，根据情况可采取如下措施：

（1）公猪诱导法：经常用试情公猪去追爬不发情的空怀母猪，通过公猪分泌的外激素气味和接触刺激，产生神经反射作用，引起脑下垂体分泌促卵泡激素，促使母猪排卵。

（2）适当的运动：把不发情的空怀母猪放在较大的圈舍，让其自由运动，接受日光照射，回归自然，促进新陈代谢，改善膘情，可促进发情排卵。

（3）合群并圈：把不发情的空怀母猪合并到有发情母猪的圈舍饲养，通过爬跨等刺激，促进空怀母猪发情排卵。

（4）激素催情：给不发情的母猪按每 10 kg 体重注射绒毛膜促性腺激素 100 国际单位或孕马血清（PMSG）1 mL（每头肌肉注射 800 ~ 1000 国际单位），有促进母猪发情排卵的效果。

（5）按摩乳房：按摩乳房分为表层和深层按摩两种。

① 表层按摩法：是在乳房两侧前后反复按摩，所产生的刺激通过交感神经引起脑下垂体前叶分泌促卵泡成熟激素，促使卵巢上的卵泡发育和成熟，卵泡在发育过程中分泌雌激素，使母猪发育。

② 深层按摩法：在每个乳房周围用 5 个手指按摩，所产生的刺激通过副感神经引起脑下垂体前叶分泌促黄体生成素，从而促使卵泡排卵。

时间安排在每天早饲后，表层按摩 10 min，当母猪发情后，改为表层和深层各按摩 5 min。交配的当天早晨，全部进行深层按摩 10 min。

（6）药物冲洗：子宫炎引起的配后不孕，可在发情前 1 ~ 2 d，用 1% 的食盐水或 0.1% 的高锰酸钾，或 0.1% 的雷夫奴尔冲洗子宫，再用 1 g 金霉素（或四环素、土霉素）加 100 mL 蒸馏水注入子宫，隔 1 ~ 3 d 再进行一次，同时口服或注射磺胺类药物或抗生素。

二、空怀母猪管理要点

1. 小群饲养

将断奶的母猪小群饲养（一般每圈 3 ~ 5 头），个别难管理的母猪也可单圈饲养，有利于母猪的发情和配种，尤其是初产母猪，效果更好；在正常的饲养管理条件下的哺乳母猪，仔猪断奶时母猪应有 7 ~ 8 成膘，断奶后 5 ~ 7 d 就能再发情配种，开始下一个繁殖周期。

2. 供给营养全面的饲料

饲料营养不全，蛋白质供应不足，会影响卵子的正常发育，使排卵量减少，降低受胎率。因此，母猪空怀期供给营养全面的饲料。断奶 2 ~ 3 d 后，实行短期优饲，每日喂 3 ~ 4 kg，有利于母猪恢复体况和促进母猪的发情和排卵；对于初产母猪，还要在断奶后肌注孕马血清促性腺激素（PMSG）1 000 ~ 1 500 单位进行药物催情，以解决初产后发情延迟和二胎产仔少；在仔猪断奶前几天，母猪还能分泌相当多的乳汁（特别是早期断奶的母猪），为了防止断奶后母猪得乳腺炎，在断奶前后各 3 d 要减少配合饲料喂量，给一些青粗饲料充饥，促使母猪尽快干乳。断奶母猪干乳后，由于负担减轻食欲旺盛，多供给营养丰富的饲料和保证充分休息，可使母猪迅速恢复体力。此时日粮的营养水平和给量要和妊娠后期相同，如能增喂动物性饲料和优质青绿饲料更好，可促进空怀母猪发情排卵，为提高受胎率和产仔数奠定物质基础。

3. 根据膘情分别喂养

母猪过瘦或过肥都会产生不发情、排卵少、卵子活力弱等现象，易造成空怀、死胎等后果。对于体况较差的空怀母猪，在配种前要进行"短期优饲"，于配种前 10 ~ 15 d 供给高能水平的饲料，对增加母猪排卵数量和提高卵子质量有很好的作用。对过肥母猪要减少精料投喂，使用一些青饲料，以促使其膘体适宜。

4. 环境控制

环境条件的好坏对母猪发情和排卵都有很大影响。充足的阳光和新鲜的空气有利于促进母猪发情和排卵；室内干燥、清洁、温湿度适宜对保证母猪多排卵、排壮卵有好处。因此，空怀母猪如果得不到良好的饲养管理条件，将影响发情排卵和配种受胎。

5. 观察、配种

做好母猪发情观察和发情鉴定，并适时做好配种。

【任务检查】

表 4-1-2　任务检查单 —— 空怀母猪饲养管理技术

任务编号	4-1	任务名称	空怀母猪饲养管理		
序号	检查内容			是	否
	膘情的鉴别				
1	掌握空怀母猪一般最佳膘情				
2	叙述用眼观评定膘情法评定空怀母猪膘情				
	合理饲喂				
3	掌握空怀母猪不同膘情的饲喂量				
	促使母猪发情排卵				
4	掌握母猪发情的典型表现				
5	叙述为了让母猪达到多胎高产或促使不发情母猪和屡配不孕的母猪正常发情、排卵采取的措施				
6	叙述空怀母猪的管理要点				

【任务训练】

1. 怎样合理饲养、管理空怀母猪？

2. 母猪发情的典型表现有哪些？

能繁母猪在养猪生产中的重要性

能繁母猪，是指产过一胎仔猪、能够继续正常繁殖的母猪，也就是正常产过仔的母猪，不包括后备母猪。基本标准为体重达到成年猪体重的 70% 以上。

衡量能繁母猪年生产力的一个重要指标是 PSY。PSY 是指每头母猪每年所能提供的断奶仔猪头数，是衡量猪场效益和母猪繁殖成绩的重要指标。

PSY=母猪年产胎次×母猪平均窝产活仔数×哺乳仔猪成活率。

提高能繁母猪的年生产能力，是降低生产成本的根本措施。能繁母猪年生产能力强，即年提供的断奶仔猪头数多，单位产出的成本就低，生产效益就高。因此，必须充分发挥能繁种母猪的生产性能，提高种猪的生产能力，才能有效降低生产成本。但是，在我国的养猪业生产中，母猪的饲养管理是最薄弱的一个环节，使得我国存栏能繁母猪生产效率低下，资源浪费非常严重。目前，国际发达国家的母猪 PSY 可高达近 30，而我国猪场该指标多在 16～25。近 20 年来，我国开展了大量的猪品种改良工作，选育或培育了一批优良的品种，进行了推广，但很多中小规模养殖户仍按照传统的方式饲养，导致母猪不发情、死胎、流产问题严重，空怀期长，年产胎次少，仔猪死亡率高等，主要的原因是没有按照母猪生产过程的不同生理阶段进行科学的饲养管理。与此同时，最近几年，猪蓝耳病、猪伪狂犬病、猪瘟病、猪的口蹄疫等疫病频繁发生，而不科学的饲养管理，加剧了能繁母猪生产能力的严重下滑，造成我国生猪市场的剧烈波动，养殖户也损失惨重。因此，提高能繁母猪生产能力是养猪业的重中之重。

任务二   母猪发情鉴定技术

【任务描述】

一名鉴定母猪发情人员，要求掌握母猪的发情变化规律，母猪发情鉴定的常用方法，母猪发情症状，后备母猪的初配适期，产后发情配种时间等知识。

【任务目标】

● 通过发情鉴定，可以把发情母猪找出来，把握最佳配种时机；
● 可以确定最适宜的配种时间，力求减少配种次数，提高受胎率；
● 判定母猪是否发情、发情阶段以及适宜配种期,从而达到提高母猪的利用率。

【任务学习】

一、母猪的发情

（一）发情的概念

发情是指母猪发育到一定阶段后，其卵巢上便有卵泡发育，同时生殖道和整个机体都出现一系列周期性变化，如生殖道充血、肿胀、排出黏液。精神兴奋不安，食欲减退，出现求偶活动等变化。

（二）发情的特征

母猪发情时主要在卵巢、生殖道和行为3个方面表现出特定的变化。

（1）卵巢上变化。卵巢上有卵泡发育、成熟和排卵的变化过程。

（2）生殖道上变化。外阴部出现充血、肿胀、松软、阴蒂充血且有勃起；阴道黏膜充血、潮红；子宫颈松弛，有黏液分泌。

（3）行为上的变化。对外界反应敏感，兴奋不安，食欲减退，爬栏或跳栏，爬跨其他母猪，阴户掀动，手按背腰部表现呆立不动，举尾；母猪发情时有求偶行为、有交配欲。发情后期，拒绝公猪爬跨，精神逐渐恢复正常。

（三）发情周期及发情持续期

发情周期指在生理或非妊娠情况下，母猪每隔一定时期均会出现一次发情，计算方法是从上一次发情开始至下一次发情开始所间隔的时间，并把发情当天计作发情周期的第1 d。发情周期一般采用四期分法，可人为划分为4个时期：发情前期、发情期、发情后期和间情期。

1. 发情前期

兴奋性逐渐增加，采食量下降，烦躁不安，频频排尿，阴门红肿呈鲜红色，分泌少量清亮透明液体。

2. 发情期

阴门红肿呈粉红，肿胀减轻，性欲旺盛，爬栏、爬跨其他母猪或接受其他母猪爬跨，自动接近公猪，按压背部时，安静、耳朵直立、流出白色浓稠带丝状黏液，尾向上翘。

3. 发情后期

阴门发情前期与前面的症状相反，皱缩呈苍白色，无分泌物或有少量黏稠液体。

4. 间情期

间情期是发情后期结束到下一次发情周期前期的阶段。在间情期的早期，卵巢的上黄体逐渐发育成熟并分泌孕酮，使子宫内膜增厚。后期如果母猪没有受胎，则黄体产生退行性变化，子宫内膜也恢复正常。

一般情况下，母猪的发情周期平均为21 d（17~25 d）。发情持续期一般为2~3 d，排卵发生在发情开始后 20 ~ 36 h。由于环境条件、饲养管理水平、年龄和个体等的不同，发情持续期的长短亦有所差异。

（四）初配适龄

母猪的初配适龄一般是 8 ~ 12 月龄。此时，母猪体重约占成年的 70%。确定母猪的初配适龄应根据其年龄和体重灵活掌握，不可千篇一律。

（五）产后发情配种

部分母猪在产后 3 ~ 6 d 出现发情，但多不排卵，故不能受孕，且发情大多不易被发现。大部分母猪在仔猪断奶后 5 ~ 7 d 正常发情配种，现大多数养猪场仔猪断奶时间为 14 ~ 28 d。

二、母猪发情鉴定技术（查情）

（一）发情鉴定的意义

发情鉴定是母猪繁殖工作中重要技术之一。可以判断母猪是否发情和发情程度，确定配种适期，提高受胎率，可以及时发现问题、解决问题。

（二）发情鉴定常用的方法

母猪发情有外部变化，也有内部变化，发情鉴定是主要通过内外部变化特点判断其本质，即卵巢上有无卵泡发育和卵子排出。目前母猪常用的发情鉴定方法有外部观察法和试情法。

1. 外部观察法

主要观察母猪的外部表现和精神状态，判断其是否发情或发情程度的方法。母猪在发情前会出现食欲减退甚至废绝，鸣叫，外阴部肿胀，精神兴奋。母猪会出现爬跨同圈的其他母猪的行为。同时对周围环境的变化及声音十分敏感，一有动静马上抬头，竖耳静听，并向有声音的方向张望。进入发情期前 1 ~ 2 d 或更早，母猪阴门开始微红，以后肿胀增强，外阴呈鲜红色，有时会排出一些黏液（见图 4-2-1）。若阴唇松弛，闭合不全，中缝弯曲，甚至外翻，阴唇颜色由鲜红色变为深红或暗红，黏液量变少且黏稠，能在食指与大拇指间拉成细丝，即可判断为母猪已进入发情盛期。

2. 压背试验查情法

如果母猪不躲避人的接近，甚至主动接近人，如用手按压母猪后背或骑背，表现静立不动并用力支撑，或有向后坐的姿势，同时伴有竖耳、弓背、颤抖等动作，说明母猪已经进入发情期，这一系列反应称为"静立反应"（见图 4-2-2）。这时一般母猪会允许人接触其外阴部，用手触摸其阴部，发情母猪会表现肌肉紧张、阴门收缩。触摸侧腹部母猪会表现紧张和颤抖。值得注意的是，人工查情法往往不能及时发现刚进入发情期的母猪，因为在没有公猪气味、声音、视觉刺激的情况下，仅凭压背试验，母猪出现静立反射的时间要晚得多。如果每天进行一次查情，当发现发情母猪时，可能已经错过了第一次配种或输精的最佳时间。

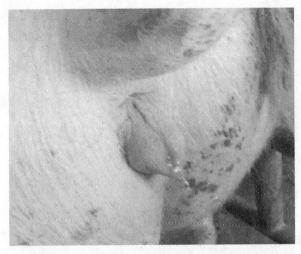

图 4-2-1　发情母猪外阴红肿、有黏液流出

图 4-2-2　猪压背法出现"静立反射"

3. 试情公猪查情法

试情公猪应具备以下条件：有很多生产者使用结扎的公猪作为试情公猪。最好是年龄较大，行动稳重，雄性味道越重越好；口腔泡沫丰富，善于利用叫声吸引发情母猪，并容易靠气味引起发情母猪反应；性情温和，有忍让性，任何情况下都不会攻击配种员；听从指挥，能够配合配种员按次序逐栏进行检查，即能发现发情母猪，可以比较容易地把它从一栏赶到另一栏。如果每天进行一次试情，应安排在清早，清早试情能及时地发现发情母猪。如果人力许可，可分早晚两次试情。我国大多数猪场采用早晚两次试情。试情时，让公猪与母猪头对头试情，以使母猪能嗅到公猪的气味，并能看到公猪（见图 4-2-3）。因为前情期的母猪也可能会接近公猪，所以在试情中，应由另一查情员对主动接近公猪的母猪进行压背试验。如果在压背时出现静立反射则认为母猪已经进入发情期，应对这头母猪作发情开始时间登记和对母猪进行标记。如果母猪在压背时不安稳，为尚未进入发情期或已过了发情期。

图 4-2-3　公猪试情

（三）掌握最佳的配种时间

1. 理论配种时间

（1）母猪的排卵时间：母猪的发情持续期平均为 3 d，排卵发生在发情开始后 20 ~ 36 h，从排第一个卵子到最后一个卵子的时间间隔一般为 6 h 左右。

（2）卵子与精子存活时间及精子运动的时间：卵子在输卵管中仅在 8 ~ 12 h 内具有受精能力，精子从生殖道运动到受精部位（输卵管）需要 2 ~ 3 h，并且精子在生殖道内存活的时间为 12 h 左右。

（3）配种时间：根据以上情况推算，适宜的配种时间为母猪排卵前的 2 ~ 3 h，母猪接受公猪配种，出现静立反射即可。

2. 实际配种时间

在实际生产当中，要准确判断母猪的排卵时间是比较困难的，因此，我们要根据理论配种时间、发情各个时期持续的时间和母猪的外在表现，制订适宜的实际配种时间。

（1）配种时，可按母猪年龄配种时期进行

老龄母猪出现发情后当天（24 h 内）配种 1 ~ 2 次；中年或经产母猪发情开始后第二天（24 ~ 48 h 内）配种 1 ~ 2 次；小母猪或初产母猪发情开始后 2 ~ 3 d（48 ~ 72 h）配种 1 ~ 2 次；

（2）按品种配种时期进行

母猪发情开始后，纯种 24 h 内配种 1 次（间隔 12 h 再配种 1 次）、二杂母猪 24 ~ 36 h 内配种 1 ~ 2 次。

在猪场配种时，通常会尽早配种：早晚用公猪试情一次或人工各检查一次母猪发情表现。① 只要母猪接受公猪爬跨就配种；② 用手掌按压母猪背腰部或骑在母猪背上静立不动并向后坐，翘尾，竖耳时结合外阴颜色肿胀，黏液变化及时配种或输精再过 12 h 左右再配一次。

在长期生产实践中人们还总结出一些实用的母猪确定母猪配种时间的经验，如：

一看阴户，由充血红肿到紫红暗淡，肿胀开始消退并出现皱纹；

二看黏液，由稀薄到浓稠并带有丝状；

三看表情，呆滞，出现"静立反射"；

四看年龄，"老配早，小配晚，不小不老配中间"。

表 4-2-1　任务检查单 ——母猪发情鉴定

任务编号	4-2	任务名称	母猪发情鉴定		
序号	检查内容			是	否
母猪的发情					
1	准确叙述发情的概念及发情特征				
2	掌握母猪发情周期及发情持续期				
3	掌握母猪初配适龄及产后发情配种时间				
母猪发情鉴定技术					
4	掌握母猪发情鉴定常用的方法				
5	根据母猪的发情症状，能确定最佳的输精（配种）适期				

【任务训练】

1. 母猪发情鉴定有何意义？鉴定方法有哪几种？
2. 母猪的初配适龄是多少？产后发情配种的最佳时间是多少？
3. 怎样确定母猪最佳的输精（配种）时间？

任务三　母猪配种输精技术

【任务描述】

　　输精配种技术人员，要能根据母猪的胎次，选择适宜的输精方法，做好输精操作，从而达到提高母猪受胎率的目的。掌握母猪子宫颈输精技术（常规输精）和子宫深部输精技术的特点。

【任务目标】

● 了解人工授精的优点；
● 通过发情鉴定，可以确定最适宜的配种时间；
● 根据母猪的胎次，选择适宜的输精方法，做好输精操作，从而达到提高母猪受胎率的目的。

一、人工授精的优点

品种改良优势，加快遗传改良速度，"公猪好好一坡，母猪好好一窝"；充分利用优秀公猪；人工授精能加快猪场的猪种品质改良的步伐、巩固猪群的健康状况，使猪场从中获得更大的利润；人工授精降低因猪只直接接触引起的疾病交叉感染的风险；生产管理优势，使得养猪生产管理更有计划性，同时也更富有灵活性，有效地提高现有猪场的母猪繁殖性能，可避免因公猪使用过多或其他原因造成的公猪暂时精液质量不佳等问题的出现；疾病和防疫优势，当需引入新的公猪血统时，人工授精会使新疾病引入和传播的风险极大地降低，人工授精避免了公、母猪的直接接触，因此可防止各种疾病，特别是生殖道传染病的传播；节省人力、物力、财力，提高经济效益。

二、输精技术

（一）输精前的准备

输精前，精液要进行镜检，检查精子活力，畸形率等。对于畸形率超过 20%的精液不能使用；对于多次重复使用的输精管，要严格消毒、清洗，使用前最好用精液洗一次。清洗母猪外阴部，用消过毒的纱布擦拭干净，用生理盐水冲洗输精管（手不应接触输精管的前 2/3 部分），预防将细菌等带入阴道或左手将尾部挡向母猪的右侧，用纸巾将阴门及阴门裂内的污物擦拭干净；将精液袋或精液瓶从泡沫箱中取出，上下颠倒两次。

（二）输精方法

现代养猪业输精方法常用的有子宫颈输精（常规输精）和子宫深部输精技术。

1. 子宫颈输精（常规输精）

（1）正确插入输精管

右手的食指和拇指分开阴门裂，然后左手将阴门裂呈翻开状态捏住，并向下拉，使阴门口向下，右手持输精器，使输精管头斜向上 45°角，压入阴门内，向前推送，然后呈水平方向继续推送，直到感觉输精管前端被锁定（轻轻回拉拉不动），一次性输精器在插入过程中，当感到有阻力时，再用力推送 5 cm 左右，使其卡在子宫颈中。

（2）输精

检查精液编号，打开精液袋或精液瓶封口，接到输精管上，开始进行输精。在输精过程中，应不断抚摸母猪的乳房或外阴、压背、抚摸母猪的腹侧以刺激母猪，使其子宫收缩产生负压，将精液吸纳。用控制精液袋或精液瓶高低的方法来调节精液流出的速度。输精时间一般在 5 ~ 10 min。

（3）当精液完全进入子宫内后处理方法

输完后，不要急于拔出输精管，将精液瓶或袋取下，将输精管末端折起，插入去盖的精液瓶或袋孔内，这样可防止空气的进入，使输精器滞留在生殖道内 3 ~ 5 min，然后向下抽出；

或精液输完后,以较快的速度将输精管向下抽出(如果是多次性输精器应向右即顺时针旋转),以刺激子宫颈口收缩,防止精液倒流。

（4）输精中特殊情况的处理

① 母猪始终不安定:可在公猪面前输精,如果仍然不顺利,可能不是在最佳输精时间;② 精液倒流:放低精液袋或精液瓶,使精液回到精液袋或精液瓶中,然后使输精管呈水平状态,只将输精袋或精液瓶斜向提起,注意按摩侧腹,检查输精管位置对不对,可前后移动输精管,仍然不行,可将输精管取出,重新插入,弓背母猪可加大腰部下压力度,使腰部下凹;③ 输精管刚刚插入时母猪排尿:将该输精管废弃或消毒处理,另换一支输精管;④ 输精后倒流:一般不做任何处理。

2. 子宫深部输精技术

（1）子宫深部输精的操作细则

① 用蜡笔清晰地记录出正在发情的所有母猪。

② 所有母猪排队等候输精;输精前 45 min 引开公猪,保持母猪群安静,避免母猪兴奋而造成的子宫颈收缩,从而为母猪的输精做好准备。因为在使用子宫内输精管套装输精时,在插入泡沫头输精管之后,需要再插入子宫内细管,细管越过子宫颈皱褶达到子宫体位置后开始输精。如公猪在母猪前面诱情,会导致母猪兴奋而引起子宫颈收缩闭合,这时插入细管就很有可能不能顺利通过子宫颈皱褶。如强行插入,就可能损伤子宫颈黏膜。所以,采用子宫内深部输精技术时,需要提前将诱情公猪赶走,发情母猪稍微平静后再开始输精操作。

③ 双技术员操作,提升输精效率。

④ 连接精液瓶或精液袋。

⑤ 输精操作:子宫深部输精是将泡沫头型输精管插入到位并锁紧后,将一硬度适中的细管插入输精管,再将细管头捻入子宫颈与子宫的结合部位。细管尾部插接精液袋或精液瓶后,即可将精液用力挤入,精液沿细管并通过细管头部的两个侧孔射入双侧子宫角,快速完成输精操作。

⑥ 挤压时间为:精液体积 40~60 mL 时,挤入时间 15~30 s;精液体积 80 mL 时,挤入时间 40~60 s。挤压完精液时,注意不要把空气挤进子宫体。挤压完精液稍等 3~5 s,看精液是否有回袋或回瓶的现象,没有就先拔出内细管。拔内细管时,内细管高度要高于母猪外阴,当内细管完全缩在外管后,此时外管旋转 3 圈,左右旋转一起拔出输精管即可(拔外管时,外观高度也要高于母猪外阴部位)。

（2）使用子宫深部输精管时精液挤不进去的原因

将输精管插到位置连接精液袋后,精液不往里流,用力挤压也挤不进去。原因可能有:将深部输精管外管插到子宫颈后,如果粗暴操作很有可能造成内细管弯折,使内细管不通,就会发生挤不进精液现象。

（三）填写输精及效果记录表

输精及效果记录表包括母猪号或名;日期及输精时间;公猪名称;母猪发情日期;母猪配种日期;母猪产仔日期;产仔总数;产活仔数;仔猪有无异常等。

表 4-3-1 任务检查单 —— 母猪配种输精

任务编号	4-3	任务名称	母猪配种输精		
序号	检查内容			是	否
	输精技术				
1	输精前准备合格精液、输精器械及待配母猪				
2	掌握母猪子宫颈输精（常规输精）技术				
3	掌握母猪子宫深部输精技术				
4	叙述填写输精记录表内容				

【任务训练】

1. 掌握母猪最佳的输精（配种）适期，并能给母猪进行人工输精操作。
2. 根据母猪的胎次，选择适宜的输精方法。

【任务拓展】

子宫颈输精和子宫内深部输精

1988 年，法国 IMV 卡苏公司研发的泡沫头输精管为猪人工授精技术在全球范围内的推广普及奠定了坚实的基础。仿生设计的输精管泡沫头在插入子宫颈内 3～4 cm 时，可以与子宫颈特有的环状褶皱结构完美地嵌合锁紧，巧妙地解决了插入深度、精液倒流等一系列操作难题，这种输精方法称为子宫颈输精。然而，使用子宫颈输精时，尽管输入了大量的精子，但大多数没有参与受精，因为在输精期间或者输精后短时间内随精液回流，流出了生殖道（输入子宫颈管道的总精子数的 30%～40%），在子宫颈皱褶内被吞噬和死亡的精子数占 5%～10%，在子宫内被吞噬的则高于 60%。

为了避免在授精后，精子回流生殖道后造成的精子死亡和被吞噬的现象，法国 IMV 卡苏公司研究制造出可以穿越子宫颈并进行输精的方式，称为子宫内深部输精。子宫颈输精时需要发情母猪子宫的节律性收缩并形成负压，进而将精液吸入子宫。如将精液强行挤入，往往造成精液倒流；同时，输精管泡沫头插入子宫颈的位置距子宫角还有大概 20 cm，这段管状结构会滞留 20～30 mL 的精液，使有效精子没有得到充分利用。目前，深部输精技术能很好地弥补子宫颈输精技术的不足。深部输精是在将泡沫头型输精管插入到位并锁紧后，将一硬度适中的细管插入输精管，再将细管头部捻入子宫颈与子宫的结合部位，细管尾部插接精液瓶或精液袋后，即可将精液用力挤入，精液沿细管并通过细管头部的两个侧孔射入双侧子宫角，快速完成输精操作。

任务四　妊娠母猪饲养管理

【任务描述】

配怀舍生产技术人员，特别是妊娠母猪舍技术人员，其主要任务是根据母猪的膘情，按照饲养标准，对不同体况的母猪给予不同的饲养方法，维持中上等膘情，并做好母猪的安宫保胎和泌乳储存等工作。

【任务目标】

● 掌握妊娠母猪的饲养目标；
● 掌握妊娠母猪的生理特征；
● 掌握妊娠母猪的饲养和营养需要。

【任务学习】

妊娠母猪是经过配种受孕成功的母猪，称为妊娠母猪。饲养妊娠母猪的目的是保证胎儿的正常发育，防止流产和死胎。确保生产出多产、初生重大、均匀一致和健康的仔猪，并使母猪保持中上等体况，为哺育仔猪做准备。

一、妊娠母猪早期的鉴定方法

为了便于加强饲养管理，越早确定妊娠对生产越有利。鉴定母猪早期妊娠的方法有以下几种。

1. 外部观察法

母猪妊娠后性情温驯。"疲倦贪睡不想动，性情温驯动作稳，食欲增加上膘快，皮毛发亮紧贴身，尾巴下垂很自然，阴户缩成一条线"。但配种后不再发情的母猪并不肯定已妊娠，同时要注意个别母猪的"假发情"现象，即表现为发情症状不明显，持续时间短，不愿接近公猪，不接受爬跨。

2. 超声波测定法

利用超声波测定胎儿的心跳次数，进行早期妊娠诊断。配种后 20~29 d 的诊断准确率为 80%，40 d 以后的准确率为 100%。测定时，将探触器贴在猪腹部（右侧倒数第二个乳头）体表发射超声波，根据胎儿心跳动感应信号或脐带多普勒信号音来判断母猪是否妊娠。

3. 诱导发情检查法

在发情结束后第 16 ~ 18 天注射 1 mg 己烯雌酚，未孕母猪在 2 ~ 3 d 内表现发情。

4. 尿中雌激素测定法

黄体酮与硫酸接触会出现豆绿色荧光化合物，此种反应随妊娠期延长而增强。

操作方法：将母猪尿液 15 mL 放入大试管中，加浓硫酸 5 mL，加温至 100 ℃，保持 10 min，冷却至室温，加入 18 mL 苯，加塞后振荡，分离出有激素的层，加 10 mL 浓硫酸，再加塞振荡，并加热至 80 ℃，25 min，借日光或紫外线灯观察，若在硫酸层出现荧光，则是阳性反应。母猪配种后 26 ~ 30 d，每 100 mL 尿液中含有黄体酮 5 mg 时，即为阳性反应。准确率可达 95%，对母猪无任何危害。

二、妊娠母猪的生理特点

母猪妊娠后新陈代谢旺盛、对饲料的利用率提高、蛋白和脂肪的合成速度加强，容易肥胖。妊娠合成代谢，在饲喂等量的饲料下，和空怀母猪相比，妊娠母猪不仅可以生产一窝仔猪，还可以增加体重。妊娠母猪营养物质的储备和积蓄量取决于饲养水平的高低。

母猪妊娠期适宜的增重比例为：初产母猪增重为配种时体重的 30% ~ 40%，经产母猪为 20% ~ 30%。这也和配种时的膘情有关。

三、妊娠母猪的饲养和营养需要

（一）妊娠母猪的饲养方式

妊娠母猪的饲养方式应根据限制饲喂的基础上，根据其营养状况、膘情和胎儿的生长发育规律合理确定饲养方法。

1. 抓两头顾中间

这种方式用于断奶后膘情较差的经产母猪。具体做法是配种前 10 d 和配种后 20 d，提高营养水平，日平均采食量在妊娠前期饲养标准的基础上增加 15% ~ 20%，有利于体况恢复和受精卵着床。体况恢复后改为妊娠中期的基础日粮，即顾中间，可适当降低精饲料供给，增加优质青饲料。妊娠 80 d 后再次提高日粮水平，即日平均采食量在妊娠前期饲养标准的基础上增加 25% ~ 30%，这种饲喂模式符合"高→低→高"的饲养方式。

2. 步步登高

这种方式适用于初产母猪和繁殖力高的母猪。适用于精料条件供应充足的地区和规模化生产的猪场。在初产母猪的妊娠中，后期营养必须高于前期，产前 1 个月达到高峰。对于哺乳期配种的母猪，在泌乳后期不但不应降低饲料供给，还应加强，以保证母猪双重负担的需要。

3. 前粗后精

这种方式适合于体况良好的经产母猪。前期以青饲料为主，并根据饲养标准进行饲喂。

怀孕后期，胎儿发育迅速，应增加精料喂量。

不论是哪一类型的母猪，妊娠后期（90 d 至产前 3 d）都需要短期优饲。一种办法是每天每头增喂 1 kg 以上的混合精料。另一种办法是在原饲粮中添加动物性脂肪或植物油脂（占日粮的 5% ~ 6%）。

（二）妊娠母猪的阶段饲养

在生产中，饲喂妊娠母猪按全价饲料饲喂时，可采用以下剂量饲喂。

1. 妊娠前期

配种至妊娠 30 d，饲喂量 1.8 ~ 2.2 kg/d。

2. 妊娠中期

妊娠 30 ~ 75 d，根据母猪膘情（见表 4-4-1）确定饲喂量，标准体膘（2.5 ~ 3.0）：1.8 ~ 2.2 kg/d，采取限制饲喂。低于标准体膘：评分每 0.5 分增量饲喂 0.5 kg/d。高于标准体膘：评分每 0.5 分减量饲喂 0.4 kg/d。

表 4-4-1　母猪体况评定表

体型评分	体型	臀部及背部外观
1	消瘦	骨骼明显外露
2	瘦	骨骼稍外露
3	理想	手掌平压可感骨骼
4	肥	手掌平压未感骨骼
5	过肥	皮下厚覆脂肪

3. 妊娠中后期（75 ~ 95 d）

这个时期是乳腺发育的重要时期，过多给予能量，会增加乳腺的脂肪蓄积，减少分泌细胞数，造成泌乳期泌乳量减少。给予 1.9 ~ 2.5 kg/d 限量饲喂。

4. 妊娠后期（85 ~ 110 d）

这个时期因为胎儿迅速生长，应增加的饲喂量，每日 3 kg 以上。

四、胚胎死亡的原因及防止措施

胚胎在妊娠早期死亡后被子宫吸收称为化胎。胚胎在妊娠中、后期死亡不能被母猪吸收而形成干尸，称为"木乃伊"。胚胎在分娩前死亡，分娩时随仔猪一起产出称为死胎。母猪在妊娠过程中胎盘失去功能使妊娠中断，将胎儿排出体外称为流产。化胎、死胎、"木乃伊"和流产都是胚胎死亡。

猪胚胎死亡有三个高峰期。胚胎死亡的第一高峰期是受精后 9~13 d，这时受精卵附着在子宫壁上还没形成胎盘，易受各种因素的影响而死亡，然后被吸收化胎。第二个高峰是受精后第 3 周，处于组织器官形成阶段。第一和第二时期胚胎死亡占受精卵的 30%~40%。第三个高峰是受精后的 60~70 d，胎盘停止生长，胎儿迅速生长，胎盘发育不全，养分供应不足，血液循环不畅，胎儿会出现死亡，这是第三次死亡高峰，占 15%。因此，由于这些原因只有一半的排卵数可成为活的仔猪。

1. 胚胎死亡原因

（1）配种时间不当，精子或卵子较弱，虽然能受精，但受精卵的生活力低，容易早期死亡，被母体吸收形成化胎。

（2）近亲繁殖：高度近亲繁殖使胚胎生活力降低，形成死胎或畸形。

（3）母猪饲料营养不全：母猪饲料营养不全，特别是缺乏蛋白质、维生素 A、维生素 E、钙和磷等，容易引起死胎及妊娠早期能量水平过高。

（4）饲喂发霉变质、有毒有害、有刺激性的饲料。

（5）高温：母猪卵巢功能紊乱或减退、子宫内环境不良改变，公猪精液品质下降。

（6）母猪管理不当：对母猪管理不当，如鞭打、急追猛赶，使母猪跨越壕沟或其他障碍，母猪相互咬架或进出窄小的猪圈门时拥挤等都可能造成母猪流产。

（7）冬季喂冰饲料：冬季喂冰冻饲料容易发生流产。

（8）母猪喂养过肥容易造成死胎。

（9）疾病因素：猪瘟、细小病毒、伪狂犬病、高烧、繁殖与呼吸综合征等可引起死胎或流产。

（10）其他因素：母猪年龄、公猪精液质量、交配及时与否、母猪长期不运动、饲料中毒或农药中毒等。

2. 防止胚胎死亡的措施

（1）保证妊娠母猪饲料要好，营养要全：妊娠母猪的饲料要好，营养要全。尤其应注意供给足量的蛋白质。维生素和矿物质。不要把母猪养得过肥。

（2）防止机械刺激，防止饲喂霉变有毒的饲料以免造成死胎流产。

（3）不喂冰冻饲料。

（4）夏季防暑降温，冬季防冻保温。

（5）妊娠后期可增加饲喂次数：每次给量不宜过多，避免胃肠内容物过多而压挤胎儿，产前应给母猪减料。

（6）计划配种：尽量避免近亲繁殖，老年公母猪交配，要掌握好发情规律，做到适时配种。

（7）做好环境卫生与消毒，预防接种疫苗，防止传染病发生。

五、妊娠母猪的管理

1. 小群饲养和单栏饲养（群养单饲）

（1)小群饲养就是将配种期相近、体重大小和性情强弱相近的 3~5 头母猪在同一圈饲养。

到妊娠后期每圈饲养2~3头。小群饲养的优点是妊娠母猪可以自由运动，食欲旺盛，缺点是如果分群不当，胆小的母猪吃食少，影响胎儿的生长发育。

（2）单栏饲养也称定位饲养，优点是采食量均匀，缺点是不能自由运动，肢蹄病较多。

2. 保证质量，合理饲喂

（1）保证饲料新鲜、营养平衡，不喂发霉变质和有毒的饲料，供给清洁饮水。

（2）饲料种类也不宜经常变换。

（3）配种后一个月内母猪应适当减料（仅供正常量的80%），防止采食过量，体内产热引起胚胎死亡。

（4）怀孕后期（85 d起）应加料30%~50%，促进胎儿生长。

3. 耐心地管理

对妊娠母猪态度要温和，不要打骂惊吓，经常触摸腹部，可便于将来接产管理。每天都要观察母猪吃食、饮水、粪尿和精神状态，做到防病治病，定期驱虫。

4. 注意观察

注意巡查母猪是否返情（尤其是配种后18~24 d和40~44 d），若有应及时再配，防止空养；对屡配不孕，药物处理无效者及时淘汰。

5. 良好的环境条件

保持猪舍的清洁卫生和栏舍的干燥，注意防寒防暑，有良好的通风换气设备。保持猪舍安静，除喂料及清理卫生外，不应过多骚扰母猪休息。如母猪瘦弱不能减料，应该喂富含蛋白质的催乳饲料。

六、妊娠母猪预产期推算

1. "333"推算

此法是现在常用的推算方法，从母猪交配受孕的月数和日数加"3个月3周3天"即3个月为90 d，3周为21 d，另加3 d，正好是114 d。例如，配种期为12月20日，则母猪4月14日分娩。

2. "月加4，日减6"推算

即从母猪交配受孕后的月份加4，交配受孕日期减。其得出的数，就是母猪的大致预产日期。用这种方法推算月加4，不分大月、小月和平月，但日减要按大月、小月和平月计算（减大月数，过2月加2）。用此推算法要比"333"推算法更为简便，可用于推算大群母猪的预产期。例如，配种日期如12月20日，12月加4为4，20减6为14，14减所经过的大月数3为11，因为经过2月，11再加2为13，即母猪的妊娠日期大致在4月13日。使用上述推算法时，如月不够减，可借1年（即12个月），日不够减可借1个月（按30 d计算）；如超过30 d进1个月，超过12个月进1年。

3. 查表法

见表 4-4-2。

表 4-4-2　母猪预产期推算（按妊娠期 114 d 计算）

配种日	配种月											
	1	2	3	4	5	6	7	8	9	10	11	12
1 日	4.25	5.26	6.23	7.24	8.23	9.23	10.23	11.23	12.24	1.23	2.23	3.25
2 日	4.26	5.27	6.24	7.25	8.24	9.24	10.24	11.24	12.25	1.24	2.24	3.26
3 日	4.27	5.28	6.25	7.26	8.25	9.25	10.25	11.25	12.26	1.25	2.25	3.27
4 日	4.28	5.29	6.26	7.27	8.26	9.26	10.26	11.26	12.27	1.26	2.26	3.28
5 日	4.29	5.30	6.27	7.28	8.27	9.27	10.27	11.27	12.28	1.27	2.27	3.29
6 日	4.30	5.31	6.28	7.29	8.28	9.28	10.28	11.28	12.29	1.28	2.28	3.30
7 日	5.1	6.1	6.29	7.30	8.29	9.29	10.29	11.29	12.30	1.29	3.1	3.31
8 日	5.2	6.2	6.30	7.31	8.30	9.30	10.30	11.30	12.31	1.30	3.2	4.1
9 日	5.3	6.3	7.1	8.1	8.31	10.1	10.31	12.1	1.1	1.31	3.3	4.2
10 日	5.4	6.4	7.2	8.2	9.1	10.2	11.1	12.2	1.2	2.1	3.4	4.3
11 日	5.5	6.5	7.3	8.3	9.2	10.3	11.2	12.3	1.3	2.2	3.5	4.4
12 日	5.6	6.6	7.4	8.4	9.3	10.4	11.3	12.4	1.4	2.3	3.6	4.5
13 日	5.7	6.7	7.5	8.5	9.4	10.5	11.4	12.5	1.5	2.4	3.7	4.6
14 日	5.8	6.8	7.6	8.6	9.5	10.6	11.5	12.6	1.6	2.5	3.8	4.7
15 日	5.9	6.9	7.7	8.7	9.6	10.7	11.6	12.7	1.7	2.6	3.9	4.8
16 日	5.10	6.10	7.8	8.8	9.7	10.8	11.7	12.8	1.8	2.7	3.10	4.9
17 日	5.11	6.11	7.9	8.9	9.8	10.9	11.8	12.9	1.9	2.8	3.11	4.10
18 日	5.12	6.12	7.10	8.10	9.9	10.10	11.9	12.10	1.10	2.9	3.12	4.11
19 日	5.13	6.13	7.11	8.11	9.10	10.11	11.10	12.11	1.11	2.10	3.13	4.12
20 日	5.14	6.14	7.12	8.12	9.11	10.12	11.11	12.12	1.12	2.11	3.14	4.13
21 日	5.15	6.15	7.13	8.13	9.12	10.13	11.12	12.13	1.13	2.12	3.15	4.14
22 日	5.16	6.16	7.14	8.14	9.13	10.14	11.13	12.14	1.14	2.13	3.16	4.15
23 日	5.17	6.17	7.15	8.15	9.14	10.15	11.14	12.15	1.15	2.14	3.17	4.16
24 日	5.18	6.18	7.16	8.16	9.15	10.16	11.15	12.16	1.16	2.15	3.18	4.17
25 日	5.19	6.19	7.17	8.17	9.16	10.17	11.16	12.17	1.17	2.16	3.19	4.18
26 日	5.20	6.20	7.18	8.18	9.17	10.18	11.17	12.18	1.18	2.17	3.20	4.19
27 日	5.21	6.21	7.19	8.19	9.18	10.19	11.18	12.19	1.19	2.18	3.21	4.20
28 日	5.22	6.22	7.20	8.20	9.19	10.20	11.19	12.20	1.20	2.19	3.22	4.21
29 日	5.23	—	7.21	8.21	9.20	10.21	11.20	12.21	1.21	2.20	3.23	4.22
30 日	5.24	—	7.22	8.22	9.21	10.22	11.21	12.22	1.22	2.21	3.24	4.23
31 日	5.25	—	7.23	—	9.22	—	11.22	12.23	—	2.22	—	4.24

【任务检查】

表 4-4-3　任务检查单——妊娠母猪饲养管理

任务编号	4-4	任务名称		妊娠母猪饲养管理		
序号		检查内容			是	否
		鉴定妊娠母猪				
1	掌握母猪妊娠早期的鉴定方法					
		妊娠母猪的饲养和营养需要				
2	根据母猪营养状况、膘情和胎儿生长发育规律合理确定饲养方式					
3	根据母猪妊娠前期、中期及后期给予不同的营养需要					
		胚胎死亡				
4	了解胚胎死亡的原因					
5	掌握胚胎死亡的防止措施					
		妊娠母猪的管理				
6	叙述妊娠母猪的管理要点					
		妊娠母猪预产期推算				
7	掌握"333 法""加四减六法""查表法"					

【任务训练】

1. 简述妊娠母猪的营养需要。
2. 简述确定母猪妊娠的方法。
3. 简述妊娠母猪的饲养方式有哪些。
4. 某头妊娠母猪配种日期为 1 月 5 日，请推算它的预产期大约在什么时候。

任务五　配怀舍操作规程

【任务描述】

　　规范配种怀孕阶段各类猪只的饲养管理。规范种母猪发情鉴定和配种操作，确保配种怀孕阶段工作目标的落实及种猪的健康。

【任务目标】

● 掌握配怀舍饲养目标；
● 掌握配怀舍的工作职责；
● 掌握配怀舍操作规程。

【任务学习】

一、配怀舍岗位职责

（1）负责所分管栏舍的饲养管理工作，包括饲料投放、卫生清扫、温湿度控制、疾病诊治、防疫消毒等。

（2）在主管组织下，负责空怀母猪每天的查情、配种以及怀孕母猪的孕检工作。

（3）记录每天的配种记录及相应的报表，及时完成母猪档案卡的填写。

（4）协助主管做好各类原始数据的记录收集工作。

（5）协助兽医做好免疫注射工作，并反馈、记录免后母猪状况。

（6）对所分管母猪的健康状况负责，对力所不及和重大事项要及时上报。

（7）对所领用或负责少量膘情异常母猪的膘情调控。

（8）及时反应配种情况、确保配种计划的完成。

（9）对淘汰、死亡、返情、孕检空怀的母猪上报并做好记录。

（10）每天注意观察检查猪群的健康状况，发现病弱猪，做好标记，同时报告组长，以便及时护理治疗。

（11）做好下班时段的轮流值班工作。

（12）要做好安全工作，如防火、防电等，同时注意保护自身安全。

二、配怀舍的饲养流程

（一）工作目标

保证母猪配种分娩率85%；保证原种母猪窝产健壮仔数9.5头；窝产活仔数10.2头；每头母猪年产胎次2.3胎；猪年死亡率5%；保证后备母猪合格率90%（转入基础群为准）。

（二）工作日程

参考表4-5-1。

表4-5-1　日饲养管理流程

序号	项目	内容、管理要点与要求
1	上班巡栏	查看猪群整体情况和处理紧急事件
2	检查环境控制设备	检查环境控制设备运行是否正常并做相应的调整，观察舍内温度、湿度、空气质量并记录
3	清理料槽	放干料槽中的积水、将料槽清扫干净
4	喂料	开启投料开关，母猪同期进食，检查各料斗是否下料正常。同时观察母猪采食情况，记录采食异常情况
5	清扫粪便	快速清扫粪便，检查是否发情、消化道异常情况等，做出标记
6	观察采食情况	观察猪只的采食情况并记录
7	清理料槽	将未吃完的饲料清扫集中投喂其他猪只

序号	项 目	内容、管理要点与要求
8	给水	先清理料槽，堵塞出水孔再给水。有自动饮水装置的不需要人工给水
9	母猪发情鉴定（断奶后查情）	确定适时配种
10	适时配种（断奶后发情）	按配种操作规程进行输精并做好记录
11	检查猪群与防治护理	发现问题猪只及时护理和治疗
12	妊娠检查	特别注意配种后1~2个发情期的母猪，饲养员喂料打扫卫生时顺带检查一次，主管赶公猪例行检查一次
13	断奶、空怀母猪促情	将断奶、空怀母猪集中饲养，赶公猪与母猪口鼻接触，保证时间，使每头母猪都能直接接触公猪，做好查情促情工作
14	定期消毒	第一步：准备消毒液和机器 第二步：采用后退喷雾消毒 第三步：按左、上、右、下的循环方向喷雾消毒
15	疫苗注射	注射疫苗后，注意观察免疫后的情况
16	清理环境卫生	物品摆放井然有序，环境卫生干净干燥
17	检查环境控制设备	检查环境控制设备运行是否正常并做相应调整
18	母猪档案管理	及时真实准确记录和补充耳标与繁殖卡
19	工作小结	填写报表，总结当天工作内容，制订第二天工作计划

（三）操作规程

1. 断奶母猪操作规程

（1）断奶母猪直接进入定位栏进行饲养。

（2）将断奶后7 d仍未发情的母猪移至大栏进行进一步的观察。

（3）断奶后第3天开始查情诱情工作。

（4）标记疑似发情症状的母猪以备第2天的进一步观察。

（5）对于极瘦的产后1胎母猪，可考虑下个发情期以便其脂肪沉积，等待下一发情期的配种。

2. 空怀母猪操作规程

（1）空怀母猪应该放于大栏中以保证足够的活动空间。

（2）每天应该将公猪赶到栏内逗留一段时间以便刺激母猪。

（3）一定情况下，可以接受公猪直接本交该空怀母猪。

（4）任何空怀45 d以上的母猪都可以纳入计划淘汰母猪的清单中。

3. 流产母猪操作规程

（1）任何流产的母猪需及时进行抗生素治疗，同时可注射催产素以促进死胎的排出。

（2）记录任何流产的母猪同时安排采血存放以便今后的检测。

（3）追溯可能引起流产的原因，同时避免类似情况的再发生。

（4）任何流产的母猪可结合之前的生产历史进行综合考虑以确定是否需要淘汰。

【任务检查】

表 4-5-2　任务检查单 —— 配怀舍操作规程

任务编号	4-5	任务名称	配怀舍操作规程		
序号	检查内容			是	否
配怀舍的工作流程					
1	掌握日饲养管理流程				
母猪饲养管理操作规程					
2	掌握后备母猪操作规程				
3	了解断奶母猪操作规程				
4	了解空怀母猪操作规程				
5	了解流产母猪操作规程				

【任务训练】

1. 配怀舍日饲养管理流程是什么?

2. 配怀舍每周都要做什么工作?

3. 后备母猪、断奶母猪、空怀母猪的操作规程是什么?

项目五 分娩舍生产技术

任务一 母猪产前的饲养管理

【任务描述】

通过母猪生产前的饲养管理学习，了解、认识、掌握母猪产前后的饲养管理。

【任务目标】

- 掌握母猪生产前的饲养；
- 掌握分娩母猪的管理；
- 掌握母猪产前后的饲养管理。

【任务学习】

一、母猪产前的饲养管理

1. 母猪生产前的饲养

应根据母猪的膘情和乳房发育情况采取相应的措施。产前 10～14 d 逐渐改用乳期饲料。对膘情及乳房发育良好的母猪，产前 3～5 d 应减料，逐渐减到后期饲养水平的 1/2 或 1/3，并停喂青绿多汁饲料，以防母猪产后乳汁过多，而发生乳腺炎，或因乳汁过浓而引起仔猪消化不良，产生拉稀。发现临产征兆，停止饲喂。若母猪膘情不好，乳房膨胀不明显，产前不仅不应减料，还应加喂含蛋白质较多的乳期饲料。

2. 母猪生产前的管理

产前 2 周，对母猪进行检查，若发现疥癣、虱子等体外寄生虫，应用 2%敌百虫溶液喷雾消毒，以免产后感染给仔猪。产前 3～7 d 应停止驱赶运动或放牧，让其在圈内自由运动。安排好昼夜值班人员，密切注视，仔细观察母猪的征兆变化，做好随时接产准备。

二、产前准备

1. 准备产房

产房关键任务是保障母猪分娩安全，仔猪全活全壮，准备的重点是保温与清毒，空栏一周后进，工厂化猪场实行流水式的生产工艺，均设置专门的产房。在产前要彻底清洗空栏，检修产房设备，之后用消毒威、2%氢氧化钠等消毒药连续消毒两次，晾干后备用，第二次清毒最好采用火焰消毒（非塑料设备）或熏蒸消毒。产房要求温暖干燥，清洁卫生，舒适安静，阳光充足，空气清新。温度在 20~23 ℃，最低也要控制在 15~18 ℃，相对湿度为 65%~75%，产栏安装喷雾装置，夏季头部喷雾降温，冬春季节要有取暖设备，尤其仔猪局部保温应在 30~35 ℃。产房内温度过高或过低、湿度过大是仔猪死亡和母猪患病的重要原因。

2. 准备用具

产前应准备好接产用具如干净毛巾、细线、剪牙钳、断尾钳、秤、照明用灯等，冬季还应准备仔猪保温箱、红外线灯或电热板等；以及药品准备如 5%的碘酒、1%~2%来苏儿、催产药品和 25%的葡萄糖（急救仔猪用）等。

3. 准备待产母猪

产前一周将妊娠母猪赶入产房，以适应新环境。进产房前应对猪体进行清洁消毒，用温水擦洗腹部、乳房及外阴部，然后用 1%~2%的来苏儿消毒，做到全身洗浴消毒效果更佳同时要注意减少母猪对产栏的污染。

4. 准备接产人员

分娩舍应有饲养员昼夜值班，因多数母猪在夜间分娩。接产人员应剪短指甲、磨光，取下戒指、手镯等首饰，消毒双手，准备接产。

【任务检查】

表 5-1-1　任务检查单——母猪产前的饲养管理

任务编号	5-1	任务名称		母猪产前饲养管理		
序号		检查内容			是	否
		母猪生产前的饲养管理				
1		叙述母猪分娩前的饲养				
2		叙述母猪分娩前的管理				
		母猪产前准备工作				
3		叙述产前产房、用具的准备				
4		叙述产前母猪、接产人员的准备				

【任务训练】

1. 母猪生产前几天，母猪的饲养，主要是根据母猪的＿＿＿＿和乳房＿＿＿＿确定，通常情况下，体况较好的母猪，产后初期乳量过多过稠时，母猪容易发生＿＿＿＿，仔猪易发生＿＿＿＿，故在产前 5～7 d 应按日量的＿＿＿＿减少精料，并喂给麸皮汤，避免母猪发生＿＿＿＿。但对比较瘦弱的母猪，不但＿＿＿＿＿＿，而且应加喂一些富含＿＿＿＿＿＿的＿＿＿＿饲料。

2. 分娩后 2～3 d 内，由于母猪体质比较虚弱，代谢机能比较差，饲料不能＿＿＿＿＿＿，应逐渐＿＿＿＿，这时应喂一些容易消化的调制成＿＿＿＿的饲料，经 5～7 d 后才按哺乳母猪的（　　　）喂给。

3. 母猪在临产前 3～7 d 内，要停止＿＿＿＿，只能在＿＿＿＿＿＿自由活动，＿＿＿＿并保持干燥。分娩后，应随时注意母猪的＿＿＿＿＿＿、＿＿＿＿＿＿、＿＿＿＿＿＿和＿＿＿＿＿＿的状况，经常保持产房安静，让母猪有充分休息的时间，产后 3 d，如果天气良好，可让母猪在＿＿＿＿＿＿自由活动，并训练母猪和仔猪养成在舍外＿＿＿＿＿＿排粪尿的习惯。

4. 简述母猪产前需做哪些准备工作。

任务二　接产技术

【任务描述】

通过学习母猪临产征兆、接产技术认识了解如何接产。

【任务目标】

- 掌握母猪的临产征兆；
- 掌握母猪的接产技术。

【任务学习】

一、母猪临产征兆

1. 乳房变化

腹部膨大、下垂，乳房大并伴有光泽，两侧乳头外张，用手挤压时，有乳汁排出，通常初乳在分娩前数小时或一昼夜就开始分泌，个别母猪产后才分泌。

2. 行为变化

频繁排尿，起卧不安，衔草做窝，预示 6 ~ 12 h 后就会分娩。

3. 外阴变化

阴道红肿、松弛，骨盆开张，尾根两侧稍下凹，阴部流出黏液，开始有阵痛，行动不安，母猪即将产仔的征兆。

总而言之，行动不安、起卧不定、食欲减退、衔草做窝、乳房膨大伴有光泽、挤出乳汁、频繁排尿，为产前征兆，必须安排人看管，做好接产准备。

二、接产技术

安静的环境对正常的分娩非常重要。通常多数母猪分娩夜间。在接产过程要求保持安静、动作要迅速、准确。

（一）母猪分娩及哺乳的生理行为特点

分娩时多侧卧，呼吸加快，皮温上升。当第一头仔猪产出后，母猪不去咬断仔猪的脐带，也不舔仔猪，并且在生出最后一个胎儿以前多半不去注意自己产出的仔猪。母猪在整个分娩过程中，自始至终都处在放乳状态，并不停地发出哼哼的声音，乳头饱满甚至乳汁流出，使仔猪容易吸吮。母猪分娩后以充分暴露乳房的姿势躺卧，引诱仔猪挨着母猪乳房躺下，哺乳时常采取左侧卧或右侧卧姿势，一次哺乳中间不转身，母仔双方都能主动引起哺乳行为，母猪以有节奏的呼叫声呼唤仔猪哺乳，有时是仔猪以它的召唤声和持续地轻触母猪乳房以刺激放乳，一头母猪哺乳时母仔的叫声，常会引起同舍内其他母猪也哺乳。

仔猪吮乳过程可分为四个阶段，开始仔猪聚集乳房处，各自占据一定位置，以鼻端拱摩乳房，吸吮，仔猪身向后，尾紧卷，前肢直向前伸，此时母猪呼叫达到高峰。母猪在分娩过程中如果受到干扰，则站在已产的仔猪中间，张口发出急促的"呼呼"声，表示防护性的威吓。经产母猪一般比初产母猪安稳，分娩过程为 3 ~ 4 h。初产母猪比经产母猪快，放养的猪比舍饲的母猪快。脐带由仔猪自己挣断。产后胎盘如不取走，多被母猪吃掉。

（二）接产技术

1. 擦干黏液

仔猪产出后，接产员应立即用手指将口、鼻的黏液掏除并擦干净，再用抹布将全身黏液擦干净。

2. 断　脐

首先，将脐带内的血液向仔猪腹部方向挤压，其次，在离腹部 4 cm 处用手指捏断或结扎剪断，用碘酒消毒断处，第三，断脐时流血过多，可用手指提捏住断头，直到止血为止。

3. 剪牙、断尾

为了避免仔猪牙齿损伤母猪乳房和发生仔猪咬尾症，初生仔猪要进行剪牙和断尾。

剪牙：用牙钳剪去仔猪 8 颗犬牙（上下各 4 颗），剪平不伤牙龈为好，剪牙时尽量一次剪断，不剪第二次，否则易剪伤牙龈引起发炎。仔猪剪牙完毕打上记号防止漏剪，牙钳每剪一头用碘附消毒一次。

断尾：产后 8 h 之内用电热断尾器或皮筋，种猪剪去 1/3，保留 2/3。商品猪剪去 2/3，保留 1/3。

4. 仔猪编号

编号是为了便于记载和鉴定，对种猪具有很大意义，可以记清、搞清各个猪的来源，发育和生产性能。

编号的标记方法很多，目前常用打耳号法，即利用耳号钳在猪耳朵上打号，每剪一个耳缺，代表一定数字，把几个数字相加，即得其号数。每个猪场会有自己的编号规则，如右耳上缘剪一个缺口为 1，下缘剪一个缺口为 3，耳尖剪一个缺口为 100，耳中间打一个圆孔为 400。左耳上缘剪一个缺口为 10，下缘剪一个缺口为 30，耳尖剪一个缺口为 200，耳中间打一个圆孔为 800，在最末尾的一个号数是单号（1，3，5，7，9）的为公猪，双号（0，2，4，6，8）的为母猪。如图 5-2-1 所示。

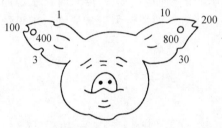

图 5-2-1　仔猪编号

另还有耳标法、耳刺法和电子耳牌，在生产使用比较普遍，且各有优缺点，生产上最好不要只用一种方法编号，而应任选其中的两种，保证耳号正确无误。电子耳牌只在一些母猪饲养体系和公猪测定站中使用，将来这种识别方法将成为我们许多畜禽个体号码记录方式。

5. 称重并登记分娩卡片

见表 5-2-1。

表 5-2-1　产仔情况周报表

_____场_____线　　__月__日至__月__日　报表人_____　　　单位：kg

分　娩　母　猪　情　况			产　仔　情　况　（头/窝）				
母猪耳号	分娩日期	窝重	活仔	死胎	木乃伊	畸形	合计

6. 吃初乳

处理完上述工作后，立即把仔猪送到母猪身边吃奶，个别仔猪生后不会吃奶，必须进行人工辅助。寒冷冬季，圈舍内要注意保温，否则仔猪会因受冻而不张嘴吃奶。

7. 后期工作

母猪产完后胎衣排出及时收起，接产完毕后把所用工具如保温箱、毛巾、盆、胎衣桶等清洗干净。

8. 假死仔猪的急救

仔猪产下停止呼吸，但心脏仍在跳动，这叫"假死"。可用人工呼吸法急救，即将仔猪的四肢朝上，一手托着肩部，另一手托着臀部，然后一屈一伸反复进行，直到仔猪叫出声音。也可采用在鼻部针刺或涂酒精等刺激的方法来急救。

9. 难产处理

母猪长时间刚烈阵痛，但仔猪产不出，发生呼吸困难，心跳加快，应进行人工助产。通常注射人工合成催产素，用量为 1 mL/50 kg 体重，注射后 20~30 min 可产出仔猪。如注射催产素仍无效，可用手术掏出。在手术时，应剪磨指甲，用肥皂、来苏儿洗净，消毒手臂，涂抹润滑剂，沿着母猪努责间歇时慢慢伸入产道，伸入时，手心向上，摸到仔猪后随母猪努责慢慢将仔猪拉出，掏出一头仔猪后，如果转为正常分娩，不再续掏。手术后，母猪应注射抗生素或其他抗炎症药物。

【任务检查】

表 5-2-2　任务检查单 —— 接产技术

任务编号	5-2	任务名称	接产技术		
序号	检查内容			是	否
临产征兆检查					
1	叙述临产母猪腹部、乳房及乳汁情况				
2	叙述临产母猪阴部及行动表现情况				
3	叙述母猪即将产仔的征兆				
接产技术					
4	叙述母猪生产对环境的要求				
5	叙述仔猪产出后，接产员是如何处置小猪的				
6	叙述如何给初生仔猪断脐并会操作				
7	叙述仔猪编号、网上查阅各种编号方法、会编号				
8	叙述假死仔猪的急救并会操作				
9	叙述难产的处理并会操作				

【任务训练】

1. 临产母猪腹部_____下垂，乳房大并伴有_____，两侧乳头外张，用手挤压时，有_____排出，通常初乳在分娩前数小时或一昼夜就开始分泌，个别母猪产后才分泌。

2. 临产母猪阴道红肿、松弛，骨盆开张，尾根两侧稍下凹，行动不安，衔草做窝，预示6～12 h后就会_____。

3. 临产母猪频繁排尿，起卧不安，开始有阵痛，阴部流出_____，母猪即将产仔的征兆。

4. 仔猪产出后，接产员应立即用手指将_____、_____的黏液掏除并擦干净，再用抹布将全身黏液擦干净。

5. 断脐时，先将脐带内的血液向_____方向挤压，其次，在离腹部4 cm处用手指____或剪断，用_____消毒断处，第三，断脐时流血过多，可用手指提捏住断头，直到_____为止。

6. 仔猪编号是为了便于记载和鉴定，对种猪具有很大意义，可以记清、搞清各个猪的来源，发育和生产性能。编号的标记方法很多，目前常用_____法，即利用耳号钳在猪耳朵上打号，每剪一个耳缺，代表一定数字，把几个数字相加，即得其号数。另还有_____、耳刺法和电子耳牌。

7. 假死仔猪的急救，仔猪产下停止呼吸，但心脏仍在跳动，这叫"假死"。可用人工呼吸法急救，即将仔猪的四肢朝上，一手托着肩部，另一手托着臀部，然后_____反复进行，直到仔猪叫出_____。也可采用在鼻部针刺或涂_____等刺激的方法来急救。

8. 难产处理母猪长时间刚烈阵痛，但仔猪产不出，发生呼吸困难，心跳加快，应进行_____。通常注射人工合成_____，用量为1 mL/50 kg体重，注射后20～30 min可产出仔猪。如注射催产素仍无效，可用手术掏出。在手术时，应剪磨指甲，用肥皂、来苏儿洗净，消毒手臂，涂抹润滑剂，沿着母猪努责间歇时慢慢伸入产道，伸入时，手心向上，摸到仔猪后随母猪努责慢慢将仔猪拉出，掏出一头仔猪后，如果转为_____分娩，不再续掏。手术后，母猪应注射_____药物。

任务三　泌乳母猪的饲养管理技术

【任务描述】

通过学习产后母猪的饲养管理、哺乳母猪饲养管理达到了解掌握泌乳母猪的饲养管理技术。

【任务目标】

- 能掌握产后母猪的饲养管理；
- 能掌握泌乳母猪的饲养管理。

【任务学习】

一、产后母猪的饲养管理

（一）产后母猪的饲养

母猪分娩后的第 1 天，如果母猪没有食欲，就不能强迫喂食，应让其好好休息，可喂给麸皮汤，避免母猪发生便秘。切忌立即喂给大量浓厚的精饲料，尤其是大量饼类饲料，以免导致消化不良和乳汁过浓后，发生乳腺炎和仔猪拉稀。如果有食欲，可喂少量饲料，每天喂 0.5 ~ 1 kg；第 2 天，所有分娩母猪都要赶起来，让其站立，投喂饲料。喂料量按照母猪的食欲、是否有乳腺炎和便秘等情况确定，此后逐天增加，到产后的第 7 d，按规定的饲料量投喂饲料。每天喂 3 ~ 4 次，喂量增加到每天 6 kg 以上，在母猪增料阶段，应该注意母猪乳房的变化和仔猪的粪便。

（二）产后母猪的管理

分娩后，除天气十分闷热外，要关上门窗。注意产房内不能有穿堂风，室温最好控制在 25 ℃ 左右。任何时候都应尽量保持产房的安静，饲养员不得在产房内嬉戏打闹，不得故意惊吓母猪及仔猪，必须尽量保持产房及产栏的干燥、清洁，做到冬暖夏凉。任何时候栏内的仔猪均不能用水冲洗产栏，以防仔猪下痢；平时除工作需要外，不能踏入产栏内，随时观察母猪的采食量、呼吸、体温、粪便和乳房情况，防止产后患病，特别是患高烧的疾病，任何时候如果发现母猪有乳腺炎、食欲不振和便秘，都要减少饲喂量，并进行治疗。

二、泌乳母猪的生理特点

（一）母猪的泌乳特点

1. 母猪乳腺结构及泌乳特点

母猪乳房没有乳池，不能随时挤出乳汁。每个乳头有 2 ~ 3 个乳腺，每个乳腺有一个小乳头管通向乳头，各乳头之间互不联系。一般前部乳头的乳头管较后部多，所以，前部乳房比后部乳房落乳量高。

2. 母猪的泌乳特点

母猪每昼夜平均泌乳 22 ~ 24 次，每次相隔约 1 h。母猪放奶时间很短，只有十几秒到几十秒时间。

3. 反射性排乳

乳的分泌在分后最初 2 ~ 3 d 是连续的，以后属反射性放乳。即仔用鼻、嘴拱揉乳房，产生放奶信号，信号通过中枢神经，在神经和内分泌激素的参与下形成排乳。

4. 泌乳量

指哺乳母猪在一个泌乳期的泌乳总量，通常用泌乳力表示，泌乳力指 21 d 全窝仔猪重，包括该母猪所带的寄养仔猪。在自然状态下，母的泌乳期为 57 ~ 77 d。泌乳量如按 60 d 计算，一般为 300 kg，一般在产后 4 ~ 5 d 泌乳量逐渐上升，20 ~ 30 d 达到高峰，然后逐渐下降，规模化猪场母猪泌乳期多为 21 ~ 35 d。

不同乳头泌乳量不同，前边 3 对乳头乳量多，约占总部乳量的 67%，后面 4 对乳头的泌乳量占 33%，如表 5-3-1 所示。

表 5-3-1　每对乳头占总泌乳量的百分比

乳头	第 1 对	第 2 对	第 3 对	第 4 对	第 5 对	第 6 对	第 7 对	合计
所占百分比/%	22	23	19.5	11.5	9.9	9.2	4.9	100

5. 猪乳的成分

猪乳可分为初乳和常乳。母猪产后 3 d 内所分的乳为初乳，3 d 后所分泌的乳为常乳。初乳与常乳的不同之处包括以下几点：① 初乳营养丰富。初乳中蛋白质（白蛋白、球蛋白和酪蛋白）和灰分含量特别高，乳糖少；维生素 A、维生素 D、维生素 C，维生素 B_1、维生素 B_2 相当丰富；酸度高。② 初乳中含免疫抗体。蛋白质中含有大量免疫球蛋白，仔猪可从初乳中获得抗体；初乳中还含有多量的镁盐，有利于胎便的排出。如表 5-3-2 所示。

表 5-3-2　猪初乳和常乳成分的对比

项目	水分	蛋白质	脂肪	干物质	乳糖	灰分
初乳/%	77.79	13.33	6.23	22.21	1.97	0.68
常乳/%	79.68	5.26	9.97	20.32	4.18	0.91

（二）影响母猪泌乳量的因素

1. 品　种

品种不同，泌乳力也不同，大型肉用型猪和兼用型猪泌乳力较高，小型脂用型猪泌乳力较低。瘦肉型品种长白猪和大约克夏猪，泌乳能力也很强大。巴克夏和中约克夏猪泌乳力较差。

2. 年龄（胎次）

母猪乳腺的发育与哺育能力，是随胎次增加而提高的。初产母猪的泌乳力一般比经产母猪要低，因此母猪在产第一胎时乳腺发育还不完全，第二、第三胎时，泌乳力上升、以后保持一定水平。总的来说，母猪胎次与泌乳量一般存在如下关系：以各胎次的平均泌乳量作为 100，那么初产时泌乳量为 80，二胎时泌乳量为 95，3 ~ 5 胎为 100 ~ 120，5 ~ 7 胎以后逐渐下降。因此产仔 8 ~ 10 胎以后的母猪应考虑淘汰。

3. 带仔数

母猪产仔头数与其泌乳量有密切关系，一般情况下，窝仔数多的母猪其产乳量高，窝仔数少的母猪产乳量较低。

4. 泌乳次数

母猪泌乳阶段不同泌乳量不同，一昼夜泌乳次数也不同，前期次数比后期次数多，夜间安静泌乳次数较白天多。

5. 饲料品质和饲养环境

饲料品质和饲养环境是影响泌乳量的主要因素。营养水平的高低不仅影响泌乳量，也直接影响到奶的品质，如果没有充足和高质量的饲料，泌乳量不会多而持久。猪在泌乳期内需要大量营养，要保证母猪能分泌充足的乳汁，就得根据母猪的泌乳量来满足其营养需要。乳期内营养状况良好的母猪产奶量高，营养较差的母猪产奶量低。此外，营养的供给除了考虑母猪本身的营养需要外，还要注意到哺乳仔猪的头数。

与此同时，日常管理对母猪的泌乳量也有较大影响，随意更改饲喂次数、环境嘈杂、对母猪粗暴哄赶、使母猪受到惊吓等，都会影响正常的泌乳量。

三、泌乳母猪的饲养管理

（一）泌乳母猪的饲养

1. 泌乳母猪营养需要

哺乳母猪饲粮要以能量、蛋白质为主，日粮须全价，以提高泌乳力，同时保证各种氨基酸、矿物质和维生素的需要。

（1）能量需要

哺乳母猪的能量需要为 13.25 MJ/kg，受母猪营养水平、乳期体重，产仔数、乳期长短不一的影响，其能量需要量也不一致，可参看哺乳期母猪的营养需要或饲养标准

（2）粗蛋白质需要

泌乳母猪粗蛋白水平为 17%～18%，若日粮中加入鱼粉、小鱼虾等动物性蛋白质饲料，有利于提高泌乳量与仔猪断奶窝重。此外，品质好的青绿多汁饲料含游离氨基酸较多，有利于提高泌乳量。

（3）矿物质需要

母猪泌乳两个月排出 2～2.5 kg 矿物质。猪乳的含钙量约为 0.25%，含磷量约为 0.166%，一头哺育 10 头仔猪的母猪，每天排出 13 g 左右的钙和 8～9 g 的磷。若钙磷的利用率为 50%，则每天产乳需 26 g 钙和 16～18 g 的磷。另外，维持正常的代谢还需要一定量的钙、磷，如果日粮中钙与磷不足，母猪就要动用自身骨中贮备的钙、磷，长期下去，就会使母猪食欲减退，产乳量下降，还会发生骨质松症；母猪日粮中还应供给食盐，以提高食欲与维持体内酸碱平衡。日粮中骨贝粉应占 2%，食盐占 0.25%～0.30%。

（4）维生素需要

缺乏生素 A，会造成乳量和乳品质的下降；缺乏维生素 D，会造成产后瘫痪。因此，在哺乳母猪的日粮中，应适当多喂一些青绿多计料，以补充维生素和提高乳力。

2. 饲喂饲料多样配合

饲料要多样配合，能保证母猪营养需要。原料要求新鲜优质、容易消化、适口性好、体积不过大。有条件时，加喂优质青绿多汁饲料或青贮饲料。

3. 饲喂方法

饲喂时要遵循"少给勤添"的原则，采用生湿拌料或颗粒饲料饲喂。一般每天 3~4 次，到泌乳高峰时，要视情况在夜间加喂一次，产房内要设置自动饮水器，保证母猪随时饮到清水。

泌乳母猪采食量估算：泌乳母猪日采食量=自身日需要饲料 2 kg + 每带一头仔猪另外需要饲料量 0.4~0.5 kg。如 1 头带 10 个仔的母猪每天需要 2 + 0.5 × 10=7.0 kg 饲料。

（二）泌乳母猪的管理

1. 环境要安静舒适

一般情况下，产房的温度在 18~23 ℃，当环境温度高于 23 ℃，哺乳母猪采食量会下降，影响母猪的泌乳量。夏季可以采取喷雾降温、湿帘和机械通风等方式控制产房温度；冬季可以采取采暖的措施控制产房温度。而新生仔猪的适宜环境温度为 30~34 ℃，因此在产房应采取局部采暖的方式给新生仔猪进行取暖，控制适宜的温度，产房适宜的湿度为 60%~75%。同时要控制气流，尤其冬季防止贼风的侵袭。

2. 运动要合理和观察

母猪适量地运动能促进进食，增强体质，提高乳量，在日常管理中，应经常观察母猪采食、粪便、精神状态及仔猪的生长发育和健康状态，如果异常，要及时处理。

3. 要保护好乳房和乳头

母猪乳腺的发育与仔猪的吮吸有很大的关系，尤其是头胎母猪，必须使所有的乳头都能均匀哺乳，以防止没被利用的乳头萎缩，甚至影响以后的泌乳能力，当仔猪数少于乳头数时，可以训练仔猪吃两个乳头的乳。

【任务检查】

表 5-3-3　任务检查单——泌乳母猪的饲养管理技术

任务编号	5-3	任务名称	泌乳母猪的饲养管理		
序号	检查内容			是	否
泌乳母猪饲养管理					
1	简述泌乳母猪营养需要				
2	简述泌乳母猪的饲喂方法				
3	简述泌乳母猪的管理				

【任务训练】

1. 为保证母猪的_____及_____的采食欲，分娩前 10~12 h 最好_____，满足_____，冷天用温水。或饲喂热麸皮盐水（麸皮 250 g、食盐 25 g、水 2 kg）。母猪分娩后的第 1 天，如果母猪没有_____，就不能强迫喂食，应让其好好_____。切不可立即喂给大量浓厚的精饲料，尤其是大量_____，以免导致消化不良和乳汁过浓后，发生_____和仔猪_____。如果有食欲，可喂少量_____，每天喂 0.5~1 kg；第 2 天，所有分娩母猪都要赶起来，让其站立，投喂饲料。喂料量按照母猪的食欲、是否有乳腺炎和便秘等情况确定，此后逐天增加，到产后的第 7 d，按规定的饲料量投喂饲料。每天喂 3~4 次，喂量增加到每天 6 kg 以上，在母猪增料阶段，应该注意母猪_____的变化和仔猪的粪便，在分娩时和泌乳早期，饲喂_____能减少母猪子宫炎和分娩后短时间内偶发缺乳症的发生。母猪分娩后，除天气十分闷热外，要关上门窗。注意产房内不能有_____，室温最好控制在 25 ℃ 左右。任何时候都应尽量保持产房的_____，饲养员不得在产房内嬉戏打闹，不得故意惊吓母猪及仔猪，必须尽量保持产房及产栏的_____、清洁，做到冬暖夏凉。任何时候栏内的仔猪均不能_____冲洗产栏，以防仔猪_____；平时除工作需要外，不能_____产栏内，随时观察母猪的采食量、呼吸、_____、粪便和乳房情况，防止产后_____，特别是患高烧的疾病，任何时候如果发现母猪有_____、食欲不振和便秘时，都要减少饲喂量，并进行治疗。

2. 泌乳母猪日粮需_____，要提高泌乳力，泌乳母猪饲粮要以能量、_____为主，哺乳母猪的能量需要为_____，粗蛋白质_____，但要保证各_____、矿物质和维生素及饮水的需要。

3. 泌乳母猪饲料要_____配合，能保证母猪_____。原料要求新鲜优质、_____、适口性好、体积_____。有条件时，加喂优质_____或青贮饲料。母猪刚分娩后，处于高度的_____状态，消化机能弱。开始应喂给稀粥料，1~2 d 后，改喂湿拌料，并逐渐增加，分娩后第 1 天_____，第 2 天_____，第 3 天喂 3 kg，5~7 d 后，达到采食高峰。

4. 饲喂泌乳母猪时要遵循少给勤添的原则，采用生湿拌料或额粒饲料饲喂。一般每天 3~4 次，到_____高峰时，要视情况在夜间加喂一次，产房内要设置自动_____，保证母猪随时饮到清水。

5. 泌乳母猪环境要_____舒适圈内应清洁、_____，温度适宜，空气新鲜，阳光充足，勤换垫草、勤整、勤晒，防止弄脏乳房引起仔猪_____与乳腺炎。

6. 泌乳母猪运动要_____和观察母猪适量的运动能促进食，增强体质，提高乳量，在日常管理中，应经常观察母猪采食、粪便、_____状态及仔猪的生长发育和健康状态，如果异常，要及时_____。

7. 要保护好乳房和乳头，母猪乳腺的发育与仔猪的吮吸有很大的关系，尤其是头胎母猪，必须使所有的乳头都能均匀_____，以防止没被利用的乳头_____，甚至影响以后的泌乳能力，当仔猪数少于乳头数时，可以训练仔猪吃两个乳头的乳。

任务四　哺乳仔猪饲养管理技术

【任务描述】

通过仔猪编号、固定乳头、保温防压、选择性寄养、及时抢救瘦弱仔猪和受冻仔猪、做好诱食补料、小公猪去势、仔猪断奶等知识掌握哺乳仔猪饲养管理。

【任务目标】

- 掌握初生仔猪的饲养管理；
- 掌握1周龄以后的哺乳仔猪饲养技术；
- 掌握断奶的方法；
- 掌握固定乳头的方法；
- 能仔猪保温防压工作；
- 会仔猪补铁；
- 会仔猪的寄养；
- 会抢救瘦弱仔猪和受冻仔猪；
- 会仔猪的诱食补料；
- 能及时抢救瘦弱仔猪和受冻仔猪。

【任务学习】

一、初生仔猪饲养管理

仔猪出生后的环境发生了根本的变化，从恒温到常温，从被动获取营养和氧气到主动吮乳和呼吸来维持生命，导致哺乳仔猪死亡率明显高于其他生长阶段。仔猪出生后的损失与死亡，有85%是在30 d以前。其中以第一周死亡所占比例最大。主要原因是冻死、压死、病死等。仔猪的死亡，不仅影响猪苗来源，而且还造成了很大的经济损失，做好仔猪生后第一周的养育和护理是关系到仔猪多活全壮的关键阶段。

（一）早吃初乳，固定乳头

初生仔猪没有先天性免疫能力，要吃初乳获得免疫力。仔猪出生 6 h 后，初乳中的抗体含量下降一半，因此要让仔猪尽早吃到初乳、吃足初乳。推迟初乳的采食，会影响免疫球蛋白的吸收，初乳中除含有足够的免疫抗体外，还含有仔猪所需要的各种营养物质、生物活性物质。初乳中的乳糖和脂肪是仔猪获取能量的主要来源，能提高仔猪的抗寒力；初乳对促进代谢，保持血糖水平有良好作用。仔猪出生后要随时放到母猪身边吃初乳，可刺激消化器官的活动，促进胎粪排出，增加营养产热，提高仔猪抗寒力，初生仔猪如果吃不到初乳，就很难养活。

仔猪有固定乳头吮乳的习性，开始几次吸食某个乳头，直到断奶时不变，仔猪出生后有寻找乳头的本能，初生重大的仔猪能很快地找到乳头，而较小而弱的仔猪则迟迟找不到乳头，即使找到乳头，也常常被强壮的仔猪挤掉，这样易引起互相争夺，而咬伤乳头或仔猪颊部，导致母猪拒不放乳或个别仔猪吸不到乳汁。

为使同窝仔猪生长均匀，放乳时有序吸乳，在仔猪生后 2 d 内应进行人工辅助固定乳头使其吃足初乳。在分娩过程中，让仔猪自寻乳头，待大多数仔猪找到乳头后，对个别弱小或强壮争夺乳头的仔猪再进行调整，把弱小的仔猪放在前边乳汁多的乳头上，体大强壮的放在后边的乳头上。固定乳头要以仔猪自选为主，个别调整为辅，特别要注意控制抢乳的强壮仔猪，帮助弱小仔猪吸乳。

（二）保温防压

新生仔猪对于寒冷的环境和低血糖极其敏感，尽管仔猪有利用血糖贮备应付寒冷的能力，但由于初生仔猪体内的能源贮备有限，调节体温的生理机制还不完善，这种能源利用和体温调节都是很有限的，初生仔猪皮下脂肪少，保温性差，体内的糖原和脂肪贮备一般在 24 h 之内就会消耗殆尽，在低温环境中，仔猪要依靠提高代谢效率和战栗来维持体温，这更加快了糖原贮备的消耗，最终导致体温降低，出现低血糖症，因此，初生仔猪保温具有关键性意义。

母猪与仔猪对环境温度的要求不同，新生仔猪的适宜环境温度为 30~34 ℃，而成年母猪的适宜温度为 15~20 ℃。当仔猪体温 39 ℃ 时，在适宜环境温度下，仔猪可以通过增加分解代谢产热，并收缩肢体以减少散热。当环境温度低于 30 ℃ 时，新生仔猪受到寒冷侵袭，必须依靠动用糖原和脂肪贮备来维持体温，寒冷环境有于体温平衡的建立，并可引发低温症。在 17 ℃ 的产仔舍内，高达 72% 的仔猪体温会低于 37 ℃，其活动受到影响，哺乳活动变缓变弱，导致初乳摄入量下降，体内免疫抗体水平也低于正常摄入初乳量的仔猪。

仔猪体重小且有较大的表面积与体重比，出生后体温下降比个体大的猪快。因此，单独给仔猪创造温暖的环境是十分必要的，在产栏内吊红外线灯式取暖要比铺垫式取暖对个体较小的仔猪更显优越性，因为可使相对较大的体表面积更易于采热。仔猪保温可采用保育箱，箱内吊 250 W 或 175 W 的红外线灯，距地面 40 cm，或在箱内铺电热板，都能满足仔猪对温度的需要。

因母猪卧压而造成仔猪死亡的现象是非感染性死亡中最常见的，大约占初生行猪死亡数的 20%，绝大多数发生在仔猪生后 4 d 内，特别是在出生后第一天最易发生，在老式未加任何限制的产栏内会更加严重。在母猪身体两侧设护栏的分栏，可有效防止仔猪被压伤、压死，第一周内仔猪死亡率可从 19.3% 下降至 6.9%，若再采用吊红外灯取暖，使仔猪第一周死亡率降至 1.1%。目前生产上常用的保温设备有保温灯、电热板、保温箱等，可明显减少仔猪的死亡。

（三）补铁补硒

母乳能够保证供给1周龄仔猪全面而理想的营养，但微量元素铁含量不够。初生仔体内铁的贮存量很少，每千克体重约为35 mg，仔猪每天生长需要铁7 mg，而母乳中提供的铁只是仔猪需要量的1/6，若不给仔猪补铁，仔猪体内贮备的铁将很快消耗殆尽，仔猪缺铁时，血红蛋白不能正常生成，从而导致营养性贫血。给母料中补铁不能增加母乳中铁的含量，只能少量增加肝脏中铁的贮备。圈养仔猪的快速生长，对铁的需要量增加，在3~4 d即需要补充。缺铁会造成仔猪对疾病的抵抗力减弱，患病仔猪增多，死亡率提高，生长受阻，出现营养性贫血等症状。

补铁的方法很多，目前最有效的方法是给仔猪肌内注射铁制剂，如右旋糖酐铁注射液、牲血素等，一般在仔猪3日龄肌内注射100~150 mg。

在严重缺硒地区，仔猪可能发生缺硒性下痢、肝坏死和白肌病，宜于生后3 d内注射0.1%的亚硒酸钠、维生素E合剂，每头0.5 mL，10日龄补第二针。

（四）选择性寄养

在母猪产仔过多或无力哺乳自己所生的部分或全部仔猪时，应将这些仔猪移给其他母猪喂养，影响哺乳仔死亡率的主要原因是仔猪的初生体重，当体重较小的仔猪与体重较大的仔猪共养时，较小仔猪竞争力就处于劣势，其死亡率会明显提高。据试验发现，出生重在800 g左右的仔猪，如果将其寄养在与其平均个体较大的同仔猪共养，死亡率高达62.5%；而若将其寄养在与其体重相当的其他窝，死亡只有15.4%。

在实践中，最好是将多余仔猪寄养到迟1~2 d分娩的母猪，尽可能不要寄养到早1~2 d分娩的母猪，因为仔猪哺乳已经基本固定了奶头，后放入的仔猪很难有较好的位置，容易造成弱仔或僵猪。在同日分娩的母猪较少，而仔数多于乳头数时，为了让仔猪吃到初乳，可将窝中体重大较强壮的仔猪暂时取出，以留出乳头给寄养的仔猪使其获得足够的初乳。这种做法可持续2~3 d。对体重较小的个体，人工补初乳或初乳代用品，同时施以人工取暖。为了使寄养顺利实施，可在被寄养的仔猪身上涂抹收养母猪的尿或其他有良好气味的液体，同时把寄养仔猪与收养母猪所生的仔猪合养在一个保育箱内一定时间，干扰母猪的嗅觉，使母猪分不出它们之间的气味差别。

（五）及时抢救瘦弱仔猪和受冻仔猪

瘦弱的仔猪，在气温较低的环境中，首先表现行动迟缓，有的张不开嘴，有的含不住乳头，有的不能吮乳，此时，应及时进行救助。可先将仔猪嘴巴慢慢撬开，用去掉针头的注射器，吸取温热的25%葡萄糖溶液，慢慢滴入口中。然后将仔猪放入一个临时的小保温箱中，放在温暖的地方，使仔猪慢慢恢复，等快到放奶时，再将仔猪拿到母猪腹下，用手将乳头送入仔猪口中，待放奶时，可先挤点奶让仔猪舔，当奶进入仔猪口中，仔猪会有较慢的吞咽动作，有的也能慢慢吸吮了。这样反复几次，精心喂养，该仔猪即可免于冻昏、冻僵和冻死，可以提高仔猪的成活率。

（六）做好诱食补料

仔猪5~7日龄开始对其进行诱食，目前有推迟补料的趋势，比如，10 d开始补料，规模猪场可选择合适的诱食料，农户养猪可选择香甜、清脆、适口性好的饲料，如将带甜味的南瓜、胡萝卜切成小块，或将炒熟的麦粒、谷粒、豆、玉米、黄豆、高粱等喷上糖水或糖精水，裹上一层配合饲料或拌少许青饲料，最好在上午 9 点至下午 3 点之间放在仔猪经常去的地方，任其采食。

刚开始仔猪将粒料含到嘴里咬咬，以后就咬碎咽下尝到粒料的滋味，便主动到补料间去找食吃，也可以将带有香味的诱食饮料拌湿涂在母猪的乳头上，或在仔猪吃奶前，直接涂在仔猪嘴巴里，也可用开食盘，开食盘应放在仔猪容易接触到的地方，诱食大约需要一星期时间。

（七）做好小公猪去势

自繁自养肉猪场的小公猪以及种猪场里不留种用的小公猪要行阉割（去势）术，去势早则可以在仔猪出生后 2～3 d 进行，迟则可以在 15 d 左右。手术时先用 5% 碘酊对小公猪的阴囊消毒，用手抓紧小公猪一侧丸，用手术刀切开一个小切口，顺势挤出睾丸，隔断精索；以同样的方法摘除另一侧丸。手术后再用 5% 的碘消毒伤口。切记开口过大或硬拉精索。

二、1 周龄以后的哺乳仔猪的饲养

母猪泌乳量一般在产后 20～30 d 就可达到高峰，但许多试验表明，自产后 20 d 左右开始，乳量已不能满足仔猪增长的营养需要；产后 28 d 左右，乳量只能满足仔猪增长的营养需要的 80% 左右，为了保证仔猪的健康生长，从仔猪 3 周龄至断奶期间的护理，应达到以下要求：

（一）要提供充足的营养

1. 合理配制日粮

饲料要新鲜，适口性要好，营养平衡，易消化。20 日龄后可在料中加入 1%～2% 的酸化剂（如甲酸钙、柠檬酸、富马酸等）以增加肠道酸度，提高胃蛋白酶活性，同时抑制有害菌繁殖，促进生长。还可加入适量酶制剂以帮助消化，在有条件的猪场，乳猪料中可使用一定量的影化大豆。

2. 增加补料次数和采食量

早期补饲是现代养猪技术中应用广泛的一种实用技术，一般现代化养猪场从 5 日龄就开始用乳猪料（又称教槽料）补饲，尽管 10 日龄前采食很少，但对消化系统的生长发育极为有利。21～30 日仔猪每天的补料次数应在前段的基础上，上午和下午各增加一次，达到 6 次，在 30 日龄左右时也可以在仔猪每哺完一次乳就补一次；同时由于仔猪的采食量随着消化机能逐渐完善，日采食量会明显增加，30 日采食量几乎是开食时的 5～10 倍；平均日增重也相应逐日增加，30～60 日龄平均增重会达到 30 日前的 3 倍左右。因此应根据采食情况，随时对饲料量做出调整，但也不应盲目增量，投放的饲料，要求尽可能一次吃光。

（二）1周龄后的哺乳仔猪管理

（1）严格控制仔猪环境温度、减小昼夜温差。

（2）改善猪舍卫生条件，保持圈舍干燥、通风。

（3）仔猪补水。

哺乳仔猪生长迅速，代谢旺盛，母猪乳中和仔猪补料中蛋白质含量较高，需要较多的水分，生产实践中经常看到仔猪喝尿液和脏水，这是仔猪缺水的表现，及时给仔猪补喂清洁的饮水，不仅可以满足仔猪生长发育对水分的需要，还可以防止仔猪因喝水而导致下痢。因此，在仔猪3~5日龄，仔猪开食的同时，一定要注意补水，在仔猪补料栏内安装仔猪专用的自动饮水器或设置适宜的水槽。

（4）做好疾病预防

① 在饮水中或拌料时添加复合多维，缓解应激反应。

② 控制仔猪下痢。

③ 做好仔猪和母猪的免疫处理。如仔猪进行猪瘟、猪丹毒、仔猪副伤寒等疫苗的免疫；母猪传染性胃肠炎、梭菌、大肠杆菌的免疫接种等。

三、仔猪断奶

仔猪断奶前和母猪生活在一起，平时有舒适而熟悉的环境条件，遇到惊吓可躲到母猪身边，有大母猪的保护。其营养来源为母乳和全价的仔猪料，营养全面。同窝仔猪也十分熟悉。

而断奶后，母仔分开，失去母猪的保护，仔猪光吃料，不吃奶了，开始了独立生活，因此，断奶是仔猪生活中营养方式和环境条件变化的转折。如果处理不当，仔猪思念母猪，鸣叫不安，吃睡不宁，易掉膘。再加上其他应激因素，很容易发生腹泻等疾病，会严重影响仔猪的生长发育，因此，选好适宜的断奶时间，掌握好断奶方法，做好断奶仔猪饲养管理十分重要。

（一）断奶时间的确定

断奶时间直接关系到母猪年产仔窝数和育成仔猪数，也关系到仔猪生产的效益，规模化养猪场多在21~28日龄断奶。成活率高，发育整齐，较早地适应独立采食，便于育成期饲养。

提早断奶应注意以下问题：

（1）要做好仔猪早期开食、补料的训练，让仔猪尽早地适应以独立采食为主的生活。

（2）早期断奶仔猪的饲料要全价。断奶的第一周适当控制采食量，避免过食，以免导致消化不良，发生下痢。

（3）断奶仔猪要留在原圈饲养一段时间，以避免因换圈、混群、争斗等应激因素的刺激影响仔猪的正常生长发育。

（4）要保持圈舍干燥暖和，做好圈舍卫生及消毒。

（5）将预防注射、去势、分群等应激因素与断奶时间错开。

（二）断奶方法

可采取一次性断奶、分批断奶、逐渐断奶和间隔断奶的方法。

1. 一次性断奶法

即到断奶日龄时，一次性将母猪和仔猪分开。采用将母猪赶出原栏，留全部仔猪在原栏饲养，优点是简便，促使母猪在断奶后迅速发情。缺点是突然断奶后，母猪容易发生乳腺炎，仔猪也会因突然受到断奶刺激，影响生长发育，因此，断奶前要注意调整母猪的饲料，降低泌乳量；细心护理好仔猪，使断奶仔猪适应新的生活环境。

2. 分批断奶法

即将体重大、发育好、食欲强的仔猪及时断奶，让体弱、个体小、食欲差的仔猪继续留在母猪身边，适当延长其哺乳期，以利弱小仔猪的生长发育。此法的优点是可使整窝仔猪都能正常生长发育，避免出现僵猪。缺点是断奶期拖得较长，影响母猪发情配种。

3. 逐渐断奶法

在仔猪断奶前 4~6 d，把母猪赶到离原圈较远的地方，然后每天将母猪放回原圈数次，并逐日减少放回哺乳的次数，第 1 天 4~5 次，第 2 天 3~4 次，第 3~5 d 停止哺育，其优点是可避免引起母猪乳腺炎或仔猪胃肠疾病，对母、仔猪均较有利，但较费时、费工。

4. 间隔断奶法

仔猪达到断奶日龄后，白天将母猪赶出原栏，让仔猪适应独立采食；晚上将母猪赶进原栏，让仔猪吸食部分乳汁，到一定时间全部断奶。此法不会使仔猪因改变环境而惊惶不安，影响生长发育，既可达到断奶目的，也能防止母猪发生乳腺炎。

【任务检查】

表 5-4-1　任务检查单——哺乳仔猪饲养管理技术

任务编号	5-4	任务名称	哺乳仔猪饲养管理技术认知		
序号	检查内容			是	否
哺乳仔猪饲养管理技术检查					
1	叙述初生仔猪的饲养管理				
2	叙述 1 周龄以后的哺乳仔猪的饲养				
3	提早断奶应注意以下问题				
4	叙述断奶的方法				
5	叙述固定乳头并到生产实践中实操				
6	叙述仔猪保温防压				
7	叙述仔猪补铁				

任务编号	5-4	任务名称	哺乳仔猪饲养管理技术认知		
序号	检查内容			是	否
8	如何做好仔猪的寄养				
9	如何及时抢救瘦弱仔猪和受冻仔猪				
10	如何做好仔猪的诱食补料				
11	如何做好小公猪去势				

【任务训练】

1. 仔猪出生后的损失与死亡，有 85% 是在 30 d 以前。其中以第_____周死亡所占比例最大。做好仔猪生后第一周的养育和护理是关系到仔猪多活全壮的关键阶段。

2. 初生仔猪没有先天性免疫能力，要吃初乳获得_____。仔猪出生 6 h 后，初乳中的____含量下降一半，因此要让仔猪尽早吃到初乳、吃足初乳。

3. 新生仔猪对于寒冷的环境和低血糖极其敏感，在低温环境中，仔猪要依靠提高代谢效率和增加战栗来维持体温，最终导致体温降低，出现低血糖症，因此，初生仔猪_____具有关键性意义。

4. 母乳能够保证供给 1 周龄仔猪全面而理想的营养,但微量元素_____含量不够会导致营养性贫血。

5. 在母猪产仔过多或无力哺乳自己所生的部分或全部仔猪时，应将这些仔猪移给其他母猪_____。

6. 瘦弱的仔猪，应及时进行救助。可先将仔猪_____，用去掉针头的注射器，吸取温热的 25% 葡萄糖溶液，慢慢滴入口中。然后将仔猪放入一个临时的小_____中，放在温暖的地方，使仔猪慢慢恢复。

7. 仔猪_____日龄开始对其进行诱食，规模猪场可选择合适的诱食料。

8. 小公猪要行阉割（去势）术，手术时先用 5%_____对小公猪的阴囊消毒，用手抓紧小公猪一侧丸，用手术刀切开一个小切口，顺势挤出睾丸，隔断精索；以同样的方法摘除另一侧丸。

9. 合理配制日粮饲料要新鲜，_____要好，营养平衡，易消化。

10. 改善猪舍卫生条件，保持圈舍_____、通风。

11. 哺乳仔猪生长迅速，代谢旺盛，母猪乳中和仔猪补料中蛋白质含量较高，需要较多的水分，生产实践中经常看到仔猪_____，这是仔猪缺水的表现。

12. 在饮水中或拌料时添加_____等，以缓解仔猪应激反应。

13. 断奶时间直接关系到母猪年产仔窝数和育成仔猪数，也关系到仔猪生产的效益，规模化养猪场多在_____龄断奶。

14. 早期断奶仔猪的饲料要全价。断奶的第一周适当控制采食量，避免过食，以免导致消化不良，发生_____。

15. 断奶可采取一次性断奶、分批断奶、_____断奶和间隔断奶的方法。

16. 仔猪早期断奶应注意哪些问题？

任务五 分娩舍操作规程

【任务描述】

了解分娩猪舍的岗位职责和岗位规范，掌握分娩猪舍操作规程，严格按照要求饲养泌乳母猪和哺乳仔猪，为后续生产任务打下基础。

【任务目标】

● 掌握分娩猪舍岗位职责；
● 掌握分娩猪舍工作日程；
● 掌握分娩猪舍操作规程。

【任务学习】

一、分娩舍饲养员岗位职责

（1）协助组长做好母猪、仔猪的转群与调整及预防注射工作。

（2）负责哺乳母猪、仔猪的饲养管理工作，每人负责 48～56 个产栏。

（3）及时向组长反映本岗位存在的问题及解决方法。

（4）负责分娩舍接产、仔猪护理，一般难产的处理工作，做好仔猪夜间补料工作。

（5）负责猪群防寒、保温、防暑降温、通风工作。

（6）负责猪群的夜间巡查工作，及时发现并处理异常情况。

（7）负责防火、防盗等安全工作。

（8）做好值班记录，与日班做好工作交接。

（9）完成上级领导临时安排的其他工作。

二、后备猪舍饲养流程

（一）工作目标

（1）断奶后母猪 10 d 内发情率 90% 以上。

（2）哺乳期成活率96%以上。

（二）工作日程

工作日程参考表5-5-1。

表5-5-1　分娩猪舍工作日程

工作时间		工作内容	备注
6：30—10：30	6：30—6：40	清扫圈舍，协调通风和保温	
	6：40—7：50	喂料—清母猪料槽—清仔猪料槽及补料—清洗个别脏的母猪	
	7：50—8：30	在仔猪吃奶时加强补料和诱料	
	8：30—10：20	调整单元，帮在产单元剪牙、断尾；免疫单元帮贴胶布或仔猪护理	
	10：20—10：30	环境控制，检查猪群，交接工作	
15：00—16：30	15：00—15：30	环境控制；观察猪群；扫猪舍，仔猪补料；清洗脏的乳房和后躯	
	15：30—17：00	注射疫苗	
	17：00—18：00	喂料	
	18：00—18：30	仔猪补料；观察猪群。调整舍内环境，填好资料卡和消毒记录，跟夜班的交接工作	

注：工作时间随季节变化，工作日程作相应的前移或后移。

（三）操作规程

1. 产前准备

（1）栏舍：冲洗干净，待干燥后用消毒水消毒，对皮肤病严重单元应增加用体表驱虫药对空栏进行杀虫消毒，晾干后用福尔马林或冰醋酸熏蒸24 h，进猪前一天打开门窗并做好准备。

（2）药品：5% 碘酊、$KMnO_4$、消毒水、抗生素、催产素、解热镇痛药、樟脑针和石蜡油等。

（3）用具：保温灯、饲料车、扫帚、水盆、水桶、麻袋、毛巾、灯头线等，用前应进行消毒好。

（4）母猪：临产前3～7 d上产床，按预产期先后进行排列，并对母猪进行消毒，必要时进行驱虫。

2. 判断分娩

（1）根据母猪预产期：如阴门红肿，频频排尿，起卧不安，1～2 d内分娩。

（2）乳房有光泽，两侧乳房外胀，全部乳房有较多乳汁排出，4～12 h内分娩。

（3）有羊水破出，2 h内可分娩，个别初产母猪情况可能特殊。

3. 接 产

（1）有专人看管每次离开时间不超过 15 min，夜班人员下班前填写《夜班人员值班记录表》，由分娩舍组长监督、检查。

（2）产前母猪用 0.1% KMnO$_4$ 或其他消毒药消毒外阴、乳房及腿臀部，产栏要消毒干净。

（3）仔猪出生后立即用毛巾将口鼻黏液擦干净，猪体擦干，然后断脐，离脐带根 3～4 cm 断脐，防止流血，用 5% 碘酊或其他有效药物消毒。放保温箱 10～15 min 保温，保持箱内温度 30～35°，防止贼风侵入。

（4）发现假死猪及时抢救，先将口鼻黏液或羊水倒流出来或抹干，可打樟脑 1mL，或可进行人工呼吸。

（5）产后检查胎衣或死胎是否完全排出，可看母猪是否有努责或产后体温升高，可打催产素进行适当处理。

（6）仔猪吃初乳前，每个乳头挤几滴奶，初生体重小的放在前面乳头。

4. 难 产

（1）判断难产：有羊水排出、强烈努责后 1～2 h 仍无仔猪产出或产仔间隔超过 1 h，即视为难产，需要人工助产。

（2）有难产史的母猪临产前 1 d 肌注律胎素或氯前列烯醇。

（3）子宫收缩无力或产仔间隔过长，可采取以下方法助产：

① 用手由前向后用力挤压腹部，或赶动母猪躺卧方向。

② 对产仔消耗过多母猪可进行补液，有助于分娩。

③ 注射缩宫素 20～40 IU，要注意观察到有小猪产出后才能使用。

④ 以上几种方法无效或由胎儿过大，胎位不正，骨盆狭窄等原因造成难产的，应立即人工助产。

（4）人工助产：先打氯前列烯醇 2 mL，剪平指甲并将周边打磨光滑，用 0.1% KMnO$_4$ 消毒水消毒、用石蜡油润滑手、臂，然后随着子宫收缩节律慢慢伸入阴道内，子宫扩张时抓住仔猪下颌部或后腿慢慢将其向外拉出，产完后要进行子宫冲洗 2～3 次，同时肌注抗生素 3 d，以防子宫炎、阴道炎的发生。

（5）对产道损伤严重的母猪应及时淘汰，难产母猪要在卡上注明难产原因，以便下一产次的正确处理或作为淘汰鉴定的依据。

（6）初胎母猪、高胎龄母猪、乳头发育不良的母猪分娩过程中需执行耳静脉吊针。

5. 产后护理

（1）加强母猪产后炎症的控制。产后 1 周内每天用消毒水清洗外阴及乳房，外阴每天上、下午各一次涂密斯沱，没打耳静脉吊针的母猪连续注射抗生素 3 d，或注射一次长效土霉素，或使用专用药物子宫内投药一次。

（2）母猪产前 3～5 d 开始减料，2～2.5 kg/d，产后 2 d 内也应适当控料，产后 3～5 d 开始自由采食。对不吃料的母猪要赶起，测体温等，产前产后饲料加大黄苏打每头 5～10 g/d，或 8～10 g 芒硝（硫酸钠）/头，饮水中加酸化剂如牧丰宝、益母宝、赛可新、白醋等，可提高采食量和预防产后便秘，母猪每天喂 2～4 次，每餐料槽清理一次，保证槽内饲料干净、卫生。

（3）哺乳期内圈舍清洁、干燥、安静，良好通风性能，湿度保持在 65% ~ 75%，做到大环境通风，小环境保温，提高母猪采食量与泌乳量，无乳可用泌乳进或中药催奶等措施，减少母猪及仔猪疾病的发生。

（4）新生仔猪要在 24 h 内注射"富来血" 2 mL 预防贫血，同时进行剪牙、断尾工作。剪牙钳每人应配备两把，交替浸泡消毒使用，剪掉牙齿 2/3，但不要剪到牙根，断口要平整；断尾时，尾根留下 2 cm 处剪断，用 3% ~ 5%碘酊消毒，流血严重用 $KMnO_4$ 止血，弱仔推迟 1 ~ 2 d 断尾和剪牙。仔猪吃完初乳 24 h 内完成寄养，最多每头母猪带仔不超过 12 头。

（5）3 ~ 5 日龄小公猪去势，切口不宜太大，可提倡单孔去势，睾丸应缓缓用力拉出，术后用 2% ~ 3%碘酊消毒，或同时涂抹鱼石脂。

（6）7 d 仔猪开始诱料，把料投在保温板和料槽上，饲料要新鲜及清洁，勤添少喂，每天 2 ~ 4 次；断奶掉膘明显的猪场，可采取母猪乳房撒少量仔猪粉料的方法加强补料，撒料可从产后 10 d 开始，应在母猪放奶时进行，饲养员应随身携带粉料，工作中随时撒料效果好。

（7）每周舍内常规消毒 2 次，消毒同时注意湿度控制。产房带猪消毒提倡熏蒸，或采取专用消毒机细雾喷雾消毒。消毒导致湿度过大时可在消毒半小时后及时用拖把将水拖干。门口消毒池和洗手盆，每周更换 2 次，要保证有效度。每天的垃圾和病猪要及时清除。

（8）仔猪 21 ~ 23 日龄断奶，断奶前后 3 d 喂开食补盐、维生素 C 粉及其他防应激药饮水，仔猪料中加三珍散等可预防仔猪消化不良，母猪断奶前 3 d，进行适当控料（不可过度），过肥或过瘦母猪适当进行推后或提前断奶。

【任务检查】

表 5-5-2　任务检查单 ——分娩舍操作规程

任务编号	5-5	任务名称	分娩猪舍操作		
序号	检查内容			是	否
1	简述分娩舍饲养员岗位职责				
2	根据工作目标学会合理制订工作日程，并严格按照日程操作				
3	根据操作规程要求，牢记相关关键参数，严格执行规程要求				

【任务训练】

1. 简述分娩舍饲养员岗位职责。
2. 简述分娩舍工作日程。
3. 简述分娩舍操作规程。

项目六　保育舍生产技术

任务一　保育猪的饲养管理

【任务描述】

　　保育猪的饲养管理是我国畜牧业的重要组成部分，在保育猪养殖过程中，饲养管理至关重要。保育猪舍工作人员应能够掌握保育猪的营养需求、饲养管理和保育舍的环境控制等技术，并能有效地降低保育期间仔猪的死亡率和提高保育猪的日增重，减少损失，保障养猪健康发展。

【任务目标】

● 掌握保育猪的生理特点；
● 掌握如何合理供给保育猪营养；
● 掌握保育舍环境控制条件。

【任务学习】

　　保育猪的生长性能决定肥育猪的上市时间和规模化养猪场的经济效益，但保育阶段的仔猪刚刚断奶，母源抗体迅速下降，免疫功能也没有发育完善，容易感染疾病，同时转群后环境的变化，饲料形态的改变等都会影响保育猪的成活率和日增重，因此要想保育猪的生长性能良好需要从营养、环境和疾病等多方面综合加强对保育猪的管理，使猪只安然度过困难的断奶期，成活率达 98% 及以上，正品率达 98% 及以上。

一、保育猪的转群

　　保育舍成功管理的关键是良好的卫生程序，提供一个干净、无病原菌环境有助于保育舍猪只减少被致病微生物侵染。假如断奶仔猪首先面临的是上一批猪所遗留下的致病菌，那么刚断奶猪要达到理想的生产成绩是非常困难的。而且将刚断奶的仔猪转入保育舍，对体质状况本就弱的仔猪有较大的应激，故在转入之前，需要提前多好转入的准备工作，以降低应激，减少后期的死亡率和对生长性状的影响。当猪圈和猪舍腾空后，对所有的周围环境都应执行空栏、浸泡、冲洗和消毒等程序，包括天花板、风扇、主干道的进出口和常用的圈内设备。可从以下四个方面入手：

1. 人员准备

要有最少 1 名具有良好经验和技术的保育舍工作人员专门负责进猪工作；生产区和隔离舍的饲养员专人固定，严格分开；落实任务责任到人。

2. 栏舍清洗及消毒

饲养员在上一批猪只出栏当天完成彻底打扫，再用场内指定消毒药喷雾消毒 1 ~ 2 h 后冲洗，冲洗的顺序要从上到下，冲洗后要物见本色，待干燥后验收合格方可转入猪群。

3. 设备检修

完成栏舍清洗后，清除料槽内的积水，检查饮水设备、供料装置、通风系统、照明设备等是否能够正常运转，如有损坏需及时报修。

4. 栏舍安排及环境控制

在正式转入猪只之前需要与分娩舍联系清楚，转入多少只，如何分配栏舍，需要按照大小及品种把仔猪分群，每头饲养面积 $0.3 ~ 0.4 \ m^2$，待仔猪分群以后，要对每栏的猪只登记填写栏卡，详细记录猪只的头数和品种。进猪前也要先调试好圈舍内的温湿度，以保证猪只进入后有良好的生活环境降低转群带来的应激。

二、保育猪的饲养

（一）过渡期饲养

关键是尽量减少饲料和环境突然改变对小猪造成的应激影响。因此，要做好断奶小猪的饲料和环境的过渡工作。

1. 饲料的过渡

饲料的过渡，包括两个方面：一是饲料类型的过渡，二是饲喂方法的过渡。

（1）饲料类型的过渡

小猪在断奶后一个月内，所采吃的饲料，刚开始时最好仍是哺乳期所吃的乳猪料，然后再转用小猪料。乳猪料投喂的时间，可根据小猪的发育和健康情况来决定。小猪断奶后，对饲料的改变和环境适应良好、掉膘少、发育良好、体重大的，可用原来所用的乳猪料 2 ~ 3 周，否则要推迟饲料转换的时间。小猪的日粮转换，不要太突然，要有 7 ~ 10 d 的逐渐改变过程。不然小猪的消化器官及消化道内原先已建立好的微生物区系，适应不了饲料的突然改变，会导致消化系统机能紊乱，肠道内的病原菌乘机大量繁殖，引起小猪下痢。日粮的转换，可以用以下方法：第一天用原来饲粮的90%、新饲料的10%，混合后投喂。以后每天减少原来的饲粮的比例，增加新日粮，至 7 ~ 10 d 后完全按新的饲粮投喂。在转换的过程中，若发现小猪下痢严重，可适当延长饲料转换的时间。

（2）饲喂方法的过渡

小猪断奶后的第一周，由于断绝了母乳的供应，只采食固体饲料，消化系统不能一下子适应这种饲料类型的突然改变，因此，对固体饲料的消化能力也较差，加上断奶时环境改变的应激，造成了胃肠道蠕动减弱，使饲料在消化道内停留的时间延长。没有消化掉的饲料，在肠道后段，往往因病原菌的大量繁殖而发酵、腐败并产生毒素，引起小猪下痢。在这段时间内，小猪吃得越多，对饲料的消化也就越差，下痢便越严重。因此，刚断奶的小猪，不能让其吃得过饱，对断奶前开食良好的小猪，尤其是这样。断奶后一周内的小猪，应采用限量投料，少喂多餐的方法饲喂。每次投喂量以小猪可在 2 h 吃完为度。开始时，每天投喂 3 ~ 4 次，以后每天逐渐增加投料次数和每次投料量，并密切观察小猪的排粪情况。5 ~ 7 d 后，当小猪排粪正常时，可改用自动采食的方式投料，让小猪一天内随意采食，以保证小猪快速生长发育所需的营养供应。但注意，每天都给小猪喂新鲜饲料。当饲槽中有陈旧、发霉和受粪尿污染的饲料时，要及时清除，防止小猪食后出现下痢或中毒。

小猪改食固体饲料后，需水量增加。特别是断奶初期受到很大的应激影响，渴感更严重，故此，要保证断奶仔猪每天都有清洁干净的饮水供应。一些猪场，为了避免小猪断奶后头一两天因缺水造成虚脱，用一些电解质盐类（如食盐）溶于水中让小猪饮用，对恢复小猪的体力很有好处。

2. 环境的过渡

若有可能的话，断奶小猪，最好在断奶后的第一、二周内，维持原栏原窝饲养。即在断奶时，把母猪赶走，小猪留在原来的产栏内，不与其他小猪并群。待小猪对断奶适应后，才转到断奶小猪舍饲养。这样，可以避免小猪断奶后由于环境的太大变化，以及并群时与其他小猪打架而造成对生长发育的不利影响。必须转换猪舍时，也应该在特定的断奶小猪舍内饲养。断奶小猪舍的环境条件和卫生条件，应与分娩舍一样，要保温和通风良好、干燥、清洁。在小猪进舍前，做好栏舍的清洁和消毒。只有在小猪断奶后，让其生活在与分娩舍差不多的舒适环境中，才能保证小猪的正常生长发育，减少疾病的发生。小猪刚断奶后，都有一个掉膘和体质变弱的过程。因此，在断奶初期，小猪特别怕冷，在断奶后的头两周，要特别注意小猪的保温。第一周的舍温，应比在分娩舍的最后一周舍温高 2 ℃，以后每周降 2 ℃，在 22 ℃ 时，保持恒定直到小猪转到生长育肥舍。在保温时，还要注意舍内昼夜温差相差不要太大，要杜绝舍内穿堂风的出现。此外，还要经常保持断奶小猪舍的干燥、清洁、通风良好，具体的做法与在分娩舍时相同。

小猪并群时，应把体重、同性别的小猪放在一栏。每栏的饲养头数不能太多，以每栏 15 ~ 20 头为宜，宁少勿多。若同一栏的小猪，体重相差太悬殊，或饲养头数太多，必然会因群体位次排定时，出现剧烈的咬架，严重影响弱小小猪的生长发育，并造成以后栏内个体体重差异越来越大的后果。

（二）保育猪的饲养

保育猪的消化系统还未发育完善，对饲料营养物质的组成成分比较敏感，消化吸收能力也相对较弱，因此在选择饲料时应选用营养浓度适宜、消化率高、适口性好的日粮，以适应其消化道的变化，促使仔猪快速生长，防止消化不良。

仔猪的增重在很大程度上取决于能量的供给，日增重随能量摄入量的增加而提高，饲料转化效率也将得到明显的改善，同时仔猪对蛋白质的需要也与饲料中的能量水平有关，因此能量仍应作为断奶仔猪饲料的优先级考虑，而不应该过分强调蛋白质的功能，故为增加能量供应，可在日粮中适当加入油脂和糖。随着保育猪的生长，消化系统也在缓慢地发育，其整个生长阶段的生理功能都在发生变化，对营养物质的需求也不同，为充分发挥各阶段的生长潜能，对处于保育阶段的仔猪还可进一步按照体重细分成不同的阶段，采用阶段性日粮的饲喂方法。一般可划分为三个阶段：

第一阶段：断奶 ~ 9 kg，仔猪断奶后，食物由原来采食液体母乳向采食固体干粉料或颗粒料的突然变化，会导致猪的采食量和消化率下降，肠道结构改变，进而影响其健康和生产性能，因此第一阶段将哺乳仔猪料调成液态饲喂效果较好。

第二阶段：10 ~ 15 kg，这个阶段可采用颗粒料饲喂，但日粮除了同样要高消化率、高适口性和营养平衡充足之外，还需要保证日粮中的粗蛋白（18%及以上）和赖氨酸（1.2%及以上）的含量，原料可选择去皮豆粕和膨化大豆来补充。

第三阶段：16 ~ 26 kg，处于此阶段的保育猪，消化系统已基本发育完善，消化能力也比之前要强，日粮能够保证其每天日增重对营养物质的需求即可。

保育猪的饲喂每天加料次数应不少于 4 次，上下午各 2 次，有必要时晚上也可添加 1 次，在保证充足的饲料的同时，还需要定时检查供水系统，确保猪只对水的自由饮用。

三、保育舍的环境控制

保育舍猪的健康和生产成绩依赖于提供给它的适宜环境，主要包括饲养密度、温度、湿度和通风等。

1. 饲养密度

在转入保育舍时，为减少应激反应，应尽量保持原有的群体不发生改变，同一窝仔猪可放在一起饲养，使仔猪之间产生依赖感。当一窝数量过多或过少时要进行合理分群，按照体重、强弱进行分群，尽可能稳定仔猪的情绪，同时可在混群的猪栏内适当喷洒药液。清除气味差异，从而减少打斗现象。同栏仔猪体重相差最好不要超过 1 kg，平时注意观察猪群，当发现体弱和生长停滞的个体要分开单独饲养，以免造成不必要的损失。按一头保育猪需要 $0.3 ~ 0.4 \ m^2$ 的生存空间，这就要求在饲养管理保育猪的时要设置合理的圈养密度。如果饲养密度过大，空气质量就会下降，仔猪的生存空间也会变小，就会发生互咬以及相互争抢的现象，这样很容易导致一些意外事故发生。密度过小，会导致仔猪的取暖效率降低和资源浪费。所以在饲养保育猪的时候一定要设置合理的圈养密度。

2. 温　度

适宜的温度可避免对猪只造成冷应激和热应激，进而引发疾病的发生，因此在保育猪的饲养管理过程中，圈舍内温度的控制变得十分重要。猪只对温度的需求随生长体重变化，采食量的增加，饲养密度的变化和通风量的大小而变化。在实际生产中，可根据猪只在圈舍内生活的姿势对温度的适宜与否做初步的判断，如各猪只分散采取舒适的躺卧方式，说明温度适宜；若多只拥挤在一处蜷缩起来睡下，表明温度较低，猪只感觉寒冷。保育舍最适宜温度为 21 ~ 29 ℃，每栋保育舍单元应挂 1 ~ 2 个温度计，高度尽量与猪身同高来随时监测猪舍内的温度（表 6-1-1）。

表 6-1-1　保育舍猪只适宜温度范围

体重/kg	5	7	9	12	15	19	23
日龄/d	17	25	32	39	46	53	60
温度/℃	29	26	24	22	21	21	21

3. 湿　度

保育舍相对湿度控制在 60% ~ 70%，湿度过大会加剧寒冷和炎热所造成的不良影响，易引起仔猪腹泻、皮肤病的发生；过小造成空气干燥，舍内粉尘增多，而诱发呼吸道疾病。舍内湿度过低时，通过向地面洒水提高舍内湿度，防止灰尘飞扬。偏高时应严格控制洒水量，减少供水系统的漏水及时清扫舍内粪尿。可保持舍内良好通风以降低舍内湿度。

4. 通　风

圈舍内良好的通风，既可保证舍内温度的适宜，也可排出氨气、硫化氢、二氧化碳等有毒有害气体，这些有害气体会刺激仔猪上呼吸道，造成上呼吸道黏膜受损，细胞纤毛滤过能力下降，致使常在菌有机可乘，侵害机体，诱发呼吸系统疾病。

四、保育舍日常消毒

猪舍的消毒是控制猪群疾病的第一步，在日常的饲养管理中需要做到以下几点：
（1）工作人员在外出后进入生产区必须消毒洗澡换衣服，与生产无关的物品不得带进生产区。
（2）猪舍内部每周消毒 1 次，猪舍周围每周消毒 2 次。
（3）员工进入猪舍，必须脚踩消毒池。
（4）不同圈舍的饲养员不能随意串舍，阻止无关人员进入猪舍。
（5）新进饲料及其他生产用品进入生产区前必须消毒，如新进饲料进入可采用紫外线照射 30 min。

【任务检查】

表 6-1-2　任务检查单 ——保育舍进猪后的管理

任务编号	6-1	任务名称	保育舍猪的饲养管理		
序号	检查内容			是	否
保育舍的环境管理					
1	保育舍内如何控制饲养密度、温度、湿度和通风在合适的范围				
2	掌握饲养密度、温度、湿度和通风之间的关系				
保育舍猪的饲养管理					
3	掌握保育猪转群过渡期饲养				
4	掌握保育猪的三阶段饲养方法				

1. 如何做好保育猪进猪前的准备工作？
2. 如何做好保育猪过渡期饲养？
3. 保育猪的营养供给中需要注意哪些问题？
4. 断奶仔猪进入保育舍后需要提供怎样的生活环境条件？

任务二　僵猪的处理

【任务描述】

　　僵猪生长速度缓慢，生长效益降低，影响养殖场的正常生产，严重危害养猪业的发展，只有进行科学的饲养管理和采取及时有效的综合防治技术措施，才能杜绝僵猪的形成和最大限度地减少不必要的损失，提高养猪生产经济效益。

【任务目标】

● 认识僵猪的危害；
● 掌握僵猪形成的原因；
● 掌握解僵的方法。

【任务学习】

　　僵猪是指一种生长缓慢、生长停滞的猪。断奶是小猪生活中的大转折点，小猪从依靠母乳生活，变为完全独立采食饲料，与此同时，又失去母仔共居的环境。由于这一系列的应激因素的影响，小猪的生长发育很易受到挫折，容易患病而形成"僵猪"，甚至死亡。

一、僵猪产生的原因

（一）胎　僵

1. 母猪在妊娠期饲养管理不当

母体内的营养补给不能满足多个胎儿发育的需要，致使胎儿生长发育受阻。

2. 过分近亲交配

近亲是双方与共同祖先的总代数不超过 3 代的公母畜互相交配，即其所生子女的近交系数大于 0.78%。近交会造成生产性能衰退，表现为繁殖力减退，死胎、弱胎和畸形胎增多，生活力下降，适应性较差，体质转弱，生产力降低。

3. 后备种猪过早交配利用

后备种猪在经过 4~6 个月达到性成熟后，开始有发情表现。还需经过一段时间后才能达到体成熟，才可交配。若过早交配，因其一方面自身要生长，另一方面还要供给胎儿生长发育。从饲料中摄取的营养不能满足维持生长需要和胎儿营养，会导致产生僵猪。

4. 母猪年龄过大仍在生产上利用

母猪年龄过大，各方面机能开始全面下降，特别是消化、吸收、运输营养的功能会大大降低，使胎儿得不到充分营养，导致产生僵猪。

以上几种原因最终会使所生仔猪出生重量小而弱。

（二）奶　僵

（1）母猪怀孕后期营养供应不足，产后泌乳能力差、乳汁分泌不足、乳汁稀薄、缺乳。

（2）哺乳母猪在哺乳期饲养管理不当，母猪获得的营养不能满足大量分泌乳汁的需要，导致泌乳量少或无乳。

（3）仔猪出生后固定乳头工作未过关。仔猪出生后可自行固定乳，但需要时间长，花费人力少，往往造成强的占有泌乳量高的中间及前排乳头，弱的被挤到泌乳量少的后排乳头，导致强者更强，弱者更弱，强弱个体大小相差越来越悬殊。

（4）没有及时进行寄养。母猪一般所生仔猪较多超过其有效乳头数。母猪产后乳量不足、无乳或母猪产后死亡，若不及时将所产仔猪部分或全部寄养（产期应相近，不超过 3 d 为宜），会使仔猪因争吃乳头吃乳不足造成生长发育受阻。

（5）没有抓好开食补料关。仔猪开食补料过迟，消化机能得不到及时锻炼，会引起仔猪食欲不振、拉稀、消瘦。同时随着仔猪生长发育加快，母乳供应与仔猪营养需要形成矛盾，若不及时补料，就会阻碍仔猪发育，即使以后营养改善，也较难补偿。

（6）仔猪患病（如拉稀、脚病等）由母猪患病（如乳腺炎、子宫炎等）及其他因素而导致。

（三）病　僵

这一类僵猪的产生主要是仔猪长期患病，尤其是消化道疾病、呼吸道疾病造成仔猪慢性消耗性疾病，如受到伤寒、气喘病、蛔虫病、肺丝虫病、疥癣病、姜片虫、肾虫病及营养性贫血的侵袭得不到及时应有的治疗所致，生长发育受到严重干扰，最后造成仔猪的体质虚弱形成僵猪。尤其是寄生虫病引起的病僵占 70%~80%。

（四）食僵

仔猪断乳方法不当。断乳后饲养管理不善，饲料日粮配方不良，日粮配合单一。营养价值低劣，难以满足仔猪生长发育的需要，特别是缺乏蛋白质、矿物质和维生素，致使断乳仔猪生长发育停滞。

（五）其他因素造成僵猪

（1）环境因素，如圈舍阴冷潮湿，对生活环境不适应等。

（2）人为因素，如缺乏工作责任心，管理方法落后等。

（3）缺乏某些微量元素，如硒、锌、铁、铜、等。

（4）缺乏某些维生素，如维生素 B 族。

（5）因条件不具备而过早断乳。

二、防止产生僵猪的措施和解僵方法

1. 有计划地进行交配，定期轮调公猪

严格控制近亲繁殖，防止近交衰退，使群体近交增量控制在 3%以下。留作种用的小猪，按公母、强弱分开饲养，避免过早初配，适时配种，一般本地母猪 6～8 月龄，国外品种母猪 8～9 月龄。不断更新猪群，及时淘汰哺乳性能差、年龄过大的母猪，确定合理利用，提高种猪品质。

2. 加强母猪妊娠期和泌乳期的营养

保证仔猪在胎儿期和哺乳期获得全面营养，使仔猪得到充分生长发育。

3. 分析影响母猪泌乳力的因素

采取必要的措施，提高母猪的泌乳性能。母猪泌乳量的高低，对仔猪的成活、断乳重及抗病力均有很大影响，通过母猪产前减料、产后逐渐加料；适当增喂青绿多汁饲料；补喂豆浆、糠、红糖、小鱼、小虾和煮熟胎衣等动物性饲料；创造良好的生活条件；分娩前后按摩母猪乳房和中草药健胃催乳等办法，提高母猪泌乳量，保证仔猪吃到量多质优的乳汁。

4. 抓好人工固定乳头，寄养和开食补料工作

人工固定乳头，一般采取"抓两头、顾中间"的办法，原则是把一窝中最强、最弱和最爱抢乳头的仔猪控制住，强制它吃指定的乳头，其他仔猪则自己去选吸乳头。当仔猪生后 8～10 d，母猪吃料时会过去拱料，表明对饲料有兴趣时，即可进行补料。所补饲料应由粒到粉、由干到湿、由少到多、由细到粗，以缓解营养需要与母乳供应之间的矛盾。仔猪断乳前至少需采食 600 g 开食料，才能使消化系统耐受日粮刺激，防止肠道一直处于"免疫反应"状态，减少断乳后腹泻严重。

5. 做好哺乳仔猪断乳工作

做到维持原圈管理、维持原来饲料与饲养模式。在实际生产中，常用断乳的方法和时间可根据猪场性质、生产条件、仔猪生长发育和用途、母猪情况和饲养条件而进行选择。断乳仔猪日粮当中粗蛋白含量不低于16%，碳水化合物应限量饲喂，并保证饲料的适口性。注意进行合理分群，保持适宜饲养密度，创造良好的生活条件。

6. 采取综合技术措施

采取注射疫苗、补充维生素、补牲血素、防寒保暖等措施，防止仔猪下痢、营养性贫血等疾病的发生。

7. 加强猪场的领导与组织管理

制订严格的人事管理制度和技术操作规程，树立爱岗敬业风气，增强工作责任心。同时应做好猪场消毒卫生、防病等工作。

【任务检查】

表 6-2-1　任务检查单 —— 保育舍进猪后的管理

任务编号	6-2	任务名称	僵猪的处理		
序号	检查内容			是	否
1	僵猪的产生原因				
2	解僵的措施				
3	掌握保育猪转群过渡期饲养				

【任务训练】

1. 如何做好保育猪进猪前的准备工作？
2. 如何做好保育猪过渡期饲养？
3. 保育猪的营养供给中需要注意哪些问题？
4. 断奶仔猪进入保育舍后需要提供怎样的生活环境条件？

【任务拓展】

防止咬尾咬耳症

目前在规模猪场中，猪互相咬尾、咬耳的现象逐渐增多，在早期断奶猪群中发生的比较多，严重影响猪的健康和生产性能，据报道，发生这种恶癖症的猪群生长速度和饲料利用率要比正常的猪群下降 20% ~ 30%。

一、猪群咬尾、咬耳的危害

猪互相撕咬有时被称为"反不适综合征"，因为任何不适的环境因素均可引起猪群的咬尾咬耳现象，轻者把尾巴咬剩半截，重者可全部咬掉。这种现象一般发生在采食（或饥饿）时，被咬伤的猪常常躲在角落里，如不及时治疗可引起伤口感染、组织坏死，甚至死亡，降低胴体质量，因此必须采取措施加以防治。

二、猪群咬尾、咬耳症发生的原因

猪群互相咬尾咬耳是多种因素共同作用的结果。

1. 营养因素

在舍饲条件下，猪生长所需要的各种营养物质全部依靠饲料的供应，当饲料中的营养不平衡时，猪群出现应激反应而咬尾咬耳。如饲料营养水平低于饲料标准、饲料配合不科学、育肥前期饲料中蛋白质质量不佳以及维生素、铁、铜、钙、镁和食盐的缺乏以及纤维素的不足都可导致咬尾咬耳症的发生。

2. 环境因素

猪舍内环境卫生条件差，有害气体如二氧化碳、硫化氢的浓度高，温度过高或过低，通风速度降低，使猪群产生不适或休息不好，均能导致猪群发生啃咬。在恶劣环境中光线过强也是一种应激，促使猪群发生恶癖症。

3. 管理因素

饲养密度过大，猪只之间相互接触发生冲突，为争夺采食和饮水的位置而互相咬斗；一栏猪体重悬殊太大，体重小及体弱的猪常常是被咬的对象，一旦被咬伤就会引起所有猪都去咬；饲槽不够或饮水不足往往会引起咬尾症的暴发。

4. 疾病因素

外寄生虫可成为附加应激而起作用，外寄生虫对皮肤刺激引起猪只烦躁不安，在舍内墙壁和栏杆上摩擦，出现外伤引起其他猪只啃咬；体内寄生虫如蛔虫在体内作用也可出现咬尾现象（可用伊维菌素驱虫）；猪贫血、尾尖坏死也可出现猪只的咬尾咬耳，除此之外，还可见咬肋、咬蹄、咬颈和跗关节受伤的现象。

三、防治措施

（1）满足猪营养需要，饲喂全价饲料，当发现有咬尾时，可在饲料中适当添加复方维生素及矿物质，喂料要定时定量，禁喂霉败饲料。

（2）合理组群，要将品种、体重、体质和采食量互相接近的猪只放在同一圈内饲养。

（3）饲养密度要适当，要保持每头猪有足够的占地面积，如 3 ~ 4 月的猪占地面积为 0.5 ~ 0.6 m^2。

（4）舒适的环境、通风、保温、防潮、光照设施等。

（5）仔猪及时断尾。

（6）及时驱除体内外寄生虫，防止外伤。

（7）在饲料中添加 0.1%食盐或添加少量镇静剂。

（8）被咬的猪只要及时处理，用 0.1%高锰酸钾或双链季铵盐类消毒剂冲洗消毒，并涂上碘酒或氯化亚铁防止化脓，对咬伤严重的可用抗生素治疗。通过采取以上措施，猪的咬尾咬耳症可以得到有效的控制。

任务三　保育舍操作规程

【任务描述】

　　了解保育猪舍的岗位职责和岗位规范，掌握后备猪舍操作规程，严格按照要求饲养后备猪群，为后续生产任务打下基础。

【任务目标】

● 学会保育猪舍岗位规范；
● 学会保育猪舍岗位流程。

【任务学习】

一、保育猪舍岗位职责

（1）负责全场断奶仔猪的日常饲养管理工作。

（2）在仔猪转入保育舍前，对保育舍的一切设施进行修复，做好所有猪栏冲洗消毒，刷白等清栏工作，一切准备就绪后再转入新猪群。

（3）保育舍经常保持干燥、清洁，冬暖夏凉，空气新鲜，及时冲洗猪类。

（4）仔猪转入的 1～2 周内，一定要对日喂量加以控制，一般是断奶后第 1 周食欲不振，采食量减少，数天后开始适应，第 2 周开始出现补偿性吃食，容易造成消化不良而拉稀，所以一定要注意由食欲不振向食欲大振阶段的仔猪消化不良症，保育舍的饲料要少喂勤添，保持清洁，剩料要定期清除。

（5）经常巡视观察病猪，特别是拉痢，突然发热等疾病，尽量做到少分群，公母分群，大小整齐，发现病猪，及时治疗，饲料品种变换要做到逐渐过渡，以 3 d 为宜。

二、保育猪舍饲养流程

1. 饲养目标

保育期成活率 98% 以上；周龄转出体重 14 kg 以上；9 周龄转出体重 20 kg 以上。

2. 工作日程

参考表 6-3-1。

表 6-3-1　饲养管理流程

序号	时间	项目	主要内容
1	8：00	上班巡栏	记录温度、湿度，加料，查看猪群整体情况和处理紧急事件，检查设备
2	8：30	清理卫生及消毒	清粪、打扫卫生，按消毒要求做好有效消毒工作，更换消毒池、桶的消毒药水，设备检修
3	10：00—12：00	防疫、治疗、加料	根据免疫程序打疫苗，或者对特殊仔猪进行治疗，并第二次添加饲料
4	14：00—16：00	温湿度、加料、疫苗	检查记录温湿度和通风状况，添加饲料，注射疫苗或者治疗等其他工作
5	16：00—18：00	巡查、加料、填报表	整体巡查一遍，给水加料，填写当天报表后下班

注：① 根据猪群采食情况，晚上可添加一次饲料。② 随季节变化作息时间可调整。

3. 操作规程

（1）及时调整猪群，强弱、大小分群，保持合理的密度，病猪、僵猪及时隔离饲养。注意链球菌病的防治。

（2）保持圈舍卫生，加强猪群调教，训练猪群吃料、睡觉、排便"三定位"。尽可能不用水冲洗有猪的猪栏（炎热季节除外），注意舍内湿度。

（3）头一周，饲料中适当添加一些抗应激药物如维力康、维生素 C、多维、矿物质添加剂等。同时饲料中适当添加一些抗生素药物如呼诺玢、呼肠舒、泰舒平、菌消清、支原净、多西环素、土霉素等。一周后驱体内外寄生虫一次，可用帝诺玢、伊维菌素、阿维菌素等拌料一周。

（4）清理卫生时注意观察猪群排粪情况；喂料时观察食欲情况；休息时检查呼吸情况，发现病猪，对症治疗。严重病猪隔离饲养，统一用药。

（5）按季节温度的变化，做好通风换气、防暑降温及防寒保温工作。注意舍内有害气体浓度。

（6）分群合群时，为了减少相互咬架而产生应激，应遵守"留弱不留强""拆多不拆少""夜并昼不并"的原则，可对并圈的猪喷洒药液（如来苏儿），清除气味差异，并圈后饲养人员要多加观察（此条也适合于其他猪群）。

（7）每周消毒两次，每周消毒药更换一次。

【任务检查】

表 6-3-2　任务检查单 —— 后备猪舍操作规程

任务编号	6-3	任务名称	后备猪饲养管理技术		
序号	检查内容			是	否
1	简述保育猪饲养员岗位职责				
2	根据工作目标学会合理安排工作日程，并严格按照日程操作				
3	根据操作规程要求，牢记相关关键参数，严格执行规程要求				

【任务训练】

1. 保育舍饲养目标是什么？
2. 猪只分群合群时应注意哪些问题？
3. 简述保育舍每天工作流程。
4. 简述保育舍操作规程。

项目七　生长育肥舍生产技术

任务一　生长育肥舍生产技术

【任务描述】

　　生产育肥舍饲养员，要求对生长育肥猪饲养管理的相关理论有一定的知识储备量，要掌握生长育肥猪的营养需求，生长发育规律，采食量；要知道生长育肥猪的饲养方法，影响猪生长的环境因素。能够根据以上理论制订合理的饲养、管理、卫生免疫制度，并按制度进行猪的饲养管理，做到提高成活率、减少疾病、适时出栏、节约饲料，并且能够做好粪污处理，减少环境的污染。

【任务目标】

● 能掌握生长肥育猪定义及猪的生长规律的相关理论知识；
● 能说明猪种的选择及猪苗的选择方法；
● 能熟悉生长育肥猪的科学饲养及管理方法；
● 能掌握生长育肥舍的环境因素的参数及控制方法；
● 能说明生长育肥舍的驱虫、消毒卫生、防疫方法；
● 能估算猪场的盈利及成本核算。

【任务学习】

　　生长育肥猪是养猪生产的最后阶段，做好生长育肥猪的生产就是要充分了解育肥猪生长特征，按猪自身体重增长规律，不断地进行饲养调整，用最短的时间，最少的饲料，获得最大增重，而缩短育肥期，减少猪只的发病和降低死亡率，最大限度地降低饲养成本，提高养猪业户的经济效益，为市场提供更多的优质猪肉产品。

一、生长肥育猪的基本概念及猪的生长规律

（一）生长肥育猪的基本概念

生长肥育猪：是指保育期结束后到出栏，即 63 ~ 170 日龄，25 ~ 100 kg 的猪。

这一阶段的生长猪，饲养期约 110 d，其数量占饲养量的 80%左右，生长肥育猪阶段消耗了其一生所需饲料的 70% ~ 80%，占养猪总成本的 50% ~ 60%，饲养效果的好坏直接关系到整个养猪生产的效益。此阶段又分为生长猪 70 ~ 100 d，25 ~ 50 kg；肥育猪 100 ~ 170 d，51 ~ 100 kg。

（二）生长肥育猪生长规律

猪的生长发育绝对增重的规律是：前期增重慢、中期增重快，后期增重又变慢（如图 7-1-1 所示）。

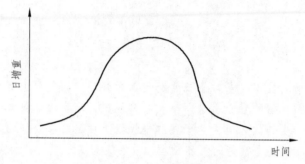

图 7-1-1 猪日增重变化曲线

1. 体重的绝对增重规律

一般体重的增长是慢—快—慢的趋势。正常的饲养条件下，初生仔猪的体重为 1.0 ~ 1.2 kg，7 日龄内日重为 110 ~ 180 g；2 月龄体重为 17 ~ 20 kg，日增重为 450 ~ 500 g；3 月龄体重为 35 ~ 38 kg，日增重为 550 ~ 600 g；4 月龄体重为 55 ~ 60 kg，日增重为 700 ~ 800 g；5 ~ 6 月龄体重为 70 ~ 100 kg，日增重为 700 g 左右。

2. 机体组织生长规律

骨骼在 4 月龄前生长强度最大，随后稳定在一定水平上；肌肉在 6 月龄前生长最快，其后稳定；脂肪的生长与肌肉刚好相反，在体重 70 kg 以前增长较慢，70 kg 以后增长最快。综合起来，就是通常所说的"小猪长骨，中猪长肉，肥猪膘"（如图 7-1-2 所示）。

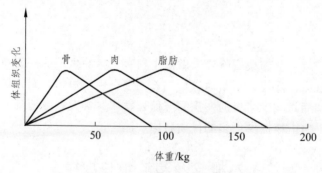

图 7-1-2 机体组织生长规律

3. 猪体化学成分变化规律

随着年龄的增长，猪体内蛋白质、水分及矿物质含量下降。如体重 10 kg 时，猪体组织内水分含量为 73%左右，蛋白质含量为 17%；到体重 100 kg 时，猪体组织内水分含量只有 49%，蛋白质含量只有 12%。初生仔猪体内脂肪含量只有 2.5%，到体重 100 kg 时含量高达 30%左右。

育肥猪适时出栏应考虑到屠宰率、猪肉品质和经济成本三个因素。猪体重在 10 ~ 67.5 kg 阶段，日增重随体重的增加而上升，日增重由 383 g 增加到 816 g；体重在 67.5 ~ 110 kg 时，日增重不再随体重的增加而上升，而是停滞在日增重 816 g 的水平上；体重超过 150 kg 时，日增重开始下降；当体重达到 200 ~ 250 kg 时，日增重仅为最高日增重的 50%。由此可见，出栏体重过大，日增重下降，饲料消耗多，成本增加，不经济；出栏体重过小，日增重少，虽然省饲料，但屠宰率低，肉质不佳，也不经济。所以瘦肉型杂种肉猪以 100 ~ 110 kg 上市为宜，个别体型大的杂种肉猪可延至 120 kg 上市，体重再大不合适。一些小型早熟品种以活重 75 kg 为宜，晚熟品种以 90 ~ 100 kg 上市为宜，体重较大的到 110 kg ~ 120 kg 时出栏，最为经济。脂肪水量在 5%，瘦肉含水量在 60%，长 1 kg 脂肪耗料是长 1 kg 瘦肉的 2.4 倍，所以在这期间增重快、消耗的精料少，瘦肉率高。

二、生长肥育猪的选择

在相同的饲养管理条件下，不同猪种的增重速度、饲料转化率和胴体品质有很大差异。

（一）猪种类型的选择

（1）选用瘦肉型猪种。瘦肉型猪种比肉脂兼用型、脂肪型猪种及我国地方猪种在增重速度、饲料转化率和瘦肉率方面均表现优越。

（2）选用杂交型猪苗。运用不同猪种进行杂交，可以充分利用杂种优势，从而提高生长育肥猪生产潜力。因此，一般情况下，杂种猪比纯种猪的生产效果好；同时，来自繁育体系的杂交配套系猪种比一般杂种猪会表现出更高的生产水平并产生较高的经济效益。目前，我国许多猪场在重视猪种选择的基础上，普遍利用三元杂交及配套系杂交。

（二）猪苗的选择

1. 根据需要选购优质仔猪

从选择步骤讲，应先选系谱，再选窝，后选个体。个体选择要选体重大者为宜，要选健康的小猪，应从正规猪场购入仔猪。在农贸市场或其他非正规养猪场购买仔猪可能会染病，对猪将来的生长和防病不利。

2. 个体选择的方法

（1）健康仔猪选择

健康仔猪被毛直而顺，皮肤光滑红晕，四肢站立正常，眼角无分泌物，鼻突潮湿且较凉，眼睛常寻找声音方向；接触东西或人时，反应敏感；投料试喂积极争抢；粪便不过干，不过稀，基本成形，尿白色或略带一点金黄色，呼吸平稳，一般 16 ~ 30 次/min，心跳 80 ~ 100 次/min，体温 38.5 ~ 40 ℃。

（2）仔猪体型外貌选择

现代瘦肉型品种的仔猪四肢相对较高（皮特兰后代除外），躯干较长，后臀肌肉丰满；被毛较稀而短，紧贴皮肤生长；鼻嘴长直，额部无皱褶，耳部比较薄，腹部较直。而脂肪型的猪或肉脂兼用型猪，躯干较短，臀部较小，四肢较矮，腹较圆，被毛稍密，额部有褶，颈较短。

三、生长育肥猪的饲养管理

（一）科学的饲养

生长育肥猪的饲养技术直接关系到猪的生长速度快慢、肥育期长短、饲料成本高低和胴体品质优劣等，主要涉及营养水平、饲粮配方、肥育方式、饲喂方法等方面。

1. 确定适宜的营养水平

生长育肥猪营养水平的高低，特别是能量水平和蛋白质水平，对生长育肥猪的增重速度和胴体品质会产生较大的影响。实践证明，在相同的猪种和环境条件下，通过合理控制饲粮营养水平，可以提高生长育肥猪的增重速度和饲料转化效率，并能够改善胴体品质，获得良好的经济效益（表7-1-1）。

表7-1-1　生长育肥猪主要营养需要

体重/kg	能量/MJ	蛋白/%	赖氨酸/%	粗纤维/%	钙/%	磷/%	采食量/kg
20～60	12.55	16～18	0.5～0.64	5～6	0.55	0.41～0.46	2.2～2.7
60～100	13.28	14～16	0.52	7～8	0.46	0.37	3.5～4.2

注：① 补加量0.1%～0.15%；② 维生素未列入，参照饲养标准表。

2. 设计科学的饲粮配方

生长育肥猪饲粮配方的设计是生产的关键技术之一。配方设计时，首先应该了解当地的饲料资源和饲料的利用价值；其次，要根据猪的生理特点和营养需要设计出一个较为完善的饲粮配方；最后，在使用所设计出的饲粮配方的过程中，应根据实际效果不断调整和完善饲粮配方。设计的方法主要有试差法、代数法、对角线法和饲料配方软件系统等。

在设计生长育肥猪的饲粮配方时，都应坚持以下几点：

（1）选择最合适的饲养标准；

（2）要控制粗纤维含量；

（3）饲料原料的选择要考虑适口性、多样性、营养性及安全性；

（4）遵守国家饲料法规，感官指标、营养指标和添加剂等必须符合规定；

（5）坚持经济原则，因地制宜。

3. 生长育肥猪日粮配制的阶段

一般应采用三阶段日粮。

第一阶段：25或30～50 kg；

第二阶段：50~80 kg；

第三阶段：80 kg 到出栏。

但刚转入肥育舍时，仍要喂 10~15 d 的保育猪料。

4. 确定适宜的饲养方法

（1）自由采食

即对猪的饲料采食量、饲粮营养水平、饲喂时间和饮水等方面不加限制，多数猪场在生长育肥猪的生长前期（60 kg 前）采用此方法。对于三元杂交猪或杂优猪，可以从断奶到体重 110 kg 左右出栏，全期自由采食，但因为猪的采食过量而使猪的体脂肪沉积过多，并且降低了饲料转化率，对饲养水平不高的猪场来说并不是最佳选择，其主要原因是不能及时发现猪生病。

（2）限制饲养

是指对猪的饲料采食量、饲粮营养水平、饲喂时间等方面进行适当限制。多数猪场在生长育肥猪的生长后期，即体重 60 kg 到出栏上市，采用此方法，其限量水平一般为正常饲喂量的 15%~20%。限制饲养虽然能够影响生长育肥猪的日增重，但可以明显减少体脂肪的沉积，并提高饲料转化率，因此，在养猪生产中，我们应该灵活运用自由采食和限制饲养这两种饲喂方法。通常，在生长育肥猪的前期，即体重 60 kg 以前实行自由采食，可以充分发挥猪的生长潜力，得到较高的日增重；在生长育肥猪的后期，即体重 60 kg 以后实行限制饲养，可得到较高的瘦肉率。

（3）饲喂次数和喂量

饲喂次数：前期日饲喂 4 次，中期饲喂 3 次，后期饲喂 2~3 次；饲喂量：体重 20 kg 起，采食量每日 1.4 kg，以后每 5 d 左右增加 0.1 kg（见表 7-1-2）。

表 7-1-2　生长育肥猪活重、日增重、日耗料每千克耗料

活重/kg	每头日增重/g	每头日耗料/kg	每千克耗料/kg
22	543	1.4	2.65
45	725	2.4	3.3
65	810	3	3.68
90	840	3.5	4.10
110	812	3.72	4.60

（4）保证充足的清洁饮水

水分要占猪体重的 55%~65%，主要参与体温调节、养分运转、消化吸收、废物排泄等一系列新陈代谢过程。生长育肥猪如果饮水不足，会引起很明显的食欲减退、采食量减少，导致生长速度减慢、健康受损。猪在一般情况下的饮水量为其采食风干料量的 3~4 倍或其体重的 16%，环境温度高时，饮水量增加，而环境温度低时，饮水减少。为满足生长育肥猪的饮水需要，最好在舍内设置自动饮水器，数量为每 10~15 头猪一个饮水器，高度为猪的肩高加 5 cm 即可，同时保证饮水清洁卫生。

（二）生长育肥猪的精细管理

1. 猪场进猪的管理

包括：猪舍的冲洗、消毒、进猪、出猪等。

实施"全进全出"的饲养原则。"全进全出"即按工艺流程统一全部转到下一个阶段的猪舍，统一出栏，实行同批同时进、同时出的管理制度。每个流程结束后，猪舍（或猪舍单元）进行全封闭，彻底地清洗消毒，待空置净化后，按规定时间再开始转入下一批猪群，最好能空栏一周；然后进猪。

"全进全出"饲养工艺的优点：

（1）是生猪规模场疫病控制的有效手段；

（2）有效地提高劳动生产效率；

（3）有效地提高养猪生产水平；

（4）有效地提高养猪经济效益；

（5）有效地提高猪场产品的规格、质量。

进猪前要对饮水器和料槽进行检修，进猪后限饲半天，让其休息充分、饮水、补充维生素后，喂给保育期相同的饲料 5~10 d，并做好更换饲料的过渡，在此期间要保持猪舍的安静，减少人员出入和更换饲养员，以防猪群受惊，同时可以利用这段时间对猪只进行"三点定位"调教。

2. 适宜的环境控制

现代养猪大多采用舍饲，构成生长育肥猪外环境的因素主要是猪舍小气候环境，包括温度、湿度、空气的质量和清洁卫生等。

（1）温度、湿度控制

对温度、湿度来说，温度计和湿度计是最好的控制仪，育肥舍进猪时的最佳温度是 21 ℃，然后逐渐降到 20 ℃后期降到 17~18 ℃，湿度在 60%~70%。

生产中一般通过观察自来水管和天花板，如果有水珠滴下说明湿度过大，还可以观察猪的身体和行为来推测猪舍温度、湿度的高低。当猪只打堆，说明太冷；呼吸快、远距离散开睡说明温度过高，猪的皮毛明显潮湿，说明温度太高、湿度过人。湿度过高加强通风、抽湿等降低湿度，湿度过低可以通过喷雾增加湿度。

（2）控制空气的新鲜度

肉猪高密度群养条件下，空气中的二氧化碳、氨气、硫化氢、甲烷等有害气体成分的增加，都会损害肉猪的抵抗力，使肉猪发生相应的疾患和容易感染疾病。猪舍空气新鲜度主要决定于空气中氨气和尘埃，人的鼻子对氨气和尘埃很敏感；因此，饲养员一进入猪舍就知道空气的好坏，良好的通风是猪舍空气新鲜的保证，通过打开窗户和天窗等来调节猪舍的温度、湿度和空气的新鲜，因此每天上下班都要检查每栋猪舍的情况，决定是否要开窗通风或者抽风。

当舍温在 29~23 ℃ 时，粪沟里面的粪便发酵较旺盛，氨气、空气中的二氧化碳含量会大大增加。氨气太浓，也会使肉猪发生严重的组织病变；空气中尘埃含量的增加，主要是利用低质量的颗粒饲料、把饲料撒地或干粉料所致。据测验，86%患肺炎的肉猪发生在尘埃较多的猪舍里。

高密度饲养的肉猪一年四季都需通风换气，但是在冬季必须解决好通风换气与保温的矛盾，不能只注意保温而忽视通风换气，防止"贼风"。在肉猪舍内潮湿、黑暗、气流滞缓的情况下，空气中微生物能迅速繁殖、生长和长期生存，这会造成舍内空气卫生状况恶化，使肉猪增重减少和增重饲料消耗。

通过打开窗户和天窗等来调节猪舍的温度、湿度和空气的新鲜，因此每天上下班都要检查每栋猪舍的情况，决定是否要开窗通风或者抽风。冬季通风要防止"贼风"。干燥和通风换气良好，病原微生物就得不到繁殖和生存的条件，呼吸道与消化道疾病的发生就可以控制在最低限度。通风以纵向自然通风辅以机械通风为宜。在猪舍自然通风设计时要注意，猪舍门窗并不能完全替代通风孔或通风道，要想保证猪舍的通风效果，猪舍必须设有进气孔和出气孔。

生长育肥猪的生产对空气中有害气体的要求是：舍内氨气的体积浓度不得超过 0.003%，硫化氢的体积浓度不得超过 0.001%，二氧化碳的体积浓度不得超过 0.15%。

（3）光照控制。

一般认为，光照对生长育肥猪的生产水平影响不大，但适度的光照却能提高增重速度和胴体瘦肉率，增强猪的抗应激能力和抗病力。

（4）做好猪舍的清洁卫生、消毒

做好生长育肥猪圈舍的清洁卫生，首先要做到勤打扫、勤冲刷、勤通风，保持圈舍清洁干燥、无粪尿；其次要对猪舍定期进行消毒。每周进行一次，可选用对猪的皮肤和黏膜刺激性较小的消毒剂如季铵盐类，进行高压喷雾消毒，特别要重视对墙壁、窗户和天花板的消毒。

（5）控制合适的饲养密度，有足够的槽位。

要有合适的密度和槽位，对喜争食的猪要勤赶，使不敢采食的猪能得到采食的机会，帮助建立群居秩序，分开排列、同时采食（见表7-1-3）。

表 7-1-3　不同大小的猪需要的密度和槽位

体重/kg	密度/m² · 头⁻¹	槽位/cm
20～50	0.6	
50～80	0.8	30 宽，30～40 深
80～110	1	

3. 做好三点定位、消毒净场和保持圈舍卫生

（1）固定采食、睡觉、排便地点的定位，保持猪栏干燥清洁

通常运用守候、勤赶、积粪、垫草等方法单独或交错使用进行调教。当小肉猪调入新猪栏时，已消毒好的猪床铺上少量的垫草，饲槽放入少量饲料，并在指定排便处堆放少量粪便，然后将小肉猪赶入新猪栏，发现有的猪不在指定的地点排便，应将其散拉在地面的粪便铲在粪堆上，并结合守候和勤赶，这样，很快就会养成三点定位的习惯。有个别猪对积粪固定排便无效时，利用其不喜睡卧潮湿处的习性，可用水积聚于排便处，进行调教。在设置自动饮水器的情况下，定点排便调教更会有效。做好调教工作，关键在于抓得早、抓得勤（勤守候、勤赶、勤调）。

（2）保持消毒净场和圈舍卫生

首先要做到勤打扫、勤冲刷、勤通风，保持圈舍清洁干燥、无粪尿；其次要对猪舍定期进行消毒。每周进行一次，可选用对猪的皮肤和黏膜刺激性较小的消毒剂如季铵盐类，进行高压喷雾消毒，特别要重视对墙壁、窗户和天花板的消毒。

4. 均匀拌料

生产中，人工拌料时候很多，饲料过渡需要拌料，大群加药需要拌料，驱虫时需要拌料，但有些职工不懂拌料的方法，既费力，又搅拌不均匀，起不到应有的效果，下面介绍两种拌料：

（1）逐步多次稀释法

这是混合品种少或微量成分时采用的一种方法，如将 100 g 药品加入 10 kg 饲料中，先将 100 g 药和 100 g 饲料混合均匀，再将这 200 g 混合物和 200 g 饲料混合，变成 400 g，这样依次加料，直到全部混匀。

（2）金字塔式拌料法

首先按原料数量的多少依次由下而上均匀堆放，形成一个金字塔式的圆台，原料最多的在底层，量少的在顶层，然后从一边倒堆，变成一个新的圆台。经过人工搅拌和饲料自己的流动，一般 4~5 次就可搅拌均匀。

5. 做好猪的转群

（1）转入猪前，空栏要彻底冲洗消毒，空栏时间不少于 3 d；

（2）转入、转出猪群每周一批次，猪栏的猪群批次清楚明了；

（3）及时调整猪群，强弱、大小、公母分群，保持合理的密度，病猪及时隔离饲养。

6. 做好防疫和驱虫工作

（1）定期免疫

对国家规定的必须免疫的疾病，要定期进行免疫；对不属于国家强制免疫的疫病，要根据各场的实际情况制订各场的免疫程序进行免疫。每个养殖场都有自己的免疫程序，免疫程序的制订应符合本场及当地的实际情况，预防猪瘟、猪丹毒、猪肺疫、仔猪副伤寒、水疱病和病毒性痢疾等传染病，必须进行科学的免疫和预防接种。做到头头接种，对漏防猪和新引进的种猪，应及时补接种。新引进的种猪在隔离舍期间无论以前做了何种免疫注射，都应根据本场免疫程序接种各种传染病疫苗。

仔猪在育成期前（70 日龄以前）各种传染病疫苗均进行了接种，转入肉猪群后到出栏前无须再进行接种，但应根据地方传染病流行情况，及时采血监测，防止发生意外传染病。

（2）定期驱虫

肉猪的寄生虫主要有蛔虫、姜片吸虫、疥螨和虱子等体内外寄生虫，通常在 90 日龄进行第一次驱虫，必要时在 135 日龄左右进行第二次驱虫。驱虫蛔虫常用驱虫净（四咪唑），每千克体重 20 mg；丙硫苯咪唑，每千克体重 100 mg，拌入饲料中一次喂服，驱虫效果较好。驱除疥螨和虱子常用敌百虫，每千克体重 0.1 g，溶于温水中，再拌和少量的精料空腹前喂服。

服用驱虫药后，应注意观察，若出现副作用时要及时解救，驱虫后排出的虫体和粪便，要及时清除发酵，以防再度感染。

7. 加强对场区的管理

杜绝场外任何人、动物随意进入场区，同时加强场区的灭鼠、灭蚊蝇工作。

8. 制订管理制度，做好巡查，做好每天的记录

（1）管理形成制度化，定时给料、给水、清扫；

（2）做好日常巡查，巡查中要做到三看：看吃食、看粪便、看动态；

（3）病猪的观察：皮肤是肌体最大组织器官，它直接反映了内在的健康状态，健康的猪只背毛柔顺，皮肤饱满呈粉红色，精神活泼。

病猪的表现：食欲下降，体温异常，有异常行为，如嗜睡、低头耷耳、垂尾、腹部褶皱、颤抖、流泪、跛行、偏瘫、咳嗽、呕吐和腹泻、皮肤苍白、皮肤发红或皮下出血、咬尾、咬耳、烂耳、脱肛、明显偏瘦等。

当猪只看起来有不健康表现时，要把它隔离到病猪栏内，先测量其体温，选用合适的药品对症治疗，如无治疗价值的应及时淘汰。当外观健康的猪只突然死亡时，应尽量找出死亡原因，当有个别的猪只明显不能成活或没有价值时，应尽早淘汰。

每个饲养员和管理员进入猪舍应该认真观察猪群，一旦发现有可能有流行病发生时，应及时制订紧急处理方案，以防疫情传播造成经济损失，每栋猪舍应尽量保留 1~2 个病猪栏，以便于病猪与弱猪的隔离。

9. 合理的用药方法

育肥阶段的用药应遵守国家的法律法规，不能添加违禁药物，还要遵守药物的停药期。

长期用药、盲目用药既不安全也不经济。我们要在遵循用药规则的前提下，最大限度地发挥药物的药效。猪只从保育舍转群到育肥舍后，可在饲料中连续添加一周的药物，如每吨饲料中添加 80%支原净 125 g、15%金霉素 2 kg 或 10%多西环素 1.5 kg，可有效地控制猪转群后感染引起的败血症或育肥猪的呼吸道疾病。

引入猪只经过长途运输到场后应先让其饮水，并在饮水中添加电解多维，连续 3 d，可以提高其抵抗力；每吨饲料中添加 80%支原净 125 g、10%氟苯尼考 600~800 g，连用 7~10 d，可降低呼吸道疾病和大肠炎的发病率。

对于打算出售的商品猪，出售前应按休药期，停止在饲料中添加抗生素等药物，保证猪肉的品质。

10. 加强对场区的管理

杜绝场外任何人、动物随意进入场区，同时加强场区的灭鼠、灭蚊蝇工作。

11. 做好粪污的处理

排泄量与采食量、饮水量有关。平均日采食 2.5 kg 饲料的肉猪排粪量 3~4 kg（不包括尿液）。因此一头育肥猪一年产生粪便 1.1~1.46 t（不包括尿液）。一个年出栏 1 万头的猪场，猪产生的粪尿量在 11 550 t 左右，干粪约 1 930 t。猪的平均产粪量见表 7-1-4。

表 7-1-4　生长育肥猪的粪尿排泄量

猪的体重/kg	粪尿量/kg·d^{-1}	产粪尿体积/m^3	含水量/%
30 以下	2.4	0.015	86
30~40	3.5	0.0027	86
40~80	5.1	0.058	87
80 至出栏	6.6	0.077	87.5

通过猪粪的干湿分离、发酵、生产沼气、还田等方法，可以对猪粪进行处理，减少对环境的污染，减少疾病的传播。

（三）进行育肥猪盈亏分析

可根据猪粮比盈亏平衡点进行盈亏分析，猪粮比就是将当前市场上每千克生猪价格和每千克玉米收购价格相比。若比值大于 5.5:1，那么当前为赚；若是比值低于 5.5，则当前处于亏损状态。市场上喜欢用猪粮比 6:1 作用盈亏平衡点，因为很多养殖附加成本没算，比如运输费。国家规定用 5.5，老百姓喜欢用 6。

用猪粮比作为养殖盈亏平衡点是因为猪吃的大部分都是玉米和蛋白质饲料，其中玉米占主要饲料来源，养猪业中饲料成本占据整个养殖成本的 6 成以上，而玉米为主要饲料来源。

近年来，养猪进入"赚一年、平一年、亏一年"的循环。国家发布的《缓解生猪市场价格周期性波动调控预案》（2015 年第 24 号公告）。指出，国家加强对生猪等畜禽产品价格监测，采取综合调控措施，主要目标是促进猪粮比价处于绿色区域（5.5:1~8.5:1），将猪粮比价 5.5:1 和 8.5:1 作为预警点，低于 5.5:1 进入防止价格过度下跌调控区域，高于 8.5:1 进入防止价格过度上涨调控区域。

预警区域：蓝色预警区域，6:1~5.5:1（轻度下跌）；黄色预警区域：5.5:1~5:1（中度下跌）；红色预警区域：低于 5:1（重度下跌）。

【任务检查】

表 7-1-5　任务检查单 ——生长育肥舍生产技术

任务编号	7-1	任务名称	生长育肥舍饲养管理知识		
序号	检查内容			是	否
1	生长肥育猪的定义				
2	猪的生长规律及适时屠宰的时间				
3	猪种类型的选择及猪苗的选择方法				
4	生长育肥猪主要营养需要及猪日粮配方要求				
5	生长育肥猪分段饲养的各个阶段划分				

任务编号	7-1	任务名称	生长育肥舍饲养管理知识		
序号		检查内容		是	否
6	生长育肥猪的自由采食与后期限制饲养优缺点				
7	生长育肥猪饲喂次数与喂量				
8	说明生长育肥猪的正常心跳次数、呼吸次数、体温等生理指标				
9	能说明生长育肥舍的冲洗、消毒、进猪、出猪的方法及要求				
10	"全进全出"饲养工艺的优点				
11	生长育肥猪舍的环境影响因素及控制方法				
12	做好生长育肥猪的三点定位、消毒净场和保持圈舍卫生				
13	生长育肥猪的转群方法				
14	生长育肥猪场的防疫及驱虫方法				
15	生长肥育猪场的管理制度制订、巡查要点和记录表格制订				
16	猪场疾病的观察方法及猪场常见病				
17	合理用药及休药期				
18	猪粮比盈亏平衡点及盈利估算				

【任务训练】

1. 生长肥育猪：是指保育期结束后到出栏，即 63 ~ 170 日龄，（   ）kg 的猪。
A. 25 ~ 100   B. 0 ~ 25   C. 60 ~ 110   D. 50 ~ 100

2. 商品肥猪一般体重的增长的趋势，按前—中—后期相应的是（   ）
A. 快—快—慢   B. 慢—快—慢   C. 慢—慢—快   D. 快—慢—慢

3. 生长育肥猪在 20 ~ 60 kg 阶段每千克日粮中能量（MJ）和蛋白（%）应该在（   ）
A. 14.55 16% ~ 18%   B. 12.55 19% ~ 21%   C. 12.55 16% ~ 18%   D. 13.55 13% ~ 14%

4. 生长育肥猪在 50 ~ 80 kg 阶段应饲喂第（   ）阶段饲料。
A. 一   B. 三   C. 四   D. 二

5. 育肥舍进猪时的最佳温度是（   ）
A. 21 ℃   B. 18 ℃   C. 32 ℃   D. 25 ℃

6. 生长育肥猪的正常体温是（   ）
A. 37 ~ 37.5 ℃   B. 38 ~ 39.5 ℃   C. 39.8 ~ 40.5 ℃   D. 36 ~ 37 ℃

7. 市场上喜欢用猪粮比（   ）作为盈亏平衡点。
A. 4 : 1   B. 5 : 1   C. 6 : 1   D. 6.5 : 1

8. 请叙述如何选择优质生长育肥猪猪苗。

9. 请叙如何做好生长育肥猪的驱虫、疫苗接种。

10. 请叙述生长育肥舍岗位有哪些要求。

任务二　生长育肥舍操作规程

【任务描述】

了解生长育肥猪舍的岗位职责和岗位规范，掌握生长育肥猪舍操作规程，严格按照要求饲养生长育肥猪群，为完成生产任务打下基础。

【任务目标】

● 学会生长育肥猪舍岗位规范；

● 学会生长育肥猪猪舍岗位流程；

● 学会生长育肥舍操作规程。

【任务学习】

一、生长育肥舍饲养员岗位职责

（1）协助组长做好生长育肥猪转群、调整工作；

（2）协助组长做好生长育肥猪预防注射工作；

（3）负责生长育肥猪的饲养管理工作。

二、生长育肥猪舍工作流程

1. 工作目标

（1）生长育肥阶段成活率≥99%；

（2）饲料转化率（20～100 kg 阶段）≤2.8∶1；

（3）日增重（20～100 kg 阶段）≥650 kg；

（4）生长育肥阶段（20～100 kg）饲养日龄≤119 d；

（5）全期饲养日龄≤168 d。

2. 工作日程

参考表 7-2-1。

表 7-2-1　生长育肥舍工作日程表

序号	时间	主要内容
1	7：30—8：30	饲喂
2	8：30—9：30	观察猪群、治疗
3	9：30—11：30	清理卫生，其他工作
4	14：30—15：30	清理卫生，其他工作
5	15：30—16：30	饲喂
6	16：30—17：30	观察猪群、治疗，其他工作

3. 操作规程

（1）转入猪前，空栏要彻底冲洗消毒，空栏时间不少于 3 d。

（2）转入、转出猪群每周一批次，猪栏的猪群批次清楚明了。

（3）及时调整猪群，强弱、大小、公母分群，保持合理的密度，病猪及时隔离饲养。

（4）转入第一周饲料添加诺氟沙星、泰乐菌素等抗生素，预防及控制呼吸道病。

（5）小猪 49～77 日龄喂小猪料，78～119 日龄喂中猪料，120～168 日龄喂大猪料，自由采食，以每餐不剩料或少剩料为原则。

（6）保持圈舍卫生，加强猪群调教，训练猪群吃料，睡觉，排便"三点定位"。

（7）干粪便要用车拉到化粪池，然后再用水冲洗栏舍，冬季每隔一天冲洗一次，夏季每天冲洗一次。

（8）清理卫生时注意观察猪群排粪情况；喂料时观察食欲情况；休息时检查呼吸情况，发现病猪，对症治疗。严重病猪隔离饲养，统一用药。

（9）按季节温度的变化，调整好通风降温设备，经常检查饮水器，做好防暑降温等工作。

（10）分群合群时，为了减少相互咬架而产生应激，应遵守"留弱不留强""拆多不拆少""夜并昼不并"的原则，可对并圈的猪喷洒药液（如来苏儿），清除气味差异，并圈后饲养人员要多加观察（此条也适合于其他猪群）。

（11）每周消毒一次，每周消毒药更换一次。

（12）出栏猪要事先鉴定合格后才能出场，残次猪特殊处理出售。

【任务检查】

表 7-2-2　任务检查单 —— 生长育肥舍操作规程

任务编号	7-2	任务名称	生长育肥舍操作规程		
序号	检查内容			是	否
1	简述生长育肥舍饲养员岗位职责				
2	根据工作目标学会合理制订工作日程，并严格按照日程操作				
3	根据操作规程要求，牢记相关关键参数，严格执行规程要求				

【任务训练】

1. 生长育肥舍饲养目标是什么？
2. 简述生长育肥舍每天工作流程。
3. 简述生长育肥舍操作规程。

项目八　猪场疾病防治技术

任务一　猪场的常见疾病防治技术

【任务描述】

　　作为猪场饲养员及兽医技术人员，对猪场易发生的常见疾病要有相应的理论知识，要能识别常见的疾病，要有基本的疾病治疗技术，要有"防重于治"的理念，要懂得如何做好猪场的消毒、病猪隔离、预防接种。要能减少猪场疾病发生率、死亡率，从而提高猪的成活率，使猪场总的出栏量提高。

【任务目标】

- 能掌握猪的常见疾病的相关理论知识；
- 能说明猪场的常见疾病及临床症状有哪些；
- 熟悉猪的常见各种疾病治疗方法；
- 能掌握常见、易发传染病的控制方法。

【任务学习】

　　在养猪过程中，猪只得病在所难免，及时对症用药，控制病情，能挽回损失。如果不懂猪病，导致疾病的蔓延，会使猪场出现重大损失，甚至有全群覆没的危险，将会导致养猪人失去养猪的信心。因此一个好的养猪人首先得是一个好的兽医，如果想养猪赚钱，就得有控制猪场常见疾病的能力。

一、猪场的常见传染病防治技术

（一）猪瘟（HC）

猪瘟俗称"烂肠瘟"，是猪瘟病毒引起的一种急性、发热、接触性传染病。具有高度传染性和致死性。本病在自然条件下只会感染猪，不同年龄、性别、品种的猪和野猪都易感，一年四季均可发生。其特征是急性经过（近年来大多呈慢性经过）、高热（或低热）稽留和全身细小血管壁变性，从而引起广泛性点状出血、梗死和坏死等变化。本病传染性强，发病率和病死率都很高，发病中、后期常引起继发性细菌感染。我国把猪瘟列为一类动物疫病，必须强制免疫。

1. 病　原

猪瘟病毒，属黄病毒科，瘟病毒属中的猪瘟病毒，属单股 RNA 病毒。本病毒没有血清型的区别，但毒力有强、中、弱之分。病毒对外界环境有一定抵抗力，耐低温，在自然干燥情况下，病毒易死亡，在污染的环境如保持干燥和较高的温度，经 1~3 周，病毒才失去传染性。2%~3%氢氧化钠溶液、5%漂白粉溶液、5%~10%石灰水和 3%~5%来苏儿溶液等均能杀死病毒，是本病的常用消毒药。

2. 流行病学

（1）易感动物：本病仅发生于猪，不分品种和年龄。经免疫的母猪所产仔猪，1 月龄内很少感染发病，1 月龄以后易感性逐渐增加。

（2）传染源：病猪和带毒猪是本病的传染源。急性型病猪全身各组织器官和组织均含有病毒。病毒随口、鼻、眼分泌物和尿、粪向外排出，及屠宰时则由血、肉、内脏等散播大量病毒。

（3）传播途径：易感猪经消化道、呼吸道、眼结膜、生殖道黏膜和伤口感染。与病猪接触的人、畜、用具等均成为传播本病的媒介。妊娠母猪受弱毒株感染后，虽不表现临床症状，但经胎盘感染给胎儿，造成持续感染。

（4）流行特点：本病一年四季均发生，在新疫区，发病率和死亡率达 90%以上。在常发地区，猪群有一定免疫力，发病率和死亡率则较低，但继发感染其他病原后则增加死亡率。

3. 临床症状

潜伏期一般为 5~7 d，短的 2 d，长的 21 d。

（1）最急性型：常无明显症状而突然死亡。稍慢者表现高热稽留，皮肤发绀、有出血斑点，病程 1~2 d。

（2）急性型：

① 高热稽留，体温 41~42 ℃，群堆恶寒。

② 食欲减退或废绝，精神高度沉郁，喜喝脏水。

③ 病初便秘，粪干硬呈球形，有的带有黏液或血液，后期腹泻，粪便呈黄色或黄绿色，味恶臭。

④ 全身皮肤有出血点或出血斑，指压不褪色。以耳、四肢内侧、腹下及会阴等部位最常见。

⑤ 眼有脓性分泌物。

⑥ 公猪包皮积尿，挤压时有恶臭的乳白色尿液流出。

（3）慢性型：主要表现消瘦，全身衰弱，后躯无力，反复发热，体温 40.5 ℃ 左右，食欲时有时无，便秘和腹泻交替出现，有的皮肤有紫斑或坏死痂。最后死亡或成为僵猪。怀孕母猪流产、产弱胎、死胎、木乃伊胎，有的胎儿产出发生先天性震颤、共济失调等症状，产出先天性感染的猪，可终生带毒、排毒，且不产生抗体，但最终死亡。

4. 病理变化

（1）最急性型：一般仅见组织器官有少量出血斑点。

（2）急性型：

① 皮肤和内脏器官黏膜（膀胱、胆囊、喉头等）有大小不等的出血点。

② 全身淋巴结肿大、出血，表面暗红或黑红色，切面边缘暗红，中间有红白相间大理石花纹。

③ 肾脏皮质部有数量不等的出血点，俗称"雀斑肾"。

④ 脾脏不肿大，但边缘有大小不一、数量不等、紫黑色的出血性梗死灶。

（3）慢性型：在回盲瓣周围、盲肠和结肠黏膜上发生坏死性肠炎，形成纽扣状溃疡，突出于黏膜表面，呈褐色或黑色，中央凹陷。

5. 诊　断

（1）根据流行病学，临床症状和病理变化可做出初步诊断。

（2）临床症状及病变不明显，必须采用实验室诊断。采集病猪的扁桃体、脾脏或淋巴结，分别装入青霉素空瓶内，置入有冰块的保温瓶里，迅速送检。

6. 防治措施

（1）平时预防措施

① 加强饲养管理，做好猪舍及环境的卫生，定期消毒。

② 坚持自繁自养原则，防止引进病猪，确要引进的猪应隔离观察 21 d，经接种疫苗后才可混群。

③ 对所有猪必须强制免疫。疫苗按国家兽医主管部门指定发配的进行免疫接种。

④ 制订合理的免疫程序。

种猪可每年在春、秋两季各接种 1 次。仔猪首免在 25 日龄左右，二免在 65 日龄左右。

常流行本病的地区或猪场，仔猪首免可做超前免疫，其方法是在出生后立即接种，注苗后 2 h 喂给初乳。二免也在 60 日龄左右。后备母猪在配种前免疫 1 次。

（2）发病时的扑救措施

发现病猪或可疑病猪，按我国农业部《猪瘟防治技术规范》进行防控，应立即隔离消毒或扑杀；有可能感染的猪只要测温，隔离观察；体温正常的猪要紧急接种疫苗，每头猪用 4～6 头份；体温升高的猪最好扑杀，进行无害化处理。所用的猪舍、用具、粪水、污染的场地均要严格消毒，防止病菌的扩散。

（二）非洲猪瘟

非洲猪瘟（African Swine Fever，ASF）是由非洲猪瘟病毒（ASFV）感染家猪和各种野猪（如非洲野猪、欧洲野猪等）引起一种急性、出血性、烈性传染病。该病也是我国重点防范的一类动物疫情。其特征是发病过程短，最急性和急性感染死亡率高达 100%，临床表现为发热（达 40～42 ℃），心跳加快，呼吸困难，部分咳嗽，眼、鼻有浆液性或黏液性脓性分泌物，皮肤发绀，淋巴结、肾、胃肠黏膜明显出血，非洲猪瘟临床症状与猪瘟症状相似，只能依靠实验室监测确诊。

1. 发病情况

本病自 1921 年在肯尼亚首次报道，一直存在于撒哈拉以南的非洲国家，1957 年先后流传至西欧和拉美国家，多数被及时扑灭，但在葡萄牙，西班牙西南部和意大利的撒丁岛仍有流行。2007 年以来，非洲猪瘟在全球多个国家发生、扩散、流行，特别是俄罗斯及其周边地区。2017 年 3 月，俄罗斯远东地区伊尔库茨克州发生非洲猪瘟疫情，疫情发生地距离我国较近，仅为 1 000 km 左右。另外，我国是养猪及猪肉消费大国，生猪出栏量、存栏量以及猪肉消费量均位于全球首位，每年种猪及猪肉制品进口总量巨大，与多个国家贸易频繁；而且，我国与其他国家的旅客往来频繁。因此，非洲猪瘟传入我国的风险日益加大。2018 年 8 月 3 日我国确诊首例非洲猪瘟疫情，从黑龙江调往河南郑州的生猪确诊发生非洲猪瘟。

2. 病 原

非洲猪瘟病毒是非洲猪瘟科非洲猪瘟属的重要成员，病毒有些特性类似虹彩病毒科和痘病毒科。病毒粒子的直径为 175～215 nm，呈 20 面体对称，有囊膜。基因组为双股线状 DNA，大小 170～190 kb。在猪体内，非洲猪瘟病毒可在几种类型的细胞质中，尤其是网状内皮细胞和单核巨噬细胞中复制。本病毒能从被感染猪的血液、组织液、内脏，及其他排泄物中检测出来，低温暗室内存在血液中的病毒可生存 6 年，室温中可存活数周。加热被病毒感染的血液 55 ℃ 30 min 或 60 ℃ 10 min，病毒将被破坏，许多脂溶剂和消毒剂可以将其破坏。

3. 传播媒介

该病毒可在钝缘蜱中增殖，并使其成为主要的传播媒介。非洲和西班牙半岛有几种软蜱是 ASFV 的贮藏宿主和媒介。美洲等地分布广泛的很多其他蜱种也可传播 ASFV。一般认为，ASFV 传入无病地区都与来自国际机场和港口的未经煮过的感染猪制品或残羹喂猪有关，或由于接触了感染的家猪的污染物、胎儿、粪便、病猪组织，并喂了污染饲料而发生。发病率和死亡率最高可达 100%。传入中国的非洲猪瘟病毒属基因 Ⅱ 型，与格鲁吉亚、俄罗斯、波兰公布的毒株全基因组序列同源性为 99.95% 左右。

通常非洲猪瘟跨国境传入的途径主要有四类：一是生猪及其产品国际贸易和走私；二是国际旅客携带的猪肉及其产品；三是国际运输工具上的餐厨剩余物；四是野猪迁徙。中国已查明疫源的 68 起家猪疫情，传播途径主要有三种：一是生猪及其产品跨区域调运，占全部疫情约 19%；二是餐厨剩余物喂猪，占全部疫情约 34%；三是人员与车辆带毒传播，这是当前疫情扩散的最主要方式，占全部疫情约 46%。

4. 发病机理及症状

ASFV 可经过口和上呼吸道系统进入猪体，在鼻咽部或是扁桃体发生感染，病毒迅速蔓延到下颌淋巴结，通过淋巴和血液遍布全身。强毒感染时细胞变化很快，在呈现明显的刺激反应前，细胞都已死亡。弱毒感染时，刺激反应很容易观察到，细胞核变大，普遍发生有丝分裂：发病率通常在 40%~85%，死亡率因感染的毒株不同而有所差异。高致病性毒株死亡率可高达 90%~100%；中等致病性毒株在成年动物的死亡率在 20%~40%，在幼年动物的死亡率在 70%~80%；低致病性毒株死亡率在 10%~30%。

自然感染潜伏期 5~9 d，往往更短，临床实验感染则为 2~5 d，发病时体温升高至 41 ℃，约持续 4 d，直到死前 48 h，体温始下降为其特征，同时临床症状直到体温下降才显示出来，故与猪瘟体温升高时症状出现不同，最初 3~4 d 发热期间，猪没有食欲，显出极度脆弱，猪只躺在舍角，强迫赶起要它走动，则显示出极度累弱，尤其后肢更甚，脉搏动快，咳嗽，呼吸快约 1/3，显呼吸困难，浆液或黏液脓性结膜炎，有些毒株会引起带血的下痢，呕吐，血液变化似猪瘟，从 3~5 个病例中，显示有 50% 的白细胞数减少现象，淋巴细胞也同样减少，体温升高时发生白细胞性贫血，至第四日白细胞数降至 40% 才不下降，未成熟中性球数增加也可观察到，往往发热后第七天死亡，或症状出现仅一两天便死亡。

5. 病理变化

在耳、鼻、腋下、腹、会阴、尾、脚无毛部分呈界线明显的紫色斑，耳朵紫斑部分常肿胀，中心深暗色分散性出血，边缘褪色，尤其在腿及腹壁皮肤肉眼可见到。显微镜所见，于真皮内小血管，尤其在乳头状真皮呈严重的充血和肉眼可见的紫色斑，血管内发生纤维性血栓，血管周围有许多嗜酸球，耳朵紫斑部分上皮的基层组织内，可见到血管血栓性小坏死现象，切开胸腹腔、心包、胸膜、腹膜上有许多澄清、黄或带血色液体，尤其在腹部内脏或肠系膜上表部分，小血管受到影响更甚，于内脏浆液膜可见到棕色转变成浅红色的瘀斑，即所谓的麸斑，尤其是小肠更多，直肠壁深处有暗色出血现象，肾脏有弥漫性出血情形，胸膜下水肿特别明显，及心包出血。

（1）在淋巴结有猪瘟罕见的某种程度的出血现象，上表或切面似血肿的结节较淋巴结多。

（2）脾脏肿大，髓质肿胀区呈深紫黑色，切面突起，淋巴滤胞小而少，有 7% 猪脾脏发生小而暗红色突起三角形栓塞情形。

（3）循环系统：心包液特别多，少数病例中呈浑浊且含有纤维蛋白，但多数心包下及次心内膜充血。

（4）呼吸系统：喉、会厌有瘀斑充血及扩散性出血，比猪瘟更甚，瘀斑发生于气管前 1/3 处，镜检下，肠有充血而没有出血病灶，肺泡则呈现出血现象，淋巴球呈破裂。

（5）肝：肉眼检查显正常，充血暗色或斑点大多异常，近胆部分组织有充血及水肿现象，小叶间结缔组织有淋巴细胞、浆细胞及间质细胞浸润，同时淋巴球的核破裂为其特征。

6. 诊　断

非洲猪瘟与猪瘟的其他出血性疾病的症状和病变都很相似，它们的亚急性型和慢性型在生产现场实际上是不能区别的，因而必须用实验室方法才能鉴别。现场如果发现尸体解剖的猪出现脾和淋巴结严重充血，形如血肿，则可怀疑为猪瘟。

（1）红细胞吸附试验：将健康猪的白细胞加上非洲猪瘟猪的血液或组织提取物，37 ℃培养，如见许多红细胞吸附在白细胞上，形成玫瑰花状或桑葚体状，则为阳性。

（2）直接免疫荧光试验：荧光显微镜下观察，如见细胞质内有明亮荧光团，则为阳性。

（3）动物接种试验。

（4）间接免疫荧光试验：将非洲猪瘟病毒接种在长满 Vero 细胞的盖玻片上，并准备未接种病毒的 Vero 细胞对照。试验后，对照正常，待检样品在细胞质内出现明亮的荧光团核荧光细点可被判定为阳性。

（5）酶联免疫吸附试验：对照成立时（阳性血清对照吸收值大于 0.3，阴性血清吸收值小于 0.1），待检样品的吸收值大于 0.3 时，判定为阳性。

（6）免疫电泳试验：抗原于待检血清间出现白色沉淀线者可判定为阳性。

（7）间接酶联免疫蚀斑试验：肉眼观察，或显微镜下观察，蚀斑呈棕色则为阳性，无色则为阴性。

7. 疫苗研制

2019 年 5 月 24 日，由中国农科院哈尔滨兽医研究所自主研发的非洲猪瘟疫苗取得阶段性成果。中国在非洲猪瘟疫苗创制阶段主要取得五项进展：

（1）分离中国第一株非洲猪瘟病毒。建立了病毒细胞分离及培养系统和动物感染模型，对其感染性、致病力和传播能力等生物学特性进行了较为系统的研究。

（2）创制了非洲猪瘟候选疫苗，实验室阶段研究证明其中两个候选疫苗株具有良好的生物安全性和免疫保护效果。

（3）是两种候选疫苗株体外和体内遗传稳定性强。分别将两种候选疫苗株在体外原代细胞中连续传代，其生物学特性及基因组序列无明显改变，猪体内连续传代，也未发现明显毒力返强现象。

（4）是明确了最小保护接种剂量，证明大剂量和重复剂量接种安全。

（5）是临床前中试产品工艺研究初步完成，已建立两种候选疫苗的生产种子库，初步完成了疫苗生产种子批纯净性及外源病毒检验，初步优化了候选疫苗的细胞培养及冻干工艺。

8. 防控工作

在无本病的国家和地区应防止 ASFV 的传入，在国际机场和港口，从飞机和船舶来的食物废料均应焚毁。对无本病地区事先建立快速诊断方法，制订一旦发生本病时的扑灭计划。由于在世界范围内没有研发出可以有效预防非洲猪瘟的疫苗，但高温、消毒剂可以有效杀灭病毒，所以做好养殖场生物安全防护是防控非洲猪瘟的关键。

（1）严格控制人员、车辆和易感动物进入养殖场；进出养殖场及其生产区的人员、车辆、物品要严格落实消毒等措施。

（2）尽可能封闭饲养生猪，采取隔离防护措施，尽量避免与野猪、钝缘软蜱接触。

（3）严禁使用泔水或餐余垃圾饲喂生猪。

（4）积极配合当地动物疫病预防控制机构开展疫病监测排查，特别是发生猪瘟疫苗免疫失败、不明原因死亡等现象，应及时上报当地兽医部门。

（三）猪伪狂犬病

猪伪狂犬病（PR）是由伪狂犬病毒引起的家畜及多种野生动物的一种急性传染病。猪感染后其症状因日龄而异，成年猪仅表现增重减慢等轻微温和症状。除猪以外的其他动物发病后表现为发热、奇痒及脑脊髓炎等症状。

本病广泛分布于世界各国。我国自1947年首次报道在猫中发生。近些年来在国内有较多发生流行的报道，对养猪业影响很大，在许多国家的影响仅次于猪瘟。

1. 病　原

伪狂犬病病毒，属于疱疹病毒科病毒。病毒的毒力主要由 IgE、IgD、IgG 和 IgTK 等基因协同控制，当这几种基因缺失时病毒对猪的毒力明显减弱或消失。

伪狂犬病病毒对低温、干燥的抵抗力较强，但对热、脂溶剂等高度敏感，如 70 ℃ 5 min、100 ℃ 1 min、乙醚、丙酮、氯仿、酒精等可将其灭活，一般消毒剂均能迅速将其杀灭。

2. 流行病学

（1）易感动物：猪、牛、羊、犬、猫等均可感染；野生动物如水貂、北极熊、银狐等也可感染发病，马属动物对本病有较强的抵抗力。

（2）传染源：病猪、带毒猪以及带毒鼠类和猫是主要的传染源，特别是带毒的猫和鼠。病毒主要从病猪的鼻分泌物、唾液、乳汁和尿中排出。

（3）传播途径：本病的方式主要是空气飞沫水平传播，消化道、皮肤伤口、交配也可传播本病，妊娠母猪感染本病时，可经胎盘感染胎儿。

（4）流行特点：本病多以流行的形式发生，主要是在没有免疫的猪群发生；具有一定的季节性，如在夏秋季天气较炎热时相对多发；不同年龄的猪只发病情况有较大差异。仔猪发病率和死亡率都高，育肥猪、后备猪、种公猪及空怀母猪的症状较轻，多能耐过或呈隐性，怀孕母猪多出现流产。

3. 临床症状

（1）哺乳仔猪及保育猪：

① 体温升高（41 ℃ 左右），呼吸困难。

② 呕吐，腹泻。

③ 有明显神经症状，最后衰竭死亡，病死率较高。

（2）育肥猪、后备猪、种公猪及空怀母猪：

① 症状轻微，仅见轻微的咳嗽，发热。

② 影响生长发育速度和饲料转化率。

（3）妊娠母猪：

① 早期感染常见返情现象。

② 受胎 40 d 以上感染时，常有流产、死胎现象，死胎大小差异不显著，无畸形胎。

③ 末期感染时，多产弱胎，于产后不久出现典型的神经症状而死亡。

4. 病理变化

（1）肾和心肌有针尖大小的出血点。

（2）肝、脾常可见 1～2 cm 直径的灰白色坏死灶。

（3）肺有小叶性间质性肺炎。

（4）脑膜明显充血、出血和水肿，脑脊液增多。

5．诊　　断

（1）临床综合诊断：根据流行病学、临床症状和病理变化可做初步诊断，临床上应注意区别于仔猪水肿病、猪链球菌病和引起母猪流产的繁殖障碍病等。

（2）动物接种：将疑是病料接种于家兔后观察其是否出现剧痒的症状而判定。

6．防治措施

（1）目前尚无治疗办法。

（2）预防：关键是灭鼠和消毒，严格控制引种和人员来往；种猪在配种前用伪狂犬病毒灭活疫苗免疫一次，分娩前 3 周再免疫接种 1 次；免疫母猪所产仔猪，断奶后用猪伪狂犬病基因缺失弱毒苗免疫一次，间隔 4～6 周加强免疫一次。

（3）控制：在病猪出现神经症状之前，注射高免血清或病愈猪血清，可降低死亡率；用基因缺失弱毒苗给仔猪滴鼻，可迅速控制疫情。

（四）繁殖与呼吸综合征

猪繁殖与呼吸综合征（PRRS）是一种接触性传染病。具有传播速度快、发病面广等特点，已给世界养猪业造成巨大的经济损失。其临床特征为母猪发热、厌食、流产、木乃伊胎、死胎、弱胎等繁殖障碍。仔猪表现呼吸道症状和高死亡率。死亡时缺氧导致耳、可视黏膜发绀，呈蓝紫色，俗称"蓝耳病"。

1．病　　原

PRRS 病原是猪繁殖与呼吸综合征病毒。本病毒有 2 个血清型：欧洲型和美洲型，不同毒株间的致病力有很大差异，这是造成病猪症状不同的主要原因之一。在病猪的呼吸道和流产的胎儿中可以分离到病毒。

2．流行病学

（1）易感动物：本病仅发生于猪，不分品种和年龄。

（2）传染源：本病的传染源是病猪、康复猪及健康带毒猪。病毒在康复猪体内至少可存留 6 个月（可不断地向体外排毒）。

（3）传播途径：病毒可从鼻分泌物、粪尿等途径排出体外，经空气、接触、胎盘和交配等多种途径传播，气候恶劣、高温、卫生条件不良、饲养密度过高时，都会增加本病发生率。

（4）流行特点：本病流行特点主要表现为以下特点：

① 临床表现趋于复杂，发病程度日渐加重；

② 仔猪死亡率呈上升趋势；

③ 亚临床感染日趋普遍，猪群的持续性感染、隐性感染十分常见，猪群的带毒时间很长；

④ 免疫抑制，常继发其他疾病（如附红细胞体病、链球菌病、沙门氏菌病等），也会影响其他疫苗（如猪疫苗）的接种免疫效果；

⑤ 混合感染呈上升趋势。

3. 临床症状

猪蓝耳病主要是侵染繁殖系统和呼吸系统，主要表现为母猪繁殖障碍、断奶仔猪高死亡率、育成猪高呼吸道疾病三大特点。

（1）经产和初产母猪多表现为高热（40～41 ℃）、精神沉郁、厌食、呼吸困难，少数母猪（1%～5%）耳朵、乳头、腹部、尾部发绀，以耳尖最为常见。出现这些症状后，大量怀孕母猪流产或早产，产下木乃伊胎、死胎和病弱仔猪，死产率可达 80%～100%。早产母猪分娩不顺，少奶或无奶。

（2）仔猪特别是吃奶猪，死亡率很高，可达 80%以上。临床症状与日龄有关，早产的仔猪出生时或数天内死亡。大多数新生仔猪出现呼吸困难（腹式呼吸）、肌肉震颤、后躯麻痹、共济失调、打喷嚏、嗜睡、精神沉郁、食欲不振等症状。断奶仔猪感染后大多数出现呼吸困难、咳嗽、肺炎症状，有些病猪出现下痢、关节炎、皮肤有斑点等症状。

（3）育肥猪体温可升高至 41 ℃左右，食欲明显减少或废绝，多数全身发红，呼吸加快，咳嗽加剧，个别病猪流少量黏鼻液。无继发感染的病猪死亡率较低。

（4）种公猪发病时症状轻微，持续时间短，但精液品质下降，死精多，是母猪受胎率下降、返情率增高的原因之一。

4. 病理变化

（1）间质性肺炎、肺出血、淤血，肺膨胀、坚硬、几乎没有弹性；

（2）淋巴结高度肿大或有出血；

（3）仔猪和死胎胸腔内有大量清亮液体；

（4）部分病例可见胃肠道出血、坏死和溃疡诊断。

5. 诊　断

（1）妊娠母猪后期出现流产、产死仔和弱仔猪；

（2）仔猪出现体温升高、呼吸困难、消瘦、衰弱而死。病程稍长者部分猪四肢下腹部出现瘀血斑和两耳发绀；

（3）剖检特征主要为间质性肺炎病变，肺表面有出血斑点。

6. 防治措施

（1）预防

① 坚持自繁自养的原则，建立稳定的种群，不轻易引种。要搞清所引猪场的疫情，此外，还应进行血清学检测，阴性猪方可引入，坚决禁止引入阳性带毒猪。引入后必须建立适当的隔离区，做好监测工作，一般需隔离检疫 4～5 周，健康猪方可混群饲养。规模化猪场要彻底实现全进全出，至少要做到产房和保育两阶段的全进全出。加强环境消毒，实行带体消毒，保持饲养用具的清洁减少饲养密度，通风、降温、改进猪舍环境。调整日粮，对病猪饲喂高能量饲料、青绿饲料，提高维生素含量 5%～10%，矿物质 5%～10%（Ca、Se、Mn 等），注意氨基酸平衡。

② 防止猪群流动。发病期间停止猪只出售，停止从外地购猪，隔离治疗病猪，场内健康猪群应努力做到停止或少移运，减少疫病传播机会。

③ 开展紧急免疫工作。蓝耳病疫情常同时伴有猪瘟发生，有蓝耳疫存在的地方猪瘟免疫抗体合格率明显下降。因此，要加强猪瘟的免疫工作，规模饲养场户要按照免疫程序及时接种疫苗。接种疫苗时要保证质量，可适当增加剂量，注意接种消毒，防止免疫失败或人为传播疫源。另外，根据各场实际，积极做好口蹄疫、猪气喘病、猪伪狂犬病等的免疫工作。规模饲养场推广使用猪蓝耳病疫苗对全部母猪和公猪进行免疫，基础免疫进行 2 次免疫，间隔3 周，以后每隔 5 个月免疫 1 次。

④ 无害化处理病死猪尸体。根据国家的有关法律法规及规章制度的规定，养猪场（户）要及时采取深埋、焚烧等无害化方法处理死胎、死猪，严格控制病猪的流动，严防疫情扩散蔓延。

（2）治疗

目前本病尚无有效的治疗药物，主要采取综合防治措施及对症疗法。

（五）猪日本乙型脑炎

日本乙型脑炎（JE）又称流行性乙型脑炎，是一种严重危害人畜健康的虫媒传播的急性病毒性传染病。流行性乙型脑炎是引起猪死亡和残疾的一个主要原因。

1. 病　原

（1）病原为乙脑病毒，原属披膜病毒科黄病毒属，病毒在感染动物的血液内存留时间很短，病毒生存于患猪中枢神经系统及肿胀的睾丸等组织中。

（2）乙脑病毒在外界环境中的抵抗力不强，病毒对酸和胰酶敏感，常用消毒药如碘酊、来苏儿、甲醛等都有迅速灭活作用。

2. 流行病学

（1）易感动物：马、猪、牛、羊、鸡、鸭都可感染；马、人最易感，其他畜禽隐性感染为主。

（2）传染源：蚊虫是重要的传播媒介。

（3）传播途径：本病主要通过蚊虫叮咬进行传播。

（4）流行特点：乙脑的流行在热带地区无明显的季节性，全年均可出现流行或散发，而在温带和亚热带地区则有严格的季节性，这是由于蚊虫的繁殖、活动及病毒在蚊体内的增殖均需一定的温度。根据我国多年统计资料，约 90% 的病例发生在 7、8、9 三个月内，而 12月至次年 4 月几乎无病例发生。

3. 临床症状

（1）猪常突然发病，体温升高，持续数天，呈稽留热。病猪精神沉郁，嗜睡喜卧，食欲减少或不食，口渴增加，粪便干燥呈球形，表面附着有白色黏液，尿成深黄色。

（2）妊娠母猪：突发性流产或早产，流产的胎儿有死胎、木乃伊胎或弱胎，但多为死胎。胎儿大小不等，小的如人的拇指，大的与正常胎儿无多大差别。流产后母猪症状很快减轻，体温和食欲逐渐恢复正常。

（3）公猪：常常发生睾丸肿胀，肿胀常呈一侧性，也有两侧睾丸同时肿胀的，但肿胀的程度不等。

4. 病理变化

（1）脑和脊髓可见充血、出血、水肿。

（2）睾丸有充血、出血和坏死。

（3）子宫内膜充血、水肿、黏膜上覆有黏稠的分泌物。

（4）流产或早产的胎儿常见脑水肿，皮下水肿。

5. 诊　　断

（1）临床诊断根据流行性乙脑明显的季节性和地区性及其临床特征不难做出初诊。

（2）确诊：必须进行病毒分离和血清学实验等特异性诊断。

6. 防控措施

（1）防蚊灭蚊，消灭传播媒介蚊虫是预防本病的重要措施。

（2）按时进行免疫接种。

（3）隔离消毒，发病后对病猪要立即进行隔离，最好淘汰。

（六）猪口蹄疫

口蹄疫（FAD）是偶蹄兽的一种急性、高度接触性、热性传染病。其临床特征是在口腔黏膜、舌、吻突、蹄部和乳房皮肤处发生水疱和烂斑。猪口蹄疫的发病率很高，传播快，易造成大面积流行，我国也把口蹄疫列为一类动物疫病。

1. 病　　原

FAD病原是口蹄疫病毒。口蹄疫病毒的血清型分为7个主型和70个亚型，主型有A、O、C，南非1、2、3型和亚洲1型。O型为全世界分布最广、危害最大，我国流行主要O型与亚洲1型。各主型之间的抗原性不同，免疫接种后只对本型产生免疫力，没有交叉保护作用。主型内各亚型之间，也只有部分交叉保护作用。口蹄疫病毒容易变异，给免疫防疫带来很大困难。

病毒在病猪的水疱液和水疱皮中含量最高。病毒对寒冷的抵抗力很强，而高温和太阳对病毒有杀灭作用，酸和碱对病毒也有杀灭作用。而食盐、酒精、酚对病毒无杀灭作用。常用的消毒药有2%～3%氢氧化钠，10%石灰乳、0.2%～0.5%过氧乙酸。

2. 流行病学

（1）易感动物：本病发生在猪、牛、羊等偶蹄兽，以猪最易感，且不分品种和年龄。

（2）传染源：病猪、带毒猪是最主要的传染源，它们的分泌物和排泄物均可向外排毒，与病毒接触的人、物、老鼠、小鸟、风等均成为传染媒介。

（3）传播途径：病毒经消化道、呼吸道、破损的皮肤、黏膜、眼结膜、人工输精来进行直接或间接性的传播。

（4）流行特点：本病一年四季均发病，但以冬春寒冷多发。传染性极强，传播迅速，发病率极高。

3. 临床症状

病猪以蹄部出现水疱为主要特征，体温 40～41 ℃，大猪一般良性经过，1 周左右痊愈，死亡率低。常见如下症状：

（1）蹄部水疱：蹄冠、蹄叉出现红热、形成水疱破溃，站立行走困难。

（2）口腔水疱：鼻盘、腭部、舌部、颊部出现水疱，采食困难，容易饿死。

（3）乳房水疱：部分猪乳房、乳头皮肤出现水疱。

（4）仔猪：表现急性胃肠炎、心肌炎而麻痹死亡，死亡率 80% 以上。

4. 病理变化

（1）口腔和蹄部出现水疱和烂斑。

（2）仔猪出现出血性胃肠炎。

（3）患猪心肌松软、切面灰白色或淡黄色斑点或条纹，故称"虎斑心"。

5. 诊　断

（1）初步诊断

① 本病传播迅速，流行快，主要侵害偶蹄兽，多为良性经过，但哺乳仔猪死亡率高。

② 猪的蹄部出现水疱、烂斑，严重时蹄壳脱落，口腔黏膜、鼻吻突也有水疱和烂斑。

③ 剖检时可见"虎斑心"。

（2）实验室诊断

采取病猪的水疱皮和水疱液，置于 50% 甘油生理盐水中，迅速送检。

（3）鉴别诊断

与猪的水疱病区别。但猪口蹄疫的临床症状与猪水疱病极为相似，故仅根据临床症状常不能做出鉴别。

6. 防控措施

（1）平时防控措施

加强管理：不从疫区引种，从严消毒。

口蹄疫是国家强制免疫，要定期进行免疫接种，用该地区流行的灭活苗在每年 9 月、11 月、次年的 1 月份分别免疫接种，基本上可以保护冬春寒冷季节。同时要加强管理，不从疫区引种，销售猪时从严消毒，绝不允许外人入内。

（2）发病后应采取措施：

疑似或发病后应立即向当地主管部门上报，按照国家相关规定处理。

疫点：封锁、严格地消毒，扑杀病猪及同群猪，并进行无害化处理。

疫区：封锁、消毒、监视，对疫区的猪进行紧急接种，疫区内最后一头病猪痊愈或死亡后 14 d，如再没有新病例出现，可申报解除封锁，在解除封锁前作一次全面严格的大消毒。

受威胁区：封锁、消毒、监视、进行紧急免疫接种。

发生口蹄疫的猪，应按规定扑杀，不得治疗。

（七）猪传染性胃肠炎与猪流行性腹泻病

猪传染性胃肠炎（TGE）是由冠状病毒引起的一种急性、高度接触性肠道传染病。临床特征为呕吐、腹泻和脱水。不同年龄和品种的猪均能发病，10日龄以内的仔猪发病率及死亡率高，但5周龄以上的猪死亡率很低。

1. 病 原

猪传染性胃肠炎病毒属于冠状病毒科冠状病毒属，有囊膜，形态多样，呈圆形、椭圆形、多边形，直径60~120 nm，为单股DNA病毒。只有一个血清型。病毒存在于猪的各个器官、体液和排泄物中，但空肠、十二指肠、肠系膜淋巴结含毒量最高。

本病毒无血凝性，不耐热，56 ℃ 45 min，日晒6 h死亡。

2. 流行病学

（1）易感动物

仔猪发、断奶猪及成年猪。各种年龄的猪均能发病，10日龄以内仔猪发病率及死亡率高，断奶猪及成年猪症状较轻，大多数能自然康复。

（2）传染源

病猪和带毒猪是本病的主要传染源，从粪便、呕吐物、乳汁、鼻分泌物以及呼出的气体排泄病毒，污染环境，通过呼吸和消化道传播。有些架子猪和育肥猪感染后往往发病不严重，排毒时间也不长，但病毒在体内保存时间较长，当抵抗力下降时可引起排毒而大批传染。

（3）流行特点

地方流行性，流行特点为速来速去。多发生于冬季和初春季节。

3. 临床症状

潜伏期很短，为15~18 h，最长2~3 d。传播迅速，数日可蔓延到全群。

仔猪突然发病，首先呕吐，继而发生频繁水样严重腹泻，粪便黄色、绿色或白色，常含有未消化的凝乳块。病猪极度口渴，明显脱水，体重减轻，日龄越小，病死率越高。

幼猪、肥猪和母猪症状轻重不一，通常只有1 d至数天出现食欲不振，个别猪只有呕吐和腹泻症状，5~8 d腹泻停止而康复。

4. 剖检病变

病毒经口、鼻感染后，在局部繁殖，然后沿着咽、食道、胃或血液进入小肠，与肠上皮细胞接触，上皮细胞受感染后，使空肠和回肠的绒毛显著萎缩，肠黏膜的功能性上皮细胞迅速破坏脱落，消化吸收能力下降，引起腹泻和脱水。仔猪发病严重是由于小肠黏膜绒毛未发育完全，死亡是由于脱水和代谢性酸中毒以及高钾血症引起的心功能异常和肾功能减退。

胃内有凝乳块，胃底黏膜充血、出血。肠内有白色和黄绿色的液体，肠壁薄而无弹性，扩张呈半透明，肠系膜充血、淋巴结肿胀。肾肿胀和脂肪变性并含有白色尿酸盐，有的还有肺炎病变。

5. 诊　断

（1）临床综合诊断

本病发生于冬季，传播迅速，不分年龄，仔猪病死率高；病猪呕吐、腹泻和脱水；小肠壁变稀薄，充满液体，小肠绒毛萎缩可初步诊断。

（2）实验室诊断

① 荧光抗体法

取腹泻病猪的空场或回肠的刮取物作涂片或冰冻切片，观察上皮细胞的荧光。

② 血清学诊断

双份血清测抗体。

6. 防治措施

（1）加强饲养管理

① 分娩舍、保育舍遵守"全进全出"和"空栏消毒、间歇1周"的原则。

② 妊娠母猪分娩前10~14 d选用多拉菌素注射液等抗寄生虫药驱除体内外寄生虫。

③ 临产母猪提前7 d用温水清洗干净全身并消毒后，再进入产栏。

④ 保温，通风，保持栏舍卫生、干燥和清洁。

⑤ 断脐、剪牙、断尾、剪耳等应严格消毒。

⑥ 仔猪注射足量铁剂。

⑦ 初生仔猪及早吃足初乳。

⑧ 仔猪提早补料，每天及时消除产栏剩余饲料，不让仔猪舔食旧料。

（2）免疫接种（在流行季节前15 d免疫）

（3）药物防治

治疗原则：抗菌消炎，控制原发病原，以止泻补液与健胃消食疗法进行对症治疗和支持治疗，防止脱水、酸中毒与心力衰竭。

常用治疗药物包括：

① 抗菌消炎。

② 止泻。

③ 缓泻。

④ 健胃消食。

⑤ 脱水补液。

对猪消化道传染病的治疗，要及时发现及时治疗。在改善饲养管理、加强环境控制、消除各种应激因素的同时，采取特异性疗法、抗菌药物疗法、对症疗法、支持疗法相结合的措施。如注射抗菌药物，消除病因；强心补液，防止脱水与心力衰竭，纠正酸中毒；内服收敛止泻剂与健胃消食剂，调整胃肠机能；同时注意控制继发感染。

（八）猪流行性腹泻

猪流行性腹泻（PED）是由猪流行性腹泻病毒引起的一种接触性肠道传染病，其特征为呕吐、腹泻、脱水。

1. 病　原

流行性腹泻病毒（PEDV）为冠状病毒科冠状病毒属的成员。

从患病仔猪的灌肠液中浓缩和纯化的病毒不能凝集家兔、小鼠、猪、豚鼠、绵羊、牛、马、雏鸡和人的红细胞。

2. 流行病学

（1）易感动物

本病只发生于猪，各种年龄的猪都能感染发病。哺乳猪、架子猪或肥育猪的发病率很高，尤以哺乳猪受害最为严重。母猪发病率变动很大，为 15%～90%。

（2）传染源

病猪及带毒猪是本病的传染源。

（3）传播途径

主要传染途径是消化道。

（4）流行特点

呈地方流行性。本病季节性很强，以 11 月至第二年 2 月底发生较多。但其发病率和死亡率随猪龄的增长而下降。1～5 日龄内哺乳仔猪感染率最高，死亡率也高，几乎 100%，断奶猪、育肥猪、种猪症状较轻微，病死率很低或无病死。此病传播迅速，仅数日危及全群。

流行性腹泻病可单一发生或与传染性胃肠炎混合感染，曾有流行性腹泻病与圆环病毒混合感染的报道。

3. 临床症状

潜伏期一般为 5～8 d，人工感染潜伏期为 8～24 h。

主要的临床症状为水样腹泻，或者在腹泻之间有呕吐。呕吐多发生于吃食或吃奶后。症状的轻重随年龄的大小而有差异，年龄越小，症状越重。

一周龄内新生仔猪发生腹泻后 3～4 d，呈现严重脱水而死亡，死亡率可达 50%，最高的死亡率达 100%。病猪体温正常或稍高，精神沉郁，食欲减退或废绝。

断奶猪、母猪精神委顿、厌食和持续性腹泻大约一周，并逐渐恢复正常。少数猪恢复后生长发育不良。肥育猪在同圈饲养感染后都发生腹泻，一周后康复，死亡率 1%～3%。成年猪症状较轻，有的仅表现呕吐，重者水样腹泻 3～4 d 可自愈。

4. 剖检病变

眼观变化仅限于小肠：小肠扩张，内充满黄色液体，肠系膜充血，肠系膜淋巴结水肿，小肠绒毛缩短。组织学变化，见空肠段上皮细胞的空泡形成和表皮脱落，肠绒毛显著萎缩。绒毛长度与肠腺隐窝深度的比值由正常的 7∶1 降到 3∶1。上皮细胞脱落最早发生于腹泻后 2 h。

5. 诊　断

猪流行性腹泻发生于寒冷季节，各种年龄都可感染，年龄越小，发病率和病死率越高，并逐呕吐，水样腹泻和严重脱水。

本病在临诊症状、流行病学和病理变化等方面均与传染性胃肠炎无明显差异，只是流行性腹泻死亡率较传染性胃肠炎低，在群中传播的速度也较缓慢些。确诊须进行实验室诊断。

实验室诊断。目前，诊断方法有免疫电镜、免疫荧光、间接血凝试验、ELISA、RT-PCR、中和试验等，其中免疫荧光和 ELISA 是较常用的。

免疫荧光：用直接免疫荧光法（FAT）检测流行性腹泻病毒是可靠的特异性诊断方法，目前应用最为广泛。

酶联免疫吸附试验：ELISA 最大的优点是可从粪便中直接检查流行性腹泻病毒抗原，目前应用也较为广泛。

6. 防治措施

本病应用抗生素治疗无效，可参考猪传染性胃肠炎的防治办法。在本病流行地区可对怀孕母猪在分娩前 2 周，以病猪粪便或小肠内容物进行人工感染，刺激其产生乳源抗体，以缩短本病在猪场中的流行。

我国已研制出 PEDV 甲醛氢氧化铝灭活疫苗，保护率达 85%，可用于预防本病。还研制出 PEDV-TGE 二联灭活苗，这两种疫苗免疫妊娠母猪，乳猪通过初乳获得保护。在发病猪场断奶时免疫接种仔猪可降低这两种病的发生。

（九）猪圆环病毒感染

猪圆环病毒病最早发现于加拿大（1991 年），圆环病毒 Ⅱ 型及其相关的猪病，死亡率10% ~ 30% 不等，较严重的猪场在暴发本病时死淘率高达 40%。

1. 病　原

目前发现最小的动物病毒。可分为圆环病毒 Ⅰ 型和圆环病毒 Ⅱ 型。圆环病毒 Ⅱ 型对外界的抵抗力较强，在 pH3 的酸性环境中很长时间不被灭活。该病毒对氯仿不敏感，在 56 ℃ 或70 ℃ 处理一段时间不被灭活。在高温环境中也能存活一段时间。不凝集牛、羊、猪、鸡等多种动物和人的红细胞。

2. 流行病学

（1）易感动物

① 仔猪断奶后多系统衰竭综合征：发生于断奶后 3 ~ 4 d。

② 猪肾皮炎与肾病综合征：通常发生于 12 ~ 14 周龄的猪。

③ 母猪繁殖障碍：主要发生于初产母猪。

④ 仔猪传染性先天性震颤：发生于出生后 1 周内。

（2）传染源

病猪和带毒猪，工厂养殖方式可能与本病有关，饲养管理不善、恶劣的断奶环境、不同来源及年龄的猪混群、饲养密度过高及刺激仔猪免疫系统均为诱发本病的重要危险因素，但猪场大小并不重要。

（3）传播途径

猪对圆环病毒 Ⅱ 型具有较强的易感性，感染猪可自鼻液、粪便等废物中排出病毒，经口腔、呼吸道途径感染不同年龄的猪。怀孕母猪感染圆环病毒 Ⅱ 型后，可经胎盘垂直传播感染仔猪。猪在不同猪群中的移动是该病毒的主要传播途径。

（4）流行特点

本病以散发为主或缓慢传染，有时可呈暴发性。各种应激或不良因素均可诱发病，并加重病情或死亡。

3. 临床症状

（1）仔猪断奶后多系统衰竭综合征（PMWS）

① 渐进性地体重减轻，变成落脚猪。

② 被毛粗乱、竖毛，皮肤苍白，偶尔可见黄疸。

③ 常见呼吸症状明显，可见呼吸困难。

④ 严重下痢或腹泻，嗜睡，结膜炎增多。

⑤ 许多病猪体表淋巴结肿大。

⑥ 后期卧地不起，个别有神经症状。

（2）猪皮炎与肾病综合征

① 主要发生于保育猪和生长育肥猪。

② 身体各处的皮肤上出现圆形或不规则的红紫色病变斑点或斑块。

③ 病变中央呈黑色、病变常融合成大的斑块。

④ 呈散发性，死亡率低。

（3）母猪繁殖障碍

① 发病母猪体温 41～42 ℃。

② 流产、产死胎、弱仔及木乃伊胎。

③ 病后母猪受胎率低或不孕。

（4）猪间性肺炎

① 病猪咳嗽气喘，流鼻汁，呼吸加快。

② 生长缓慢等，多见于保育期与育肥期猪。

（5）传染性先天性震颤

① 俗称"仔猪跳跳病"，仅发生于新生仔猪。

② 仔猪刚出生不久，便出现全身或局部肌肉阵发性挛缩。

③ 若仔猪能存活 1 周，则常可免于一死，通常在 2～3 周内震颤逐渐减轻以至消失。

4. 剖检病变

（1）本病主要的病理变化为患猪消瘦，贫血，皮肤苍白，黄疸。

（2）淋巴结异常肿胀，内脏和外周淋巴结肿大到正常体积的 3～4 倍，切面为均匀的白色。

（3）肺部有灰褐色炎症和肿胀，呈弥漫性病变，坚硬似橡皮样。

（4）肝脏色暗，呈浅黄色到橘黄色外观，萎缩，肝小叶间结缔组织增生。

（5）肾脏水肿，苍白，被膜下有坏死灶。

（6）脾脏轻度肿大，质地如肉；胰、小肠和结肠也常有肿大及坏死病变。

5. 诊　断

（1）根据本病的流行特点，结合本病的临床症状、剖检病变一般可以做出诊断。

（2）确诊需要进行实验室诊断，最可靠的方法为病毒分离与鉴定。

6. 防治措施

（1）预防

① 购入种猪要严格检疫，隔离观察。

② 严格实行全进全出制度。

③ 定期消毒，杀死病原体，切断传播途径。

④ 药物预防，控制原发病及继发感染。

⑤ 帮助仔猪过好断奶关。

⑥ 做好其他疫病的免疫接种。

⑦ 发生本病时应采取的措施。

（2）治疗

目前尚无特效药物治疗，但及时对症治疗或注射些抗生素及磺胺类药以防止继发感染，可减少本病的死亡而促进病猪早日康复。

（十）猪丹毒

猪丹毒是由猪丹毒杆菌引起的一种急性、热性传染病，其特征是急性表现为败血症；亚急性病例表现为皮肤疹块；慢性病例主要表现为心内膜炎、关节炎和皮肤坏死。

1. 病　原

（1）本病的病原体为丹毒杆菌属的红斑丹毒丝菌，俗称丹毒杆菌。

（2）猪丹毒杆菌是一种革兰氏阳性菌，具有明显形成长丝的倾向。本菌为平直或微弯纤细小杆菌，大小为 0.2 ~ 0.4 μm，0.8 ~ 2.5 μm。

（3）猪丹毒杆菌对外界环境的抵抗力很强，但对消毒药的抵抗力较低，2%福尔马林、3%来苏儿、1%火碱和漂白粉都能很快将其杀死。

（4）磺胺类药物对猪丹毒杆菌没有抑菌作用，青霉素有高度抑菌作用。

2. 流行病学

（1）易感动物

本病主要发生于猪，3 个月左右的猪最为敏感，哺乳猪和母猪亦可发生；牛、羊、狗、马、鼠类、家禽及野鸟也可发病，但非常少见。人感染本病时称类丹毒。

（2）传染源

病猪和痊愈猪以及健康带菌猪是本病的主要传染源，丹毒杆菌主要存在于病猪的心、肾、脾和肝，以心肾的含菌量最多。

（3）传播途径

病猪、带菌猪以及其他带菌动物都可从粪尿中排出猪丹毒杆菌而污染饲料、饮水、土壤、用具和猪舍等，通过饮食经消化道传染给易感猪。

（4）流行特点

猪丹毒的流行季节具有一定特点，虽然 1 年四季均发生，但以炎热多雨季节流行最盛，秋凉以后逐渐减少，本病常为散发性或地方流行传染，有时也发生暴发流行。

3. 临床症状

（1）急性败血型

① 见于流行初期地区，个别发病突然死亡。

② 体温42℃以上，高热不退，可稽留3~5d，此时病猪虚弱，不愿走动，躺卧地上，结膜充血呈暗红色。

③ 发病1~2d后，皮肤上出现红斑，其大小和形状不一，以耳、背、臀等处较多见，指压褪色（个别红斑色不显），后渐变成疹块周边为深红色，中央灰色，凸出皮肤表面，其后变成棕色痂块，如不及时治疗3~4d死亡，有时延至7~9d死亡，病死率50%。

（2）亚急性疹块型

① 其特征是全身皮肤上出现疹块，俗称"打火印"。

② 发病初期，体温41℃以上，精神不振，食欲不佳，口渴、便秘，时有呕吐。

③ 发病1~2d后，在胸、背、腹、四肢外侧等处出现数量不定，大小不等，形状不规则、颜色深浅不同的疹块，且稍突出皮肤表面。

④ 疹块型猪丹毒一般良性经过，经1~2周恢复，死亡率较低，少数转为急性败血型死亡，也可转为慢性型。

（3）慢性型

① 通常由急性或亚急性型转变为本型，但也有原发性的。

② 其特征是呈关节炎、心内膜炎和皮肤坏死三种。关节炎，常发生于四肢关节，以膝关节、腕关节和跗关节最多见，患病关节肿胀、疼痛，步态强拘，跛行，甚至卧地不起。心内膜炎，常表现为食欲时好时坏，但体温正常，被毛粗乱，发育不良，呼吸短促，咳嗽，听诊心跳加快，有杂音，可视黏膜呈蓝紫色，体躯下部淤血，浮肿，呈青紫色，后期消瘦，衰弱死亡。皮肤坏死，常见于病猪耳、肩、背、尾及蹄，局部皮肤变黑，干硬如革，最后脱落，遗留下淡色的瘢痕，不长毛。

4. 病理变化

（1）急性型：脾肿大，呈樱桃红色，肾淤血肿大呈暗红色，淋巴结肿大，肺淤血，胃、十二指肠发炎充血、出血。

（2）亚急性型：剖检病变不明显。

（3）慢性型：剖检病变不明显。

5. 诊 断

（1）根据该病的临床症状，对亚急性型猪瘟一般不难做出诊断。

（2）对急性败血型和慢性型猪丹毒必须通过实验室诊断才能确诊。

（3）疹块型及慢性型猪丹毒各有其特有症状，一般不难与其他病区别，但急性猪丹毒病例应注意与猪瘟、猪肺疫、猪败血型链球菌病、仔猪副伤寒相鉴别。

① 猪瘟呈流行性发生，发病率和病死率极高，药物治疗无效，皮肤上有较多的小出血点，病猪常昏睡，病程较长。死后剖检课件全身实质性器官广泛性出血，回盲口有纽扣状坏死。

② 最急性猪肺疫猪肺疫的发生与饲养管理条件有密切关系，病猪咽喉部急性肿胀，呼吸困难，口鼻流泡沫样分泌物。死后剖检，可见肺充血、水肿，脾不肿大，取病料做革兰氏染色，见革兰氏阴性小杆菌，呈长椭圆形，两端浓染。

③ 链球菌败血性链球菌与急性猪丹毒极其相似，往往需要经实验室检查才能鉴别。

④ 急性猪副伤寒多发生于 2～4 月龄小猪，在阴雨潮湿的时候较多见，先便秘后下痢，胸腹部皮肤呈蓝紫色。死后剖检，可见肠系膜淋巴结显著肿大，肝有小点状坏死灶，大肠壁的淋巴小结肿大或溃疡，脾肿大。

6. 防治措施

（1）预防

目前用于防治本病的疫苗有灭活苗和弱毒苗两大类，乳猪应在断乳后进行首免以后每隔 6 个月免疫一次，其他猪春、秋各免疫一次。

（2）治疗

治疗本病的首选药为青霉素，头孢，氨苄青霉素配合其他解热镇痛药进行，如无并发症，均能收到很好的效果。

（十一）仔猪副伤寒

仔猪副伤寒又称为猪沙门氏菌病，是由沙门氏菌引起的 2 月龄左右仔猪发生的传染病，其以急性败血症，或慢性坏死性肠炎，顽固性下痢为特征，常引起断奶仔猪大批发病。

1. 病　原

病原是沙门氏菌，沙门氏菌属于革兰氏阴性杆菌，不产生芽孢亦无荚膜，绝大部分沙门氏菌都有鞭毛能运动。在猪的副伤寒病例中，各国所分离的沙门氏杆菌的血清型相当复杂，其中主要的有猪霍乱沙门氏菌、猪伤寒沙门氏菌、鼠伤寒沙门氏菌、肠炎沙门氏菌等。

2. 流行病学

（1）易感动物：常发生于 6 月龄以下的猪，以 1～3 月龄者发生较多，20 日龄以内及 6 月龄以上的猪极少发生。

（2）传染源：病猪和带菌猪，猪霍乱沙门氏菌感染恢复猪，一部分能持续排菌，鼠伤寒沙门氏菌等由于污染环境而促使持续发病。

（3）传播途径：本病主要经消化道感染，病畜与健康畜交配或用病公畜的精液人工授精可发生感染。此外，子宫内感染也有可能。鼠类也可传播本病。健康畜禽的带菌现象非常普遍。

（4）流行特点：本病一年四季均可发生，但以冬春气候寒冷多变及多雨潮湿季节发生最多，一般呈散发性或地方流行性。环境污染、潮湿、棚舍拥挤、饲料和饮水供应不良、长途运输中气候恶劣、疲劳和饥饿、寄生虫病、分娩、手术、断奶过早等，均可促进本病的发生。

3. 临床症状

（1）急性败血型

断奶至 3 月龄猪发病；发热、食欲不振、呼吸迫促；耳、四肢、腹下部等皮肤紫斑；有时后躯麻痹，排黏液血性下痢或便秘；经过 1～4 d 死亡。

（2）下痢型，临床上多见的类型

发生于 3 月龄左右的猪；出现水黄色恶臭下痢，发热，呕吐；精神沉郁，食欲不振，被毛失去光泽；眼结膜潮红、肿胀，分泌脓性黏液性液体。

4. 病理变化

（1）急性败血型

① 全身主要淋巴结出现浆液性和充血出血性肿胀。

② 肠黏膜出血性炎症，有纤维素性坏死物；肠系膜淋巴结索状肿大。

③ 脾脏肿大，呈橡皮样的暗紫色。

④ 肺水肿，充血；肾出血。

⑤ 卡他性胃炎及肠黏膜充血和出血。

（2）下痢型

① 主要病变见于大肠、盲肠、结肠黏膜肥厚，溃疡。

② 呈现局灶性、弥散性、纤维素性坏死性肠炎，并形成糠麸样溃疡，有时也见有肺病变。

5. 诊　　断

（1）根据流行病学、临床症状和病理变化可做出初步诊断。

（2）确诊需从病猪的血液、脾、肝、淋巴结、肠内容物等进行沙门氏菌分离和鉴定。

6. 防控措施

（1）预防

认真贯彻"养重于防、预防为主"的方针，在本病常发地区，可对 1 月龄以上哺乳或断奶仔猪用仔猪副伤寒冻干弱毒苗预防。

（2）治疗

对发病猪只应尽早地给予治疗，治疗时可选择一些敏感抗菌药物，如诺氟沙星、恩诺沙星、卡那霉素、庆增安等。与发病猪同圈、同舍的猪群采用饲料中饲喂抗生素预防，对于慢性病猪应及时给予淘汰。

（十二）猪链球菌病

猪链球菌病是由 C、D、E 及 L 群链球菌引起的猪的多种疾病的总称。表现为急性出血性败血症、心内膜炎、脑膜炎、关节炎、哺乳仔猪下痢和孕猪流产等。猪链球菌感染不仅可致猪败血症肺炎、脑膜炎、关节炎及心内膜炎，而且可感染特定人群发病，并可致死亡，危害严重。

1. 病　　原

链球菌属于链球菌属，为革兰氏阳性、球形或卵圆形细菌，不形成芽孢，亦无鞭毛，有的可形成荚膜，呈长短不一的链状排列。需氧或兼性厌氧。在培养基中加入血液、血清及腹水等可促其生长。37 ℃ 培养 24 h，形成无色露珠状细小菌落。本菌的致病力取决于产生毒素和酶的能力。

本菌对高热及一般消毒药抵抗力不强。但组织或脓汁中的菌体，在干燥条件下可存活数周。引起猪链球菌病的链球菌主要有猪链球菌、马链球菌兽疫亚种（旧称兽疫链球菌）和类猪链球菌等。近年来由猪链球菌 2 型所引起的猪败血性链球菌病常见流行。

2. 流行病学

（1）易感动物

猪、马属动物、牛、绵羊、山羊、鸡、兔、水貂以及鱼等均有易感染性。猪不分年龄、品种和性别均易感。猪链球菌 2 型可感染人并致死。

（2）传染源

病猪和病愈带菌猪是本病的主要传染源。

（3）传播途径

病原存在于病猪的各实质器官、血液、肌肉、关节和分泌物及排泄物中。病死猪的内脏和废弃物是造成本病的重要因素。本病主要经呼吸道、消化道和损伤的皮肤感染。

（4）流行特点

本病一年四季均可发生，但以 5~11 月份较多发。本病呈地方流行性，但在新疫区呈暴发流行，发病率和死亡率很高。在老疫区多呈散发，发病率和死亡率均较低。

3. 临床症状

（1）败血型

最急性型发病急、病程短，常无任何症状而突然死亡。体温高达 41~43 ℃，呼吸急促，多在 24 h 内死于败血症。急性型多突然发病，体温高达 40~43 ℃，呈稽留热。呼吸迫促，鼻镜干燥，从鼻腔中流出浆液性或脓性分泌物。结膜潮红，流泪。颈部、耳郭、腹下及四肢下端皮肤呈紫红色，并有出血点。慢性型表现为多发性关节炎。关节肿胀，跛行或瘫痪，最后因衰弱、麻痹死亡。

（2）脑膜炎型

以脑膜炎为主，多见于哺乳仔猪和断奶小猪。常因断齿、去势、断乳、转群、气候骤变或过于拥挤所诱发。病猪体温高，精神沉郁，不食，便秘，很快出现特征性的神经症状，如共济失调、磨牙、空嚼、仰卧、四肢作游泳状划动，后肢麻痹，爬地而行，最后昏迷而死亡。病程 1~2 d，长的可达 5 d，病死率极高。

（3）淋巴结脓肿型

颌下、咽部、颈部等处淋巴结化脓和形成脓肿为特征。受侵害的淋巴结肿胀、坚硬，局部体温升高，触摸有痛感，采食、咀嚼、吞咽和呼吸困难，部分有咳嗽、流鼻液症状，后期化脓成熟，肿胀变软，皮肤坏死。病程 3~5 周，多数可痊愈。严重病例可见全身体表淋巴结脓肿，可影响采食、咀嚼、吞咽、呼吸等功能。死亡率低，但病猪生长发育受阻。

4. 剖检病变

死于败血症状的猪，以全身各组织器官呈现败血症变化。表现为鼻黏膜紫红色、充血及出血，喉头、气管充血，常有大量泡沫。肺充血肿胀。全身淋巴结有不同程度的肿大、充血和出血。脾肿大 1~3 倍，呈暗红色，边缘有黑红色出血性梗死区。胃和小肠黏膜有不同程度的充血和出血，肾肿大、充血和出血，脑膜充血和出血，有的脑切面可见针尖大的出血点。

脑膜炎型主要表现脑膜充血、出血甚至溢血，个别脑膜下积液，脑组织切面有点状出血，其他病变与败血型的相同。慢性病例可见关节腔内有黄色胶冻样或纤维素性、脓性渗出物，淋巴结脓肿。有些病例心瓣膜上有菜花样赘生物。

5. 诊　断

（1）临床综合诊断

根据流行病学、临床症状和病理变化可做出初步诊断，确诊需进一步做实验室诊断。

（2）实验室诊断

根据不同的病型采取不同的病料，如脓肿、化脓灶、肝、脾、肾、血液、关节液、脑脊髓液及脑组织等做病原分离与鉴定。

6. 防治措施

（1）预防注射

猪链球菌病多价（败血型、关节炎型、脑膜炎型）蜂胶灭活疫苗，仔猪每头注射 2 mL，大猪和怀孕母猪（产前 15 d）注射 3 mL；猪链球菌活疫苗（败血型），每头猪注射 1～2 头份。

（2）严格引种和检疫

对引回的猪只要进行隔离饲养观察 30 d，经观察健康无疫后方可进圈饲养。

（3）严格消毒。

（4）做好发病猪的隔离和治疗。

（十三）副猪嗜血杆菌病

副猪嗜血杆菌病又称多发性纤维素性浆膜炎和关节炎。临床上以体温升高、关节肿胀、呼吸困难、多发性浆膜炎、关节炎和高死亡率为特征的传染病，严重危害仔猪和青年猪的健康，近年来，国内外许多猪场曾暴发此病，发病率高达 100%，死亡率高达 80%～90%，经养猪业造成巨大的经济损失。

1. 病　原

属革兰氏阴性小杆菌，形态多变；一般条件下难以分离和培养，尤其是应用抗生素治疗过病猪的病料，因而给本病的诊断带来困难；主要分布于猪的鼻腔、鼻窦、扁桃体和气管前段等部位。

2. 流行病学

（1）易感动物

只感染猪，可以影响从 2 周龄到 4 月龄的青年猪，主要在断奶前后和保育阶段发病，通常见于 5～8 周龄的猪。

（2）传染源

病猪和带菌猪是本病的主要传染源。

（3）传播途径

通过呼吸道传播，当猪群中存在繁殖呼吸综合征、猪流感的情况下，该病更容易发生。

（4）流行特点

饲养环境不良时多发，断奶、转群、混群或运输也是常见的诱因。

3. 临床症状

（1）急性型

病猪体温升高至 40 ~ 41 ℃；精神沉郁，食欲减退；消瘦，被毛粗乱，皮肤苍白；气喘，咳嗽，呼吸困难，腹式呼吸，可视黏膜发绀；鼻孔有黏液性或浆液性分泌物；关节肿胀、跛行，共济失调；母猪流产、公猪跛行

（2）慢性型

病猪极度消瘦，体弱，毛长，皮肤无光泽；咳嗽，呼吸困难，呈腹式呼吸；关节肿大，跛行，行走无力

4. 剖检病变

（1）胸腔积有淡红色液体和纤维素性渗出物，几分钟后变成胶冻样凝块。

（2）肺表面覆盖有大量的纤维素性渗出物，常见肺与胸膜粘连。

（3）心包腔积有浑浊液体，心外膜与心包膜粘连。

（4）腹腔有多发性浆膜炎和纤维素性渗出物，常见腹膜与肠粘连。

（5）关节（主要是腕关节和跗关节）肿胀，触摸柔软，剖开后常见淡黄色或淡红色渗出液。

5. 诊　断

根据病猪的临床症状、剖检病变与流行病学不难做出诊断；确诊则需要实验室诊断。

6. 防治措施

（1）免疫接种

① 首先应做好其他疫病的免疫接种。

② 其次，是根据猪场的实际情况，可选用副猪嗜血杆菌菌苗免疫接种。

（2）药物治疗

实验室试验及临床用药表明，本菌对氟苯尼考、磺胺间甲氧嘧啶钠等磺胺类药物高度敏感。现介绍以下用法，供参考。

① 30%氟苯尼考注射液，每 20 kg 体重 1 mL，肌注，每 2 d 1 次，连用 3 次即可。同时配合肌注硫酸阿米卡星注射液，每千克体重 5 ~ 7 mg，每天 2 次，连用 5 d。

② 磺胺间甲氧嘧啶钠注射液每千克体重肌注 0.25 mL，每天 1 次，连用 5 d。同时配合肌注抗毒杀注射液（中西药合剂），每千克体重 0.1 mL，每天 1 次，连用 5 d。氟苯尼考和磺胺间甲氧嘧啶钠混合使用效果更好。

治疗过程中首先要注意解热镇咳，缓解咳喘，增强机体的抗病力，控制其他病原继发感染。用药后，一般临床症状会暂时缓解，但不能立即停药，否则易复发。可在停止用药后，通过料或饮水添加敏感药 3 ~ 5 d 方可控制本病。对已发病同栏其他猪，或未发病猪群及假定

健康猪群应实行全群治疗或用药预防。

（十四）猪大肠杆菌病

大肠杆菌是仔猪最常见病原之一。新生仔猪腹泻由大肠杆菌引起的占45%，高于其他病原。猪的大肠杆菌病，按其发病日龄分为三种，即1~7日龄发生的仔猪黄痢；2~3周龄发生的仔猪白痢；6~15周龄发生的仔猪水肿病。成年猪感染大肠杆菌后主要表现乳腺炎和子宫内膜炎。

1. 病　原

病原为大肠杆菌，大肠杆菌是一种革兰氏阴性的短杆菌，有鞭毛，无芽孢，易在普通琼脂上生长，形成凸起、光滑、湿润的乳白色菌落。

大肠杆菌按其致病性可分为产肠毒素性大肠杆菌、肠致病性大肠杆菌、侵袭性大肠杆菌、肠道出血性大肠杆菌、尿道致病性大肠杆菌5种，对猪有致病性的主要是前3种。

2. 流行病学

（1）仔猪黄痢

常发生于出生后1周以内，以1~3日龄最常见，随日龄增加而减弱，7日龄以上，很少发生，同窝仔猪发病率在90%以上，死亡率很高，甚至全窝死亡。

（2）仔猪白痢

发生于10~30日龄仔猪，以2~3周龄较多见，1月龄以上的猪很少发生，其发病率约50%，而死亡率较低。一窝仔猪中发病常有先后，此愈彼发，拖延时间较长，有的仔猪窝发病多，有的仔猪窝发病少，症状也轻重不一。

（3）猪水肿病

常见于断奶后不久的仔猪，体质健壮、生长快的猪最易发病，育肥猪和10 d以下的猪很少见。在某些猪群中有时散发，有时呈地方流行性，发病率一般在10%~30%甚至以下，但死亡率很高，约90%。

3. 临床症状

（1）仔猪黄痢

① 发生于1周内仔猪，1~3日龄最常见。

② 剧烈腹泻，粪便黄色水样，含有凝固块，在捕捉时，由于挣扎和鸣叫，常由肛门冒出稀粪。

③ 患病仔猪迅速衰弱、脱水、消瘦、昏迷而死亡。

（2）仔猪白痢

① 一般发生于7~30日龄仔猪，以7~14日龄最常见。

② 下痢。以排乳白色或灰白色糊状粪便为特征。

③ 病程与诱因有关，如阴雨潮湿、气候骤变、母猪乳汁过浓过稀或栏舍污秽等均可促进本病的发生和发展。

④ 发病率高，死亡率低。

（3）猪水肿病

① 断奶猪突然发病，体温无明显变化，有明显的神经症状。

② 常见眼睑、脸部水肿，有时波及头颈部、腹部皮下水肿。

③ 严重者，水肿可累及全身。但值得指出的是，有些病猪则没有明显的水肿变化。

④ 本病的病程，短者为数小时，一般为 1~2 d，也有的可长达 7 d 以上。

4. 剖检病变

（1）仔猪黄痢

① 最急性剖检无明显病变，有的表现为败血症。

② 一般可见尸体脱水严重，肠道膨胀，有多量黄色液体内容物和气体。

③ 十二指肠、空肠、回肠呈急性卡他性炎症变化。

（2）仔猪白痢

① 剖检尸体外表苍白消瘦。

② 肠黏膜有卡他性炎症变化，有多量黏液性分泌液。

（3）猪水肿病

① 胃大弯部黏膜下组织高度水肿。

② 眼睑、脸部、结肠、肠系膜及肠系膜淋巴结、胆、喉头、脑及其他组织也可见水肿。

③ 水肿范围大小不一，有时可见全身性瘀血。

5. 诊　断

（1）仔猪黄痢

根据新生仔猪突然发病，排黄色稀粪，同窝仔猪几乎均患病，死亡率高，而母猪健康，无异常，即可初步诊断本病。

（2）仔猪白痢

根据 2~3 周龄哺乳仔猪成窝发病，体温不变，排白色糨糊样稀粪，剖检仅见有胃肠卡他性炎症等特点，即可做出初步诊断。

（3）猪水肿病

主要发生于断奶后不久的仔猪，常突然发病，病程短，死亡率高，病猪眼睑水肿，叫声嘶哑，共济失调，渐进性麻痹，胃贲门、胃大弯及结肠系膜胶样水肿，淋巴结肿胀等特点，即可做出初步诊断。

6. 预　防

（1）仔猪黄痢、仔猪白痢

① 严格控制引种。

② 抓好母猪产前产后的饲养管理。

③ 加强新生仔猪的护理。

④ 免疫预防。

⑤ 药物预防。

⑥ 在吃奶前投喂某些微生物制剂。

（2）猪水肿病

① 仔猪断奶 1～2 周内饲粮粗蛋白质水平宜控制在 17%～19%，并保证有充足的常量微量元素及多种维生素（特别是硒和维生素 E。）

② 免疫预防：仔猪出生 7～10 日龄注射水肿病灭活苗；

③ 药物预防：使用复方氟苯尼考粉（肠肺宁粉）或复方林可霉素粉（菌炎宁）拌料预防，500 g/t 饲粮，连用 3～5 d。

7. 治 疗

（1）仔猪黄痢、仔猪白痢

对氟诺酮类药物（诺氟沙星、恩诺沙星等）、庆大霉素、痢菌净、某些磺胺药物有较好的效果。

（2）猪水肿病

对本病的治疗比较困难，通常病猪一旦出现症状，常常以死亡而告终。因此当发现第一个病例后，应立即对同窝仔猪进行预防性治疗，方可收到较好的效果。

① 氧氟沙星 1～3 mL/只，肌注。

② 强力水肿灵 1～2 mL/只，肌注，每天 2 次，连用 2 d。

另可根据具体情况选用解毒水肿，抗菌消炎的药物进行综合治疗。

（十五）猪肺疫

猪肺疫，是由多杀性巴氏杆菌所引起的猪的一种急性传染病。急性病例以败血症和炎性出血过程为主要特征，慢性病例常表现为皮下结缔组织、关节及各脏器的化脓性病灶。

1. 病 原

（1）病原为多杀性巴氏杆菌，是两端钝圆，中央微凸的短杆菌，革兰氏染色阴性。

（2）本菌为需氧及兼性厌氧，最适生长温度为 37 ℃，在普通培养基上能够生长，但生长不佳，必须加有血液、血清或葡萄糖等才能生长茂盛。

（3）本菌的抵抗力很低，在自然界中生长的时间不长，浅层土壤中可存活 7～8 d，粪便中可活 14 d，一般的消毒药在数分钟内均可将其杀死。

2. 流行病学

（1）易感动物

巴氏杆菌对多种动物均有致病性，但一般情况下，在不同畜禽间不易互相感染。

（2）传染源

病猪和带菌猪是主要的传染源，多杀性巴氏杆菌存在于病猪和带菌猪的呼吸道中，所以在发生猪肺疫时常常查不到传染源。

（3）传播途径

病猪的排泄物、分泌物不断排出有毒力的病菌，污染饲料，饮水、用具及外界环境，经过消化道而传染于健康猪，或由咳嗽、喷嚏排出的病原，通过飞沫经呼吸道传染。经吸血昆虫的媒介和损伤皮肤、黏膜也可发生传染。当畜禽饲养管理不良，气候恶劣，使动物抵抗力降低时，即可发生内源性传染。

（4）流行特点

本病的发生以冷热交替、气候剧变、多雨、潮湿、闷热的时期多发；一些诱发因素如营养不良、寄生虫、长途运输、饲养管理条件不良等诱因作用促进本病发生与发展。本病一般为散发，有时可呈地方性流行。

3. 临床症状

本病的潜伏期为 1~14 d，临诊上一般分为最急性型、急性型和慢性型。

（1）最急性型

本病俗称"锁喉风"，常突然发病，无明显症状死亡。病程稍长的可表现为体温明显升高，最高可达 42 ℃ 左右，食欲废绝，全身衰竭，横卧或呈犬坐式，或伸颈呼吸，呼吸极度困难，黏膜发红，心跳加快。喉头肿胀、发热、红肿，严重的向上可至耳根，向后可达胸前。耳根、腹侧、四肢内侧出现红斑。口鼻流沫，迅速恶化、死亡。病程为数小时至数天。

（2）急性型

本病是猪肺疫主要的常见的病型。除有败血症的症状外，还表现为胸膜肺炎。体温升高（40.5~41.6 ℃）。最初发生痉挛干咳，呼吸困难，流黏稠鼻液，有时混有血液，后为湿咳，胸部疼痛。病势加重，呼吸更困难，张口呼吸，呈犬坐式。病程为 5~8 d，不死的则转为慢性。

（3）慢性型

表现为慢性肺炎和胃炎，持续性咳嗽与呼吸困难，流少量黏性、脓性分泌物。有时出现痂样湿疹，关节肿大，食欲不振，常有腹泻。进行性营养不良，消瘦，如不及时治疗，多拖延 2 周以上而死亡，病死率为 60%~70%。

4. 剖检病变

（1）皮肤、皮下组织、各浆膜和黏膜有大量出血点。

（2）咽喉部有出血点，充满大量的气泡。

（3）全身淋巴结肿大、出血（尤以咽喉淋巴结最为明显）。

（4）肺脏充血、水肿或肝变。

（5）急性型以纤维素性肺炎为特征。

5. 诊　断

（1）根据流行病学、临阵症状和剖检病变，尤其是最急性型病例中的"锁喉风"，结合对猪的治疗效果，可做出初步诊断。

（2）确诊则必须依赖细菌的分离、鉴定及动物抗感染实验。

6. 防治措施

（1）预防：按免疫程序接种。

在本病发生流行时，对未发病的猪应用抗生素或磺胺类药等进行预防，待疫情过后，再进行免疫。

（2）治疗：可选用卡那霉素、青霉素、链霉素、氟苯尼考、磺胺类药物、长效土霉素等药物，连用 2 ~ 3 d（中途不能停药），在病情稳定后，应注意交替用药，并视病情的轻重缓急而确定治疗的先后及用药量。

（十六）猪气喘病

猪喘气病也称猪气喘病、猪支原体肺炎、猪地方流行性肺炎、猪支原体肺炎。

本病广泛存在于世界各地，发病率一般在 50%左右，在国内阳性率在 30% ~ 50%。患病猪长期生长发育不良，生长率下降 12%，饲料利用率降低 20%。本病的死亡率不高，但继发性病原体感染造成严重的死亡。

1. 病 原

1965 年确定为猪肺炎支原体，猪肺炎支原体对青霉素及磺胺类药物不敏感；对土霉素、卡那霉素、林可霉素等敏感；耐低温，但不耐热（55 ℃ 在 1 min 内灭活）；一般常用的化学消毒剂和常用的消毒方法均能达到消毒的目的。

2. 流行病学

（1）易感动物

本病仅发生于猪，不同年龄、性别、品种和用途的猪均能感染。土（纯）种猪易感性强。

（2）传染源

病猪及隐性带菌猪是本病的传染源。很多地区或猪场由于从外引种引起本病暴发。

（3）传播途径

主要通过呼吸道感染。当健康猪与病猪接近，如同圈饲养，尤其通风不良，潮湿和拥挤的猪舍，最易发病和流行。

（4）流行特点

一年四季均可发生，但在寒冷、多雨或气候骤变时，饲养管理不善，营养不良等，猪群发病率上升。

3. 临床症状

（1）急性型

病猪突然发作，呼吸数每分钟可达 70 ~ 130 次；严重者张口喘气、口鼻流沫，呈腹式呼吸或呈犬坐势；体温正常，呼吸困难，食欲减退，甚至可窒息死亡；病程一般 7 ~ 10 d。

（2）慢性型

病猪长期咳嗽，常见于早、晚、运动及进食后，咳、喘加剧；初为单咳，严重时呈痉挛性咳嗽；随着病程的延长，呼吸数增加，表现出明显的腹式呼吸，时而明显，时而缓和；食欲减少，生长发育缓慢，消瘦；病程达 3 ~ 6 个月甚至以上。

（3）隐性型

病猪在良好的饲养管理条件下无明显症状。偶见有轻微咳嗽，体况较好；在血清学检查阳性、X 射线胸透和剖检可发现不同程度的肺炎病灶。

4. 剖检病变

（1）主要病变在肺、肺门淋巴结和纵隔淋巴结。

（2）全肺两侧均显著膨大，有不同程度的水肿。

（3）肺的心叶、尖叶、中间叶及膈叶前缘呈淡红色或灰红色肺炎变化。

（4）尖叶和心叶呈明显的"鲜虾样"肉变。

5. 诊　断

（1）根据流行情况及临床表现为咳嗽，喘气为特征，病理剖检主要在肺的心叶、尖叶、中间叶及膈叶前缘出现"肉变"，一般可做出诊断。

（2）在现场用 X 线检查透视肺部可做出快速准确的诊断。

6. 防控措施

（1）免疫预防

健康猪只用猪气喘病弱毒疫苗和灭活疫苗进行交叉免疫预防,仔猪在 15 日龄首免弱毒疫苗, 30 日龄再接种灭活疫苗, 效果较好；繁殖母猪在配种前 1 周, 种公猪在每年 4 月和 10 月进行预防接种。

（2）药物预防

① 泰乐菌素。

10 mg/kg 体重, 肌肉注射, 每日 1 次, 连用 3～5 d。内服, 每升水中加本药 0.2 g, 连饮 3～5 d, 预防本病效果良好。

② 支原净。

饮水中添加 0.004% 的颗粒剂, 连续饮水 10 d, 有良好的预防效果。

（3）治疗措施：

① 卡那霉素, 2 万～4 万单位/kg, 每日 1 次, 肌肉注射, 连用 5 d。

② 土霉素或长效土霉素肌注, 每日一次（用量按说明书）连用 3～5 d。

③ 根据大量临床实践证明：治疗本病时用卡那霉素、土霉素联合使用（或交叉使用）辅以中草药则效果更好。

林可霉素, 每千克体重 50 mg, 5 d 一疗程, 连续 2 个疗程。

④ 泰乐菌素, 每千克体重 10 mg, 肌肉注射, 3 d 为一疗程。

⑤ 氟苯尼考, 每千克体重 30 mg, 肌肉注射, 5 d 为一疗程。

⑥ 蒽诺沙星, 每千克体重 5 mg, 肌肉注射, 5 d 为一疗程。

注意：本病往往症状消失食欲好转，但并非痊愈，故需要再用药（可选土霉素、支原净、泰乐菌素及中草药）拌料饲喂一周。并注意加强营养，做好防寒保暖工作等。

（十七）猪附红细胞体病

附红细胞体病是由附红细胞体所致的人畜共患的传染病，本病主要引起猪（特别是仔猪）高热、贫血、黄疸和全身皮肤发红，故又称红皮病。

1. 病　原

（1）猪发生本病是由猪附红细胞体和小附红细胞体所引起的。

（2）猪附红细胞体呈环形、球形、椭圆形、杆状、月牙状、逗点状和串珠状等不同形状,附红细胞体即寄生于红细胞表面，也可游离于血浆中。

（3）附红细胞体对干燥和化学药品的抵抗力很低，但耐低温，在 5 ℃ 能保存 15 d，在加 15%甘油的血液中，于-79 ℃ 条件下可保存 80 d，冻干保存可活 765 d。一般常用消毒剂均能杀死病原，如 0.5%的苯酚与 37 ℃ 3 h 就可将其杀死。

2. 流行病学

（1）易感动物

不同年龄和品种的猪均有易感性，仔猪的发病率和死亡率较高。

（2）传染源

患病猪及隐性感染猪是重要的传染源。

（3）传播途径

主要为吸血昆虫，特别是蚊虫。另外，注射针头、手术器械、交配等也可能传播本病。

（4）流行特点

① 一般认为附红细胞体病多发生于温暖的夏季，尤其是高温高湿的天气。冬季相对较少。最早见于广东、广西、上海、浙江、江苏、福建等地，后来逐渐蔓延至河南、山东、河北、甚至新疆和东北地区。

② 仔猪的发病率和死亡率较高（尤其是继发感染后）。

③ 病猪一般死于急性期阶段或治疗不及时及患有并发症等。

④ 应激因素是导致本病暴发和流行的主要因素。通常情况下只发生于那些抵抗力下降的猪，分娩、过度拥挤、长途运输、恶劣的天气、饲养管理不良、更换圈舍或饲料及其他疾病感染时，猪群更易暴发或流行此病。

3. 临床症状

猪附红细胞体病因畜种和个体体况的不同，临床症状亦有一定差异。

（1）仔猪

仔猪出现身体发热、群堆、颤抖、步态不稳、皮肤潮红，精神沉郁，哺乳减少或废绝，急性死亡，发病后期眼结膜皮肤苍白或黄染，贫血症状，血红蛋白尿，两后肢内侧腹部皮肤有淤血点。部分治愈的仔猪会变成僵猪。

（2）育肥猪

根据病程长短不同可分为三种类型：急性病例较少见，病程 1~3 d。亚急性病猪体温升高，达 40.5 ℃ 左右。病初精神委顿，食欲减退，发病初皮肤发红。病猪常在耳朵、背部皮肤毛孔出现针尖大小不等的出血点，随着病情的好转或发展，颜色不尽相同（红或黑等）。慢性患猪体温在 39.5 ℃ 左右，主要表现皮毛粗乱、食欲差，且常继发或感染其他病原，贫血和黄疸。患猪生长缓慢，出栏延迟。

（3）母猪

症状分为急性和慢性两种。急性感染的症状为持续高热（体温可高达 42 ℃），厌食，偶有乳房和阴唇水肿，产仔后奶量少，缺乏母性。慢性感染猪呈现衰弱，黏膜苍白及黄疸，不发情或屡配不孕，如有其他疾病或营养不良，可使症状加重，甚至死亡。

4. 剖检病变

（1）主要典型病理变化为贫血及黄疸。

（2）皮下肌间有出血点，皮肤及黏膜苍白，血液稀薄、色淡、不易凝固，全身性黄疸，皮下组织水肿，多数有胸水和腹水。

（3）肝脏肿大变性呈黄棕色，表面有黄色条纹状或灰白色坏死灶。

（4）胆囊膨胀，内部充满浓稠明胶样胆汁。脾脏肿大变软，呈暗黑色，有的脾脏有针头大至米粒大灰白（黄）色坏死结节。

（5）肾脏肿大，有微细出血点或黄色斑点，有时淋巴结水肿。

5. 诊　断

（1）根据流行病学、临床症状和病理剖检对本病一般不难诊断。

（2）鉴别诊断注意与其他常有皮肤症状的疫病区别诊断（如猪肾病皮炎、弓形虫、猪丹毒等）。

6. 防治措施

（1）防控

① 加强饲养管理，保持猪舍、饲养用具卫生，减少不良应激等是防止本病发生的关键。

② 夏秋季节要经常喷洒杀虫药物，防止昆虫叮咬猪群，切断传染源。

③ 购入猪只应进行血液检查，防止引入病猪或隐性感染猪。本病流行季节给予预防用药，可在饲料中添加土霉素或金霉素添加剂，或中药消红五加一 800 g/t 或使用阿散酸和多西环素等，有一定的预防作用。

（2）治疗

治疗猪附红细胞体病的药物虽有多种，但真正有特效的不多，每种药物对病程较长和症状严重的猪效果都不好。由于猪附红细胞体病常伴有其他继发感染，因此，对其治疗必须附以其他对症治疗才有较好的疗效。下面是几种常用的药物：

① 血虫净（或三氮咪、贝尼尔）每千克体重用 5 ~ 10 mg，用生理盐水稀释成 5%溶液，分点肌肉注射，1 d1 次。

② 复方长效土霉素或长效土霉素注射液，每天 1 次（用量参考说明书）连用 3 ~ 5 d。

③ 四环素、土霉素（每千克体重 10 mg）和金霉素（每千克体重 15 mg，口服，连用 7 ~ 14 d）。

二、猪的常见寄生虫病防治技术

（一）猪蛔虫病

严重影响猪的生长发育，降低饲料利用率，造成饲料和人力的极大浪费外，严重感染时死亡率也很高。

1. 病　原

（1）猪蛔虫是一种大型线虫，新鲜虫体呈粉红稍带黄白色，死后呈苍白色。中间稍粗，两端较细，近似圆柱形。

（2）雄虫长 15～25 cm，直径约 3 mm；雌虫长 20～40 cm，直径约 5 mm。

（3）每条雌虫每天平均可产卵 10 万～20 万个，产卵旺盛时期每天可排 100 万～200 万个，每条雌虫一生可产卵 3000 万个。

2. 生活史

（1）虫卵随粪便排出，在外界发育成含有感染性幼虫的卵；

（2）这种虫卵随同饲料或饮水被猪吞食后，在小肠中孵出幼虫；

（3）幼虫进入肠壁的血管，随血流移行至肺脏，进入肺泡；

（4）继续沿支气管、气管上行，后随黏液进入会厌，经食道而至小肠；

（5）从感染时起到再次回到小肠发育为成虫，共需 2～2.5 个月。

3. 流行病学

（1）流行广泛，在饲养管理较差的猪场，均有本病的发生。

（2）生活史简单。

（3）繁殖力强，产卵数量多。

（4）虫卵对各种外界环境的抵抗力强。

4. 临床症状

（1）幼虫移行至肝脏时

咳嗽、呼吸增快、体温升高、食欲减退和精神沉郁，病猪俯卧在地，不愿走动。

（2）成虫寄生在小肠时

腹痛、烦躁不安、堵塞肠道，导致肠破裂，有时蛔虫可进入胆管，造成胆管堵塞，引起黄疸等症状。

（3）成虫分泌毒素时

发生一系列神经症状，仔猪发育不良，生长受阻，被毛粗乱，常是造成"僵猪"的一个重要原因，严重者可导致死亡。

5. 病理变化

（1）初期呈肝炎、肺炎病变。

（2）成虫寄生时，可见小肠黏膜有卡他性炎症，出血或溃疡。

（3）病程较长者，出现化脓性胆管炎或胆管破裂，胆汁外流，肝脏黄染和变硬等。

6. 防治措施

（1）预防

① 定期驱虫，在规模化猪场，首先要对全群猪驱虫；以后公猪每年驱虫 2 次；母猪产前 1～2 周驱虫 1 次。

② 保持猪舍、饲料和饮水的清洁卫生。

（2）治疗

可使用下列药物驱虫：

① 甲苯咪唑每千克体重 10~20 mg，混在饲料中喂服。

② 阿维菌素每千克体重 0.3 mg，皮下注射或口服。

③ 伊维菌素每千克体重 0.3 mg，皮下注射或口服。

（二）猪肺线虫病

猪的肺线虫病是由圆线虫寄生在猪的支气管内所引起的线虫病，俗称猪肺丝虫病。主要危害仔猪，也严重影响仔猪的生长，发育和降低肉品质量，给养猪业带来一定的损失。

1. 病　原

常见的病原体有长刺后圆线虫和短阴后圆线虫。虫体呈乳白色，细长丝状，雄虫较雌虫短小。虫卵呈短椭圆形，灰白色，卵壳较厚，表面凹凸不平，卵内含有已发育成型，呈井子状的幼虫。

2. 临床症状

猪的肺丝虫病主要危害仔猪，轻者症状不明显，重者可引起支气管炎和肺炎，在早、晚和运动时或遇到冷空气时出现阵发性咳嗽，有时鼻孔流出脓性黏稠液体，并发生呼吸困难。病猪虽有食欲，但表现有进行性消瘦，便秘或下痢，贫血，发育迟缓，严重者可致死。

3. 防治措施

做好猪舍内、外的环境卫生。圈内地面保持清洁和干燥，消灭土壤中的蚯蚓。

做好预防性驱虫。对病猪，除应及时治疗外，对流行地区的猪群，应做好春秋两次的驱虫。驱虫药可用：左旋咪唑、阿维菌素、伊维菌素等。

（三）猪球虫病

猪球虫病是一种由艾美耳属和等孢属球虫引起的仔猪消化道疾病，腹泻、消瘦及发育受阻。

猪球虫病多见于仔猪，可引起仔猪严重的消化道疾病，该病呈世界性分布，猪球虫的种类很多，但对仔猪致病力最强的是猪等孢球虫。

1. 病　原

由艾美耳属和等孢属球虫引起。在宿主体内进行无性世代和有性世代繁殖，在外界环境中进行孢子生殖。

2. 流行病学

（1）猪等孢球虫常见于仔猪，但成年猪常发生混合球虫感染。

（2）球虫病通常影响仔猪，成年猪是带虫者。

（3）猪场的卫生措施有助于控制球虫病。

（4）及时清除粪便能有效地控制球虫病的发生。

3. 临床症状

（1）腹泻，持续 4~6 d，粪便呈水样或糊状，显黄色至白色，偶尔由于潜血而呈棕色。

（2）消瘦及发育受阻，发病率较高，死亡率变化较大。

（3）猪严重感染时，则表现不安，腰无力，出现肌肉僵硬和后肢短期瘫痪，并有呼吸困难等现象。

4. 诊　断

由于一般感染不表现临床症状，严重感染时也无特异症状，所以生前诊断较为困难，兽医学上对动物的诊断主要依据死亡剖检，在小肠内查出内生发育阶段的虫体。

5. 防治措施

（1）预防

① 做好产房的清洁，产仔前母猪的粪便必须清除。

② 大力灭鼠，以防鼠类器械性传播卵囊。

（2）治疗

通常使用磺胺类药物进行治疗，遗憾的是，球虫发展迅速，常因治疗太晚，而不能获得稳定的好的治疗效果。

（四）弓形虫病

弓形虫（体）病是由龚地弓形虫寄生于各种动物的细胞内引起的一种人畜共患的原虫病。病猪体表，尤其是耳、下腹部、后肢和尾部等因淤血及皮下渗出性出血呈紫红斑。妊娠母猪的流产、死胎、胎儿畸形为特征，目前只有磺胺类药物有特效，其他抗生素无效。

1. 病　原

（1）病原为龚地弓形虫，简称弓形虫。弓形虫在整个发育过程中分 5 种类型，即滋养体、包囊、裂殖体、配子体和卵囊。其中滋养体、包囊和感染性卵囊这三种类型都具有感染能力。

（2）弓形虫的终末宿主是猫。

2. 流行病学

（1）易感动物

弓形虫是一种多宿主原虫，对中间宿主的选择不严，已知有 200 余种动物，包括哺乳类、鸟类、鱼类、爬行类和人都可作为它的中间宿主。

（2）传染源

病畜和带虫动物的脏器和分泌物、粪、尿、乳汁、血液及渗出液，尤其是猫随粪排出的卵囊污染的饲料和饮水都是主要的传染源。

（3）传播途径

猪主要是经消化道吃入被卵囊或带虫动物的肉、内脏、分泌物等污染的饲料而感染。通过胎盘感染的现象亦普遍存在。

3. 流行特点

本病主要的流行形式有以下几种：

（1）暴发型

在一个短的时间内,猪场内大部分猪或某一栋内的大部分猪同时发病,死亡率可高达60%以上。

（2）急性型

猪场内有若干头猪同时发病,一般以一个猪圈内的十几头或二十几头猪几乎同时患病。

（3）零星散发（多见）

一般是在一个圈或几个圈内同时或相继出现1~2头病猪。有的先发生一例之后逐渐向四周扩散,使邻位的猪圈中的猪在2~3周内陆续发病。

（4）隐性感染

感染猪一般见不到临床症状,但血清学检测阳性率较高,尤其是妊娠母猪的隐性感染常导致流产。

4. 生活史

卵囊随粪便排出体外,在外界适宜的温度、湿度和氧气条件下,经过孢子化发育为感染性卵囊。动物吃了猫粪中的感染性卵囊或吞食了含有弓形虫速殖子或包囊的中间宿主的肉、内脏、渗出物和乳汁而被感染。速殖子还可通过皮肤和鼻、眼、呼吸道黏膜感染,也可通过胎盘感染胎儿,各种昆虫也可传播本病。在中间宿主各脏器的有核细胞中进行无性繁殖,形成滋养体和包囊。

5. 临床症状

（1）一般猪急性感染后,经 3~7 d 的潜伏期,呈现和猪瘟极相似的症状,体温升高至40.5~42 °C,呈稽留热,病猪精神沉郁,食欲减少至废绝,喜饮水,伴有便秘或下痢。

（2）呼吸困难,常呈腹式呼吸或犬坐呼吸。后肢无力,行走摇晃,喜卧。鼻镜干燥,被毛粗乱,结膜潮红。随着病程发展,耳、鼻、后肢股内侧和下腹部皮肤出现紫红色斑或间有出血点。

（3）病后期严重呼吸困难,后躯摇晃或卧地不起,如治疗不及时或继发感染其他病原病症加重死亡。

（4）耐过急性的病猪一般于2周后恢复。

（5）怀孕母猪若发生急性弓形虫病,表现为高热、不吃、精神委顿和昏睡,此种症状持续数天后可产出死胎或流产,即使产出活仔也会发生急性死亡或发育不全,不会吃奶或畸形怪胎。

6. 剖检病变

（1）病猪体表,尤其是耳、下腹部、后肢和尾部等因淤血及皮下渗出性出血而呈紫红斑。

（2）肺呈大叶性肺炎,暗红色,间质增宽,含多量浆液而膨胀成为无气肺,切面流出多量带泡沫的浆液。

（3）全身淋巴结有大小不等的出血点和灰白色的坏死点,尤以鼠蹊部和肠系膜淋巴结最为显著。

（4）肝肿胀并有散在针尖至黄豆大的灰白或灰黄色的坏死灶。脾脏在病的早期显著肿胀，有少量出血点，后期萎缩。

（5）肾脏的表面和切面有针尖大出血点。肠黏膜肥厚、糜烂，从空肠至结肠有出血斑点。心包、胸腔和腹腔有积水。

7. 诊　　断

（1）根据弓形虫病的临床症状、病理变化和流行病学特点，做出初步诊断的依据。

（2）确诊必须在实验室中查出病原体或特异性抗体。直接观察将可疑病畜或死亡动物的组织或体液，做涂片、压片或切片，甲醇固定后，吉姆萨染色，显微镜下观察，如果为该病，可以发现有弓形虫的存在。

8. 防治措施

（1）治疗

对于弓形虫病，用磺胺类药物有特效，且使用时必须坚持严格的用药原则：

① 剂量要足，首次剂量要适当加量，一日用药 2～3 次。

② 根据磺胺类药物在体内的维持时间，严格按时用药。

③ 不能过早停药，治疗本病的一个疗程需要 3～5 d，通常到第 3 天时，猪体温下降至正常，出现食欲，但此时不可停药，必须继续用药 1～2 d，否则易复发，且复发后治疗极其困难。

（2）预防

① 猪舍要定期消毒，一般消毒药加 1%来苏水、3%烧碱、5%草木灰都有效。

② 家庭养猫要定期进行检查、驱虫，猫食添加肉时，应预先煮熟，严禁喂生肉、生鱼、生虾。

③ 防止猪捕食啮齿类动物，防止猫粪污染猪食和饮水。

④ 加强饲养管理，保持猪舍卫生。消灭鼠类，控制猪猫同养，防止猪与野生动物接触。

（五）猪疥螨病

猪疥螨病，俗称猪癞子或疥癣，是由猪疥螨寄生于猪的表皮内引起的一种接触性传染性寄生虫病。该病呈世界性分布，流行日益严重。病猪以剧痒为特征，精神不安，食欲降低，生长缓慢，严重时形成僵猪和导致死亡，从而严重危害养猪业的发展。

1. 病　　原

（1）成虫寄生在皮肤的表皮深层由虫体挖凿的隧道内。

（2）成虫圆形，浅黄白色，背面隆起，腹面扁平。

（3）虫卵呈椭圆形。

2. 流行病学

（1）猪疥螨适宜的生活条件是潮湿和阴暗的环境，在该条件下，虫体能增加其活动性，并迅速地繁殖和蔓延。

（2）仔猪易发疥螨病，而且发病也较严重。随着年龄的增长，症状逐渐减轻而成为带螨者，带虫母猪产仔后，通过直接接触传给仔猪。

3. 临床症状

（1）60 kg 以上的肥猪眼睛和耳朵四周、颈部、胸腹部、内股部为发病较明显的部位。

（2）仔猪多数遍及全身。

（3）患畜局部发痒，常在圈舍，栏柱或相互摩擦。

（4）常摩擦出血，之后可见渗出液结成的痂皮。

（5）长期患病的仔猪明显发育不良，生长缓慢，严重时可导致死亡。

4. 诊　断

（1）根据流行病学特点，发病季节，阴暗潮湿环境和临床表现剧痒与皮肤炎症，即可做出初步诊断。

（2）本病的确诊要靠实验诊断。

5. 预　防

（1）保持猪舍干燥，通风良好，光线充足。

（2）加强饲养，增强猪体抵抗力。

（3）做好猪舍内外卫生。

（4）从外地购入的猪，应先隔离、观察后方可合群饲养。

（5）经常检查猪群，发现患病猪，及时隔离治疗。

6. 治　疗

（1）药浴或喷洒疗法。

（2）饲料中添加"金维伊"等药。

（3）皮下注射杀螨制剂。

三、猪的常见内科疾病综合防治技术

（一）消化不良

消化不良又称胃肠卡他，是胃肠黏膜表层的炎症，以胃肠消化机能紊乱，吸收功能减退，动物食欲减退或废绝为主要特征，按疾病经过分急性胃肠卡他和慢性胃肠卡他。

1. 病　因

（1）饲养管理不当，淋漓受寒，过饱过饥，久渴暴饮，饮水污染，日粮构成、饲料的稠度和温度以及饲喂的顺序和方法突然改变，长途运输后立即饲喂。

（2）饲料品质不良，饲料过热或冰冻、霉变、混杂泥土或有毒物质，营养不全，难以消化。

（3）误用刺激性药物，如水合氯醛不加黏浆剂，稀盐酸、乳酸不冲淡，都可刺激胃肠道黏膜引起卡他性炎症。

（4）伴发激发于其他疾病，如猪瘟、猪丹毒、猪传染性胃肠炎，各种中毒性疾病、胃肠道寄生虫、热性病。

2. 临床症状

（1）猪不爱食，精神不振，咀嚼缓慢，饮水增加，口臭，有舌苔，口腔黏膜红黄或黄白，肠音增强，活泼、不整或减弱。

（2）重病例有时出现腹痛、肚胀和呕吐，呕吐物酸臭，肛门尾根处被稀粪玷污，有的表现里急后重、腹痛、腹胀。

（3）粪便干硬，有时腹泻，粪内混有黏液和未消化的饲料，体温一般无变化。

3. 诊　断

主要依据饲养管理情况和临床症状进行综合诊断，临床症状是病猪不爱吃食、精神不振、咀嚼缓慢、饮水增加、口臭、有舌苔、重病例有时出现腹痛、肚胀和呕吐等。

4. 治　疗

治疗原则是除去病因，改善饮食，清肠制酵。

（1）除去病因、加强护理，如是饲料品质不良所致，应改换营养全价易消化的饲料，如是饲料管理制度有问题，要相应改善饲养管理，如是其他疾病继发，要积极治疗原发病。

（2）改善饮食，对病猪少喂或停一两天，改喂容易消化的饲料，给予充足的饮水，待彻底康复后再逐渐转为常饲。

（3）清洗胃肠制止腐败发酵，常用硫酸钠或人工盐加水适量，一次内服，可清理胃肠，制止发酵。

（4）调整胃肠功能，一般在清肠后进行，如胃肠内容物腐败发酵不重，粪便不恶臭时，也可直接进行。

（5）消炎止泻，如病猪久泻不止或剧烈腹泻时，必须消炎止泻。

（6）中药治疗。

5. 预　防

针对发病原因采取相应的预防措施，可有效地减少或避免该病的发生，如改善饲养管理，合理调配饲料。

（二）肠便秘

肠便秘是母猪生产中最大的障碍，围产期母猪便秘现象很普遍。肠便秘可导致母猪采食量下降、分娩时间延长、死胎弱胎增加、初乳不足。泌乳量减少导致仔猪断奶重下降。

1. 病　因

（1）饲喂干硬不易消化的饲料和含粗纤维过多的饲料。

（2）饲喂精料过多或饲料中混有杂物，同时饮水不足。

（3）以纯玉米糠饲喂刚断乳的仔猪，妊娠后期或分娩不久伴有肠迟缓的母猪也常发生。

2. 症　状

（1）采食量下降或废食。

（2）排粪干少，表面有黏液、血液或脱落的黏膜。

（3）病初体温无明显变化，中后期体温升高，严重病猪死亡。

3. 诊　断

主要依据临床症状进行确诊，如腹痛症状，肠音减弱或消失，排粪初干小后停止，全身症状等。

4. 治　疗

（1）对病猪应停止饲喂或仅给少量易消化的饲料，同时饮用大量温水。

（2）治疗的原则是疏通导泻，镇痛减压，补液强心。

5. 预　防

（1）改善饲养管理。

（2）刚断乳的仔猪，禁用纯米糠饲养。

（3）合理搭配饲料，粗料细喂。

（4）每日保证足够的饮水和适当的运动。

（三）仔猪低血糖症

仔猪低血糖症是仔猪出生后，最初几天因饥饿致体内贮备的糖源耗竭，而引起血糖显著降低的一种营养代谢病，亦称乳猪病。

本病仅发生于 1 周龄以内的新生仔猪，且多于生后最初 3 d 发病，死亡率较高，可占仔猪的 25%。

本病的发生，主要依母猪产后泌乳质量水平、外界环境、气候条件而有不同。

1. 病　因

仔猪生后吮乳不足，致机体饥饿是引起发病的主要原因，常见于下列情况：

（1）母猪无乳或乳量不足。

（2）仔猪吮乳不足或消化吸收机能障碍。

（3）新生仔猪在母体内发育不良。

（4）产房的温度较低。

（5）活动加强。

血糖过低时，会影响脑组织的机能活动，出现一系列神经症状严重时机体陷入昏迷状态，最终死亡。

2. 症　状

（1）仔猪出生后第 2 天突然发病，迟的在 3~5 d 出现症状。

（2）初期见精神不活泼，软弱无力，不愿吮乳，皮肤苍白，体温低下。

（3）仔猪后期卧地不起，多出现神经症状。

（4）病猪对外界刺激开始敏感，而后失去知觉，最终陷于昏迷状态，衰竭死亡。

3. 剖检病变

（1）外观无变化，颈下、腹腔下等处皮下常有不同程度的水肿。

（2）胃内充满气体，仔猪有的胃内有数量不等的凝乳块。

（3）肝脏呈土黄色或橘黄色，边缘锐利，质地脆弱，像嫩豆腐一样一碰即破。

（4）胆囊膨大，充满淡黄色胆汁。

（5）肾脏呈土黄色，有散在的红色出血点。

4. 诊　断

（1）根据仔猪生后吮乳不足的病史，发病限于1周龄内。

（2）有明显的神经症状，肝脏的特征性变化。

（3）血液学变化：血糖明显减低，非蛋白氮明显增高。

5. 预　防

（1）加强母猪的饲养管理。

（2）注意初生仔猪的防寒保暖。

（3）固定乳头，吃早、吃足初乳。

6. 治　疗

（1）补糖：临床上多应用 5%～10%葡萄糖液 15～20 mL，腹腔内注入，每 4～6 h 一次。

（2）保暖：应将仔猪移置温暖畜舍中，舍温应保持 16 ℃以上。

（四）缺铁性贫血

1. 病　因

缺铁性贫血，发生于生长快速，饲养在混凝土地面上，而没有注射铁剂的月龄左右小猪。本病除贫血外，亦常见患病仔猪下痢。

2. 症　状

最普遍出现于约 3 周龄仔猪。贫血易见于白猪，全身皮肤及可视黏膜呈现苍白色。患猪在运动或受到刺激时，容易疲惫，有些会突然死亡。患猪常常呈现严重的水痢。

3. 治　疗

最好的预防方法是给 3 日龄的仔猪注射铁制剂。

（五）亚硝酸盐中毒

猪摄入过量含有硝酸盐或亚硝酸盐的植物或水，引起高铁血红蛋白血症；临床上表现为皮肤、黏膜发绀及其他缺氧症状。

1. 病　因

在自然条件下，亚硝酸盐系硝酸盐在硝化细菌的作用下还原为氨过程的中间产物，故其发生和存在取决于硝酸盐的数量与硝化细菌的活跃程度。各种鲜嫩青草、作物秧苗，以及叶菜类等均富含硝酸盐。在重施氮肥或农药的情况下，如大量施用硝酸铵、硝酸钠等盐类，使用除莠剂或植物生长刺激剂后，可使菜叶中的硝酸盐含量增加。

在生产实践中，如将幼嫩青饲料堆放过久，特别是经过雨淋或烈日暴晒者，极易产生亚硝酸盐。猪饲料采用文火焖煮或用锅灶余热、余烬使饲料保温，或让煮熟饲料长久焖置锅中，给硝化细菌提供了适宜条件，致使硝酸盐转化为亚硝酸盐。动物可因误饮含硝酸盐过多的田水或割草沤肥的坑水而引起中毒。

2. 症　状

中毒病猪常在采食后 15 min 至数小时发病。最急性者可能仅稍显不安，站立不稳，即倒地而死，故有人称为"饱潲瘟"。多发生于精神良好，食欲旺盛者，发病急、病程短，救治困难的动物。急性型病例除显示不安外，呈现严重的呼吸困难，脉搏疾速细弱，全身发绀，体温正常或偏低，躯体末梢部位厥冷。耳尖、尾端的血管中血液量少而凝滞，呈黑褐红色。肌肉战栗或衰竭倒地，末期出现强直性痉挛。

3. 治　疗

特效解毒剂是美蓝（亚甲蓝）。用于猪的标准剂量是 1～2 mg/kg，制成 1%溶液静脉注射。

甲苯胺蓝治疗高铁血红蛋白症较美蓝更好，还原变性血红蛋白的速度比美蓝快37%。按 5 mg/kg 制成 5%的溶液，静脉注射，也可作肌肉或腹腔注射。大剂量维生素 C，猪 0.5～1 g，静脉注射，疗效确实，但奏效速度不及美蓝。

4. 预　防

（1）改善青绿饲料的堆放和蒸煮过程。实践证明，无论生、熟青绿饲料，采用摊开敞放，是一个预防亚硝酸盐中毒的有效措施。

（2）接近收割的青饲料不能再施用硝酸盐或 2,4-D 等化肥农药，以避免增高其中硝酸盐或亚硝酸盐的含量。

（3）对可疑饲料、饮水，实行临用前简易化验，特别在某些集体猪场应列为常规的兽医保健措施之一。

简易化验可用芳香胺试纸法，其原理是根据亚硝酸盐可使芳香胺起重氮反应，再与相当的连锁剂化合成红色的偶氮染料，易于识别。

四、猪的常见外科病综合防治疗技术

（一）创　伤

创伤是由于外力作用于机体组织或器官，皮肤或黏膜的完整性遭到破坏。创伤一般由创缘、创口、创壁、创腔、创围等部分组成。

1. 症 状

（1）出血

出血量的多少决定于受伤的部位、组织损伤的程度、血管损伤的状况和血液的凝固性等。

（2）创口裂开

因受伤组织断离和收缩而引起创口裂开。

（3）疼痛和机能障碍

感觉神经受到损伤或炎性刺激而引起疼痛，富含感觉神经分布部位的创伤，则疼痛明显。

2. 创伤的分类

（1）按伤后经过时间分

① 新鲜创：伤后时间段，创口有血流出或创内存有血凝块，创内组织未出现感染症状。

② 陈旧创：创伤经过时间较长，创内出现明显的创伤感染症状，有的有脓汁排出，有的出现肉芽组织。

（2）按创伤有无感染分

① 无菌创：通常将在无菌条件下所做的手术创称为无菌创。

② 污染创：创伤被细菌和异物所污染，但进入创内的细菌仅与损伤组织发生器械性接触，并未侵入组织深部发育繁殖，也未呈现致病作用。

③ 感染创：创内的致病菌大量繁殖，对机体呈现致病作用，使伤部出现明显的创伤感染症状、甚至引起机体全身反应。

④ 保菌创：创伤感染后，经一段时间，健康肉芽组织增生，在创内的细菌仅停留于创伤表面和死亡组织的脓性渗出物中，它虽可引起化脓，但无向健康肉芽组织深处蔓延的趋势。

3. 治 疗

（1）新鲜污染创的治疗

① 及时止血，对于创伤大出血，可采用压迫、钳夹、结扎等方法止血，必要时可应用全身性止血剂。

② 清洁创围，先用灭菌纱布覆盖创面，剪去创围被毛，再用 70%酒精棉球反复擦拭紧靠创缘皮肤，离创缘较远的皮肤，可用肥皂水合消毒液洗刷干净。

③ 创面清洗，用生理盐水、3%过氧化氢、0.1%高锰酸钾、0.1%新洁尔灭溶液等清洗。

④ 清创手术，对于创内异物，创囊、凹壁等应通过手术进行消除，对于严重污染创伤也应及早施行清创手术。

⑤ 应用药物，对于清洁的新鲜创或清创手术后的创伤，可对创面使用 0.25%普鲁卡因青霉素液进行处理。

⑥ 缝合创口，当创面整齐，清创彻底时可进行密闭缝合。

⑦ 创伤包扎，新鲜污染创是否包扎，应根据创伤性质、部位和季节特点而定。较大创口，应包扎。

（2）化脓创的治疗

① 清洁创围，方法同新鲜污染创。

② 冲洗创腔，用防腐消毒药物反复冲洗创腔除去脓汁至干净为止。

③ 外科处理，扩大创口，除去深部异物，切除坏死组织，排除脓汁。

④ 创伤用药，对于急性化脓性炎症引起的严重组织肿胀和组织坏死分解，可使用高渗剂加速炎症的净化。

化脓创经过上述处理后，一般不包扎。

（二）湿 疹

猪的湿疹是指猪皮肤的表皮和真皮上皮组织的轻型过敏性炎症，属于迟发型过敏反应，仔猪发生较多。一般多发生在春、夏季节。临床上湿疹可分为急性和慢性两种，急性湿疹以红斑、湿润和瘙痒为特征，而慢性湿疹则以皮肤肥厚和细胞性浸润为特征。

1. 病 因

（1）机体抵抗力降低、新陈代谢和内分泌机能紊乱。

（2）猪舍环境潮湿、寒冷、强烈的日光照射。

（3）机械性的摩擦、咬啃、昆虫叮咬的刺激、外部寄生虫及微生物等。

2. 症 状

（1）急性湿疹一般经过 2 ~ 6 周时间，慢性可达数周不愈。

（2）湿疹部位常发生于腹部、股内侧、胸部、背部和尾根。

（3）发病猪出现瘙痒，寻找墙壁摩擦，啃咬，患部有轻微肿块，指压褪色。

（4）有时丘疹内为浆液或脓汁，破溃后露出鲜红的糜烂面。

3. 诊 断

（1）湿疹有季节性、瘙痒性、复发性特点。

（2）临床上应与某些体外寄生虫引起的皮肤病和皮炎相鉴别。

（3）皮炎的炎症累及到真皮及至真皮下组织，而湿疹仅在皮肤表层。

4. 治 疗

（1）患部剪毛，用 1% ~ 2%鞣酸溶液或高锰酸钾洗净患部。

（2）在患部涂擦硫黄软膏、氢化可的松软膏等。

（3）配合使用止痒药、补充维生素进行治疗。

5. 预 防

（1）加强饲养管理，保持猪舍内卫生。

（2）注意通风、干燥。

（3）饲料配合应适当。

（4）注意补充饲料中的多种维生素和适当投放青饲料。

（三）疝 气

疝气又称"赫尼亚"，是畜体腹部的内脏器官通过腹壁天然孔或人工的孔道脱落至皮下或其他腔、孔的一种常见病。

根据发生部位,分为脐疝、腹股沟阴囊疝和腹壁疝,脐疝和腹股沟阴囊疝多见于猪与狗,外伤性腹壁疝多见于牛和马。

1. 脐 疝

(1)病因

本病多见于仔猪,一般为先天性的,因仔猪发育不全,脐孔闭锁不全或完全没有闭锁,加上剧烈运动,使腹腔内压增高而引起腹腔内器官(多为小肠及网膜)进入皮下,形成脐疝。

(2)症状

病猪脐部出现核桃大或鸡蛋大甚至拳头大的半圆形肿胀,柔软,热痛不明显,在肿胀处可听到肠蠕动音。

(3)治疗

① 保守疗法

脐孔较小,脱出的肠管也较少时,只要把肠管还纳腹腔后,局部用绷带扎紧,不使肠管外掉,脐孔可能闭锁而治愈。

② 手术疗法

如果脐孔较大或是发生肠嵌闭时,则需要实行手术疗法。

2. 腹壁疝

(1)病因

腹壁疝主要由于外界的钝性暴力如冲撞、踢打等作用于软腹壁,使皮下的肌肉、腱膜等破裂,造成肠管脱入皮下,形成腹壁疝。

(2)症状

发病后可看到在受伤的腹壁上出现球形或椭圆形大小不等的柔软肿胀,小的如拳,大的如小儿头。

(3)治疗

只要是手术疗法,手术前要给猪停食 1 d。

3. 腹股沟阴囊疝

(1)病因

主要是公猪腹股沟管过大,肠管特别是小肠从腹股沟管掉进阴囊内而发病。有先天性的,也有后天性的。

(2)症状

病猪主要表现为一侧或两侧阴囊增大,腹压增大时症状加重,触诊时硬度不一。可摸到疝内容物,也可以摸到睾丸。

(3)治疗

治疗猪的阴囊疝,应采用手术疗法,效果较好。

一般手术和睾丸去势同时进行。

(四)产褥热

母猪产后局部炎症感染扩散而发生的一种全身性疾病成为产褥热(又称产后败血症)。

1. 病　因

母猪产后，软产道受到损伤，局部发生炎症。病原菌主要是溶血性链球菌、金黄色葡萄球菌，化脓性棒状杆菌、大肠杆菌等，这些病原菌进入血液，大量繁殖，产生毒素，引起一系列全身性的严重变化。

2. 症　状

产后两三日体温升高到 41 ℃ 左右，呈稽留热，四肢末端及两耳发凉。脉搏增数，呼吸急促，食欲不振或废绝，精神沉郁，躺卧不愿起立，泌乳减少到停止，下痢。患猪从阴门中排出恶臭味、褐色炎性分泌物，内含组织碎片。病程一般为亚急性经过。如果治疗及时，患猪预后良好。若治疗不及时，可引起死亡。

3. 治　疗

使用青、链霉素进行治疗。

重症母猪，用 10% 葡萄糖 500 mL、维生素 C 20 mL、鱼腥草 20 mL、0.9% 氯化钠 300 mL、氨苄西林 5～10 g，混合后一次静脉注射。

（五）子宫内膜炎

子宫内膜炎通常是子宫黏膜的黏液或化脓性炎症，为母猪常见的一种生殖器官疾病。子宫内膜炎发生后，往往发情不正常，或者发情虽正常，但不易受孕，即使妊娠，也易发生流产。

1. 病　因

猪患子宫内膜炎主要是由细菌性感染引起的，其中以大肠杆菌、棒状杆菌、链球菌、葡萄球菌、绿脓杆菌、变形杆菌等非传染性的为多。

尽管细菌性子宫炎在所有猪群中呈散发，但此病也可能成为流行性或地方流行性疾病。产后期子宫内膜炎的发生率最高，这时的子宫最可能发生损伤和细菌感染。

2. 临床症状

急性子宫内膜炎：多发生于产后几日或流产后，全身症状明显，母猪食欲减退或废绝，体温升高，鼻盘干燥，时常努责，阴道流出红色污秽有腥臭气味的分泌物，并夹有胎衣碎片。

慢性子宫内膜炎：全身症状不明显，在病猪尾根阴门周围附近有结痂或黏稠分泌物，其颜色为淡灰白色、黄色、暗灰色等，站立时不见黏液流出，卧地时流出量多，吃料不长膘，逐渐消瘦，病猪发情不正常，或延迟，或受精屡配不孕，即使复杂，没过多久又发生胚胎死亡或流产。

3. 治疗措施

（1）先冲洗后投药。冲洗子宫后，肌注缩宫素，2～3 h 后，用 0.9% 生理盐水 90 mL，加 2% 碳酸氢钠溶液 10 mL、林可霉素和新霉素 2 g 投入子宫，连续 3 d，隔天再冲洗 1 次。

（2）直接宫内给药。阴户排出的炎性物较清淡时，可用 0.9% 生理盐水 100 mL、林可霉素和新霉素各 2 g 及缩宫素直接宫内给药。

【任务检查】

表 8-1-1　任务检查单——猪场的常见疾病防治技术

任务编号	8-1	任务名称	猪场的常见疾病防治技术		
序号	检查内容			是	否
1	猪的常见病毒性疾病有哪些				
2	猪的常见寄生虫病有哪些				
3	猪的常见细菌性疾病有哪些				
4	非洲猪瘟与普通猪瘟有何区别				
5	如何预防猪的消化不良				
6	如何做好预防猪寄生虫病				
7	如何治疗猪的疝气				
8	如何处理猪的外伤				
9	如何预防产褥热				
10	如何处理猪的湿疹				
16	如何预防猪瘟和非洲猪瘟				
17	如何预防猪丹毒				
18	如何预防猪肺疫				

【任务训练】

1. 猪传染病流行过程的三个基本环节是（　　　）。

A. 疫源地、传播途径和易感动物　　　　B. 病原体、动物机体和外界环境

C. 传播途径、易感动物和传染来源　　　D. 传播途径、易感动物和外界环境

2. 国际兽医局 A 类传染病中第一位疾病是（　　　）。

A. 猪瘟　　　　B. 口蹄疫　　　　C. 猪水泡病　　　　D. 蓝耳病

3. 猪肺疫的病原是：（　　　）。

A. 多杀性巴氏杆菌　B. 大肠杆菌　　　C. 沙门氏菌　　　　D. 魏氏梭菌

4. 猪气喘病的病原是（　　　）。

A. 猪链球菌　　　　B. 猪流感病毒　　　C. 猪胸膜肺炎放线杆菌　　D. 猪肺炎支原体

5. 在冬季流行的一种猪传染病，其特征是水样腹泻，病程一周左右，传播快，发病率高，死亡率低，这种传染病首先怀疑为（　　　）。

A. 猪传染性胃肠炎　B. 仔猪红痢　　　C. 猪痢疾　　　　D. 仔猪白痢

6. 剖检病猪，发现大肠有纽扣状溃疡，应怀疑为（　　　）。

A. 猪肺疫　　　　B. 猪瘟　　　　　　C. 猪丹毒　　　　　D. 猪链球菌病

7. 引起猪的一种慢性呼吸道病，主要症状为咳嗽和气喘，特征性病变为肺尖叶、心叶呈现肉变，该传染病为（　　　）。

A. 猪肺疫　　　　B. 传染性胸膜肺炎　　C. 传染性萎缩性鼻炎D. 猪的支原体病

8. 猪颈部淋巴结肿胀常由（　　　）引起。

A. 葡萄球菌　　　B. 链球菌　　　　　　C. 棒状杆菌　　　　D. 猪瘟病毒

9. 口蹄疫的病变除口腔、舌、蹄、乳房等处有水泡外，幼龄动物的心肌有灰白色至灰黄色线状病变，呈现出所谓的（　　　）的外观。

A. 红色心　　　　B. 黑色心　　　　　　C. 虎斑心　　　　　D. 坏死心

10.（　　　）常发生在 1～4 月龄仔猪。

A. 口蹄疫　　　　B. 气喘病　　　　　　C. 副伤寒　　　　　D. 丹毒

11. 猪水肿病的病原体是（　　　）。

A. 巴氏杆菌　　　B. 沙门氏菌　　　　　C. 大肠杆菌　　　　D. 李氏杆菌

12. 猪丹毒主要发生于（　　　）。

A. 初生乳猪　　　B 刚断乳仔猪　　　　C. 架子猪　　　　　D. 哺乳母猪

13. 猪梭菌性肠炎主要侵害（　　　）。

A. 7～10 日龄哺乳仔猪　　　　　　　　B. 断乳后小猪

C. 1～3 日龄初生仔猪　　　　　　　　　D. 10～14 日龄哺乳仔猪

14. 猪肺炎霉形体对何种药物不敏感（　　　）。

A. 土霉素　　　　B. 青霉素　　　　　　C. 壮观霉素　　　　D. 卡那霉素

15. 抗支原体有效药物是（　　　）。

A. 泰乐菌素　　　B. 杆菌肽　　　　　　C. 苄青霉素　　　　D. 硫酸镁溶液

16. 对猪附红细胞体有效的药物是（　　　）。

A. 三氮咪　　　　B. 噻嘧啶　　　　　　C. 甲硝唑　　　　　D. 甲砜霉素

17. 小猪伪狂犬病的临诊特点是（　　　）。

A. 高热稽留，结膜充血，皮肤潮红

B. 精神不振，呼吸困难，张口喘气，痉挛性阵咳

C. 发热、精神委顿、共济失调、痉挛、呕吐、腹泻

D. 一般为隐性感染，若有症状也很轻微

18. 仔猪黄痢主要发生的年龄阶段是（　　　）。

A. 一周龄以内　　B. 2～3 周龄　　　　C. 断奶前后　　　　D. 哺乳期母猪

19. 成年猪发生伪狂犬病，其临诊特点是（　　　）。

A. 神经高度兴奋，意识扰乱，攻击人畜，四处游荡，最后全身麻痹死亡。

B. 多数呈隐性感染，仅表现发热，精神差，呕吐，腹泻，若怀孕母猪可发生流产。

C. 突然发病，体温升高，精神不振，全身发抖，运动不协调，呈转圈运动或划水样，同时又呕吐、腹泻。

D. 局部皮肤奇痒，可见病猪无休止地添它，靠墙摩擦，进而出现咽麻痹，流涎，呼吸困难，心律不齐，痉挛而死亡。

20. 猪口蹄疫的防治应采取（　　　）等综合性防治措施。

A. 发病时以扑杀病猪，封锁疫区和紧急预防接种为主。

B. 发病时以疫苗注射，治疗病猪为主

C. 平时以检疫为主

D. A 和 C

21. 如何鉴别非洲猪瘟、一般猪瘟及猪肺疫？

任务二　猪场的消毒与免疫接种技术

【任务描述】

　　随着人们生活水平的不断提高，对猪肉的需求日益增加，从而规模化、集约化的猪场也快速增多，继而养猪场猪的疫病也增多。为防止各类疫病的发生与传播，要做好一些不能或者不易治疗的疾病的免疫接种，增加机体的抵抗力；除做好免疫接种，还要做好消毒，杀灭环境中的微生物，寄生虫虫卵，最大限度地降低猪只感染疾病的可能。作为饲养员，要会制订猪场的消毒方案，选择合适的消毒药，了解各种消毒方法的利弊，采用合适的消毒方法及程序；还要掌握猪场易发的疾病，做好不能治或不易治疗的疾病的免疫接种，制订猪场免疫方案，做好猪场的消毒及免疫接种，减少疾病的传播降低发病率及死亡率。

【任务目标】

● 能掌握各种消毒药的特性；

● 能说明各种消毒方法；

● 熟悉猪场消毒方案制订的各个环节；

● 了解如何预防鼠害等带来疾病传播；

● 了解常见的免疫方法；

● 了解疫苗的种类及特点；

● 能制订猪场的免疫方案。

【任务学习】

　　消毒就是采用物理、化学、生物学的方法来杀灭或抑制生产环境中的病原微生物，减少环境中微生物的数量，从而达到预防、控制疫病发生和传播的目的。消毒是猪场生物安全体系中一项经常采用的非常关键的措施。免疫接种是指将细菌或病毒抗原制成的疫苗接种到猪体内，以产生对抗该抗原的抗体，使猪体获得对抗该疾病的能力，通过免疫接种可以预防一些我们不能治或者不易治疗的疾病，从而减少猪发病，降低成本，增加成活率及提高猪场的效益。

一、猪场的消毒技术

（一）消毒的种类

根据消毒的时间，分为定期消毒、紧急消毒和终末消毒。

1. 定期消毒（预防消毒）

根据生产的需要，定期对圈舍、道路、饲养用具、猪体消毒，定期向消毒池内投放消毒剂，对人员、车辆、饲料、饮用水进行消毒和粪便、污水、垫料等进行无害化处理。预防消毒是猪场常规工作之一。

2. 紧急消毒（即时消毒）

当猪群中有个别的或少数的猪只发生可疑传染病或突然发生死亡时，立即对其所在栏、圈舍进行局部强化消毒，包括对发病或死亡猪的消毒以及无害化处理。紧急消毒具有防止传染病扩散蔓延作用，降低疾病的发生率和死亡率，把疾病造成的损害控制在最低限度。

3. 终末消毒（大消毒）

采用多种消毒方法对全场或部分猪舍进行全方位的彻底清理和消毒，主要用于规模化猪场全进全出生产系统中。当猪群全群痊愈或最后一头猪死亡，经过两周再没有新的病例发生，在解除封锁前均应进行大消毒。

（二）消毒方法

根据对微生物作用方式和消毒手段的不同，分为物理消毒法、化学消毒法和生物学消毒法。

1. 物理消毒法

主要包括机械性清扫刷洗、高压水冲洗、通风换气、高温高热（灼烧、煮沸、烘烤、焚烧）和干燥、光照（日光、紫外线光照射）等。

2. 化学消毒法

采用化学药物（消毒剂）消灭病原是消毒中最常用的方法之一。理想的消毒剂必须具备对病原体杀灭力强、性质稳定、维持消毒效果时间长、对人畜毒性小、对消毒对象损伤轻、价廉易得、运输保存和使用方便、对环境污染小等特点。同时使用消毒剂时要考虑病原体对不同消毒剂的抵抗力、消毒剂的杀菌谱、有效使用浓度、作用时间、对消毒对象以及环境温度的要求等

3. 生物学消毒法

对养猪生产中产生的大量粪便、污水及杂草采用发酵法利用发酵过程所产生的热量杀灭

其中的病原体，可采用堆积发酵、沉淀池发酵、沼气池发酵等，一般不用于传染疫源地消毒。

（三）消毒剂的选择

消毒剂种类繁多，商品名五花八门。在养猪生产中，最常用的消毒剂按化学成分大致可以分为酸、碱、醇、醛、酚、碘、氯、季铵盐类等类型。消毒药的选择应根据病原体的种类和被消毒物体的性质而定，病毒性传染病常用碱性的消毒液为宜；对细菌性传染病，细菌能形成芽孢的，用比较热的、浓的消毒液，不能形成芽孢的用一般消毒液即可。圈舍常用热碱水液消毒，饲养用具常用新洁尔灭等消毒液，具体情况具体分析。

1. 各种常用消毒剂特点及使用方法

（1）甲酚（煤酚）

市售的常有煤酚皂（来苏儿）。本品可杀灭一般的繁殖体，对芽孢及病毒的效果较差，有特殊的气味，具有除臭的功能。5%～10%用于圈舍、器械、排泄物的消毒。

（2）甲醛（福尔马林）

对繁殖体、芽孢以及抵抗力强的分枝杆菌、病毒、真菌等均有杀灭作用，甚至对细菌毒素都有一定的破坏作用。常用于密闭圈舍的熏蒸消毒，可将40%的甲醛加等量的水后加热进行熏蒸（1 m³ 用 15 mL），也可向 40%甲醛中加入高锰酸钾进行，比例是 40%甲醛中加入甲醛体积数一半重的高锰酸钾。

（3）氢氧化钠（苛性钠、烧碱）

杀菌力强，能杀灭细菌繁殖体、芽孢和病毒，一般以 2% 溶液喷洒厩舍地面、饲槽、车船、木器等，用于口蹄疫、猪瘟和猪流感等病毒性感染以及猪丹毒和鸡白痢等细菌性感染的消毒；5% 溶液用于炭疽芽孢污染的消毒。在消毒厩舍前应移出动物。氢氧化钠对组织有腐蚀性，能损坏织物和铝制品等，消毒时应注意防护，消毒后适时用清水冲洗。

（4）氧化钙（生石灰）

对繁殖型细菌有良好的消毒作用，而对芽孢和分枝杆菌无效。石灰易从空气中吸收二氧化碳形成碳酸钙而失效。临用前加水配成 20%石灰乳涂刷厩舍墙壁、畜栏、地面等，也可直接将石灰撒于潮湿地面、粪池周围和污水沟等处.防疫期间，动物饲养场门口可放置浸透20%石灰乳的垫草对进出车辆轮胎和人员鞋底进行消毒。

（5）漂白粉

主要成分为次氯酸钙、氯化钙和氢氧化钙的混合物，加入水中生成次氯酸，后者释放活性氯和初生氧而呈现杀菌作用，其杀菌作用快而强，但不持久。1%澄清液作用 0.5～1 min 即可抑制像炭疽杆菌、沙门菌、猪丹毒杆菌和巴氏杆菌等多数繁殖细菌的生长；1～5 min 抑制葡萄球菌和链球菌。对分枝杆菌和鼻疽杆菌效果较差。广泛用于饮水消毒和厩舍、场地、车辆、排泄物等的消毒。饮水消毒：每 50 L 水 1 g；厩舍等消毒：临用前配成 5%～20%混悬液。

（6）过氧乙酸

市售品为过氧乙酸和乙酸的混合物，含 20%过氧乙酸。是一种高效杀菌剂，其气体和溶液均具有较强的杀菌作用，作用产生快，能杀死细菌、真菌、病毒和芽孢，在低温下仍有杀菌和杀芽孢能力。主要用于厩舍、器具等消毒。厩舍和车辆等喷雾消毒：0.5%溶液；空间加热熏蒸消毒：3%~5%溶液；器具等消毒：0.04%~0.2%溶液。

（7）聚维酮碘

对细菌及其芽孢、病毒和真菌均有良好的杀灭作用。酸性条件下杀菌作用加强，碱性时杀菌作用减弱。有机物过多可使聚维酮碘的杀菌作用减弱甚至消失。

（8）癸甲溴铵溶液

对多数细菌、真菌和藻类有杀灭作用，对亲脂性病毒也有一定作用。厩舍、饲喂器消毒：0.015%~0.05%溶液；饮水消毒：0.0025%~0.005%溶液。

2. 各类常用消毒剂优缺点及使用范围

参考表 8-2-1。

表 8-2-1　各类常用消毒剂优缺点及使用范围

消毒药种类	优点	缺点	使用范围
氯化物	适用于病毒和细菌 起效速度快 价格低	有腐蚀性 持续时间短 遇到有机物及硬水活性降低 有刺激性	环境消毒 栏舍熏蒸
过氧化物	适用于病毒和细菌 起效快	有强刺激性	预防病毒性疫病 水线消毒
醛类	适用于病毒和细菌	有刺激性	水泥地面消毒 车轮消毒 手术器械消毒
季铵盐类	对细菌效果好 安全性高	对真细菌及芽孢效果不佳 有机物会降低活性	洗手、人员、通道消毒 水线消毒
碘制剂	适用于病毒和细菌	价格贵	皮肤及黏膜消毒 手术部位
强碱	适用于病毒和细菌、芽孢 （生石灰对芽孢作用小）	有腐蚀性 价格低	空舍地面及墙壁的消毒

（四）消毒设施与设备

消毒设施主要包括场区和生产区的大型消毒池、畜舍出入口的小型消毒池、人员进入生产区的小型消毒池、更衣室及消毒通道、消毒处理病死猪身体的坑、粪污消毒处理的堆积发酵池等。常用的消毒设备有手动、电动、机动喷雾器、高压清洗机、高压灭菌器、火焰消毒器等。

（五）消毒方案

1. 人员入场消毒方案

人员进入猪场必须登记，明确在进场前 3 d 没有去过其他猪场、屠宰场、无害化处理场及动物产品交易场所等生物安全高风险场所。严禁携带偶蹄动物肉制品入场。进场后必须隔离 36 h 以上才能进入生产区。

进入猪场的所有人员，须经"踩，消，洗，换"四步消毒程序[踩浓戊二醛消毒垫（25%浓戊二醛溶液 1∶100）；消毒药液洗手；洗浴；更换场区工作服和胶靴]，经过专用的消毒通道（百迪宁 1∶1 000～2 000 倍雾化）进入场区。

2. 车辆入场消毒方案

场区入口处的车辆消毒池长度应为大于进场车轮周长两倍，宽度与整个入口相同，池内加水高度为 15～20 cm，再加入 25%浓戊二醛溶液（1∶300 倍），每三到四天换水加药，雨后需重新加药。同时，配置低压消毒器械，对进场的生产车辆实施喷雾消毒（25%浓戊二醛溶液 1∶300～500 倍稀释）或用百迪康（1∶100～200 倍）高压泡沫喷洒消毒。

3. 货物入场消毒方案

货物（药物）在物流公司统一集中装车，在入场的 3 km 外或者指定地点，卸货集中堆放在密闭房间(或者货物消毒区)，采用雾化(25%浓戊二醛溶液 1∶200～300 倍)或者熏蒸(200～300 m³/kg 熏蒸剂)对货物（药物）进行消毒（时间视货物多少而定，正常在半个小时内）。

货物（药物）消毒完毕后，各个场派车（该车出车前要清洗消毒）到货物消毒区（指定地点）提货，货物（药物）提取后在入场门口卸货。卸货后拆外包装，内包装是密封的全部要喷洒或雾化消毒（百迪康 1∶100～200 倍），水针剂不宜浸泡的，在拆包装后要采用熏蒸消毒或者雾化消毒。车辆再次进行喷洒或者泡沫消毒（百迪康 1∶100 倍）。货物（药物）进入仓库后，再次进行熏蒸或者雾化消毒。

4. 道路及周边环境消毒方案

猪场道路环境可用消特灵（1∶500～800 倍）或 25%浓戊二醛溶液（1∶300～500 倍）稀释喷洒消毒，如遇冬季下雪或者结冰，先用工业盐溶解，溶解后及时清除。清除结冰或者积雪后撒生石灰、纯碱、烧碱（三者都是碱性消毒剂）覆盖在道路或者地面处，下次下雪或者结冰时使地面和积雪部分能够处于隔离状态（一周 1～2 次）。

重点需要消毒的部分地区使用火焰消毒（做好安全防火措施）。

主干道在中午采用雾化或者直接喷洒作业消毒，一周三到四次。

5. 生产区猪舍空栏消毒方案

清洗：空舍或空栏后，及时清除舍内的垃圾，用好力清（50 倍稀释）泡沫喷洒清洗墙面、顶棚、通风口、门口、水管等处，并整理各种器具。

消毒：猪舍空栏消毒可用百迪康(1∶100 倍稀释)高压泡沫喷洒消毒，或用熏蒸剂(200～300 m³ 用 1 kg)熏蒸消毒 8 h 以上。

6. 生产区猪舍带猪消毒方案

消毒前，先清洁卫生，尽可能消除影响消毒效果的不利因素，如粪尿和生产垃圾等。猪舍带猪消毒百迪康（1∶800 倍稀释）喷洒消毒。或用迪威宁（1∶500 倍稀释）喷洒消毒。消毒间隔时间，根据猪场具体情况而定，平时预防为主 5～7 d 消毒一次，发生疫情时适当增加消毒频率。

7. 生产区生产用具消毒方案

所有小型生产用具使用后需用 25%浓戊二醛溶液（1∶300 倍）浸泡消毒。大型生产设备可用百迪宁（1∶2 000 倍）进行表面喷洒消毒。

8. 猪场饮水消毒方案

猪场内所有用水可用过氧乙酸溶液（1∶10 000 倍）或百迪宁（1∶20 000 倍）或力保安（1∶10 000 倍）稀释消毒。

9. 工作服、工作靴消毒方案

猪场可采用"颜色管理"，不同区域使用不同颜色/标识的工作服，场区内移动遵循单向流动的原则。

工作服及工作靴：消毒人员离开生产区，将工作服及工作靴放置指定收纳桶，每日消毒、清洗及烘干。

流程：先浸泡消毒（百迪宁 1∶1 000 倍）作用 30 min，后清洗、烘干。

10. 出猪台、通道消毒方案

出猪台、通道是与外界接触的地方，须有标识或实物将净区、污区隔开，不同区域人员禁止交叉。建议种猪场和规模猪场使用场外中转车转运待售猪只。根据猪场实际情况中转站应尽量远离猪场。将整个赶猪区域分为"净、灰、污"三个区域，猪场一侧（或中转站自有车辆一侧）为净区，拉猪车辆为污区，中间地带为灰区。不同区域由不同人员负责，禁止人员跨越区域界线或发生交叉。自有可控车辆可在猪场的出猪台进行猪只转运；非自有车辆不可接近猪场出猪台，由自有车辆将猪只转运到中转站交接。猪只转运时，到达出猪台或中转站的猪只必须转运离开，禁止返回场内。转运后，对出猪台、中转站清洗、消毒[25%浓戊二醛溶液（1∶200～300 倍）]。

11. 空气的消毒方案

（1）通风换气：通风是对利用空气流动、或用过滤除菌的空气对空气中微生物进行稀释、消除。自然通风是一种最为简便、经济的空气消毒方法。

（2）紫外线照射：紫外线主要是通过对微生物（细菌、病毒、芽孢等病原体）的辐射损伤和破坏核酸的功能使微生物致死，从而达到消毒的目的。

12. 污染粪便及废弃物的消毒方案

（1）掩埋法：对非烈性传染病致死的猪可以采用深埋法进行处理。在远离猪场的地方挖 2 米以上的深坑，在坑底撒上一层生石灰，然后放上死猪，在最上层死猪的上面再撒一层生石灰，然后用土埋实。采用深埋法处理死猪时，一定要选择远离水源、居民区的地方，并且要在猪场的下风向。

（2）焚烧法：在焚烧炉中通过燃烧器将猪尸或废弃物焚烧。这种处理方法彻底消灭病菌，处理迅速且卫生，不会对环境造成太大污染。适用于被病原微生物污染的粪便、垫草、剩余饲料、尸体等废物。

（3）生物消毒法：将粪便进行堆积或贮放在沼气池中，经发酵产热对粪污中的微生物进行杀灭。

13. 日常消毒管理方案

使用消毒脚盆的，药液深度至少超过脚踝部位，踏入脚盆前应保持胶靴的清洁。重点防疫期内，当猪群出现死亡增高或存栏密度较大时，可适当增加带猪消毒时的消毒次数。对于无法空舍的妊娠舍和配种舍等，应至少每半年彻底清理一次舍内整体的环境卫生，包括屋顶灰尘、门窗等平时不易清扫的地方。对同一对象的消毒，应定期轮换使用不同性质的消毒药物，但不能同时混用不同性质的消毒药物。当空舍内安装有独立的加药饮水系统时，必须对此系统进行清洁和消毒。

根据消毒种类、对象、气温、疫病流行的规律，将多种消毒方法科学合理地加以组合而进行的消毒过程称为消毒程序。例如全进全出系统中的空栏大消毒的消毒程序可分为以下步骤：清扫—高压水冲洗—喷洒消毒剂—清洗—干燥—熏蒸（或火焰消毒）—喷洒消毒剂—转进猪群。消毒程序还应根据自身的生产方式、猪场主要存在的疫病、消毒剂和消毒设施、设备的种类等因素因地制宜地加以制订。有条件的猪场还应对生产环节中关键部位的消毒效果进行监测。

（六）影响消毒效果的因素

1. 病原微生物类型

不同类型的病原微生物对同一种消毒防腐药的敏感性不同，例如革兰阳性菌对消毒药一般比革兰阴性菌敏感，尤其是大肠杆菌、克雷伯菌、变形杆菌、沙门菌、铜绿假单胞菌等对多种消毒剂抵抗力强。另外，分枝杆菌和细菌芽孢也需高效力的消毒药才能杀灭；病毒对碱类很敏感，对酚类的抵抗力较强；适当浓度的酚类化合物几乎对所有不产生芽孢的繁殖型细菌均有杀灭作用，但对芽孢作用不强。

2. 消毒药溶液的浓度和时间

当其他条件一致时，消毒药的杀菌效力一般随其溶液浓度的增加而增强，另外，呈现相同杀菌效力所需的时间一般随消毒药浓度的增加而缩短。

3. 温　度

消毒药的效果与环境温度呈正相关，即温度越高，杀菌力越强，对热稳定的药物，用其热溶液消毒效果更好。

4. 湿　度

湿度可直接影响到微生物的含水量，对许多气体消毒剂的作用有显著的影响。如用环氧乙烷消毒时，若细菌含水量太大，则需要延长消毒时间；完全脱水的细菌用环氧乙烷无法将其杀灭。每种气体消毒剂都有其适宜的相对湿度（RH）范围。

5. pH 值

环境 pH 对有些消毒防腐药作用的影响较大，如戊二醛在酸性环境中较稳定，但杀菌能力较弱，当加入 0.3% 碳酸氢钠，使其溶液 pH 值达 7.5～8.5 时，杀菌活性显著增强，不仅能杀死多种繁殖型细菌，还能杀死芽孢。含氯消毒剂作用的最佳 pH 值为 5～6。以分子形式起作用的酚、苯甲酸等，当环境 pH 值升高时，杀菌效力随之减弱或消失。环境 pH 升高还可以使菌体表面负电基相应地增多，从而导致其与带正电荷的消毒药分子结合数量的增多，这是季铵盐类、氯己定（洗必泰）、染料等作用增强的原因。

6. 有机物

消毒环境中的粪、尿等可在微生物的表面形成一层保护层，妨碍消毒剂与微生物的接触，对消毒防腐药抗菌效力影响越大。这是消毒前务必清扫消毒场或清理创伤的原因。

7. 水质硬度

硬水中的 Ca^{2+} 和 Mg^{2+} 能与季铵盐类、氯己定或碘附等结合形成不溶性盐类，从而降低其抗菌效力。

8. 联合应用

两种消毒药合用时，可出现增强或减弱的效果。例如消毒药与清洁剂或除臭剂合用时，消毒效果降低；如阴离子清洁剂肥皂与阳离子季铵盐消毒剂合用时，可使消毒效果减弱，甚至完全消失；合理的联合用药能增强消毒效果。例如在戊二醛内加入合适的阳离子表面活性剂，则消毒作用大大加强。环氧乙烷和溴化甲烷合用不仅可以防燃防爆，而且两者有协同作用，可提高消毒作用。如氯己定和季铵盐类消毒剂用 70% 乙醇配制比用水配制穿透力强，杀菌效果也更好。酚在水中虽溶解度低，但制成甲酚肥皂液，可杀灭大多数繁殖型微生物。

二、养猪场免疫接种技术

由病原微生物、寄生虫及其组分或代谢产物所制成的，用于人工主动免疫的生物制品称为疫苗。在养猪过程中，对猪群有计划地使用疫苗进行预防接种，在可能发生或疫病发生早期对猪群实行紧急免疫接种，以提高猪群对相应疫病的特异抵抗力。有计划地免疫是养猪业生物安全体系的重要措施。

（一）猪用疫苗的类型

猪用疫苗的种类很多，按菌（毒）株性质可分为弱毒苗（也称活苗）和灭活苗（也称死苗）；按剂型可分为冻干苗、液体苗、干粉苗、油乳剂苗、组织苗等；按所含菌（毒）株的种类和血清型又可分为联合疫苗（联苗）和多价疫苗。联合疫苗是一个剂量的疫苗中包含几种病毒或细菌，如猪瘟、猪丹毒、猪肺疫三联苗，接种联苗可以预防两种以上的传染病，省工省时，深受养猪场（户）欢迎。多价疫苗是在一个剂量的疫苗中含有一种病毒或细菌的几个血清型或亚型，如多价猪大肠杆菌灭活苗。

下面按疫苗的性质和生产技术分类介绍猪常用的几类疫苗：

1. 活疫苗

即弱毒苗，病原微生物毒力逐渐减弱或丧失，但能保持良好的免疫原性，用此种活的、变异的病原微生物制成的疫苗称为活疫苗。弱毒苗可通过选自然弱毒株和人工致弱两种途径获得。这类疫苗能有效地刺激机体的免疫系统，免疫期长，免疫效果好，使用方便，可用做群体免疫，在生产实战中，为节省人力、物力和时间或提高免疫覆盖面，通常使用多价苗和联合疫苗。多价疫苗是由同种病原的不同型制成，如口蹄疫病毒多价灭活苗、联合疫苗是将不同种类的病原微生物进行分别制苗后混合而成的制品，如猪瘟、猪丹毒、猪肺疫三联苗。

2. 灭活苗

选用免疫原性强的细菌、病毒等经过人工培养后，用物理或化学方法将其灭活，其传染因子被破坏而保留免疫原性所制成的疫苗称为灭活苗。

目前广泛使用的灭活苗有：

（1）组织灭活苗

取患传染病的病死猪典型的病变组织，经处理后加入灭活剂制备而成的。多为自家苗，用于发病本场。这种苗制备简便，尤其对病因尚不明确的传染病或目前尚无疫苗可接种的传染病，均能起到较好的控制作用。

（2）油佐剂灭活苗

是以矿物油为佐剂与灭活的抗原液混合乳化制成，大多数病毒性灭活疫苗采用这种方式。油佐剂疫苗注入肌肉后，疫苗中的抗原物质缓慢释放，从而延长疫苗的作用时间。这类疫苗 $2 \sim 8\,^{\circ}\mathrm{C}$ 保存，禁止冻结。有单相苗与双相苗之分。双相油苗比单相苗抗体上升较快，但价格相对较高，根据生产情况选择使用。

（3）氢氧化铝胶灭活苗

是将灭活的抗原液按一定比例加入氢化铝胶制成的。大多数细菌性灭活疫苗采用这种方式。疫苗作用时间比油佐剂疫苗快 $2 \sim 8\,^{\circ}\mathrm{C}$ 保存，不宜冻结。其制备比较简单，价格较低，免疫效果良好；缺点是难以吸收，在注射部位易形成结节，影响肉产品的质量。铝胶苗在生产上应用较广泛，如猪丹毒氢氧化铝灭活苗，猪肺疫氢氧化铝菌苗等。

（4）蜂胶佐剂灭活疫苗

以提纯的蜂胶为佐剂制成的灭活疫苗，蜂胶具有免疫增强的作用，减少疫苗反应。这类灭活疫苗作用时间比较快，但制苗工艺要求高，需高浓缩抗原配苗。$2 \sim 8\,^{\circ}\mathrm{C}$ 保存，不宜冻结，用前充分摇匀。

（二）免疫接种的类型

免疫接种是使猪群产生主动免疫力的措施。通过有计划地接种疫苗，可使猪群建立持续时间较长的特异性免疫力，并可通过重复注射使其强化和延长。通过采用有效而省力的免疫方法，适时进行免疫接种，对于控制猪群疫病流行具有关键性的作用。根据免疫接种进行的时间，可分为预防接种和紧急接种两类。

1. 预防免疫接种

在经常发生某些传染病的养猪场，有某些传染病潜在的养猪场，受邻近地区某些传染病经常威胁的养猪场，为了防患于未然，在平时有计划地给健康猪群进行的免疫接种，称为预防接种。

2. 紧急免疫接种

紧急接种是在猪场发生传染病时，为了迅速控制和扑灭疫病的流面对疫区和受威胁区尚未发病的猪群进行的应急性预防接种。从理论上说，紧急接种以使用免疫血清较为安全有效，但因血清用量大，价格高，免疫期短，且在大批猪群接种时往往供不应求或根本就没有相应的血清制品，因此在实践中很少使用。

（三）免疫接种的方法

1. 皮下注射法

注射部位，猪在耳根后部、腹下或股内侧。保定动物后，将注射部位剪毛消毒，以左手手指夹起皮肤，在所形成的三角形凹窝的底部将针头刺入皮下后注射药液，注射完毕后用棉球压紧皮肤拔出针头。

2. 肌肉注射法

注射部位，猪在颈部及臀部。注射部位剪毛消毒后，将针头对准注射部位，迅速垂直刺入肌肉。将注射器回抽无血液后即注入药液。

3. 喷雾法

用特制的电动气雾枪喷出 10 pm 左右的疫苗雾粒，对畜群进行喷雾，使畜群在吸气时吸进疫苗，从而达到免疫目的。但在喷雾前必须清洁舍内空间，喷雾时要把畜禽舍的门窗关紧，手持喷头向畜群均匀地喷雾。

同时要注意雾粒的大小，不可过大或过小。稀释时要用蒸馏水做稀释液，喷雾后应使畜禽在舍内停留 20～30 min，然后打开门窗。

4. 滴口法

按瓶签规定的头份数，用冷开水稀释成一定浓度，用滴管吸取适当的疫苗液直接滴入仔猪口中，适用于仔猪副伤寒活疫苗，仔猪黄、白痢遗传工程活疫苗等。

5. 口服法

按瓶签规定的头份数，用冷开水或井水稀释成一定浓度，取规定毫升的该疫苗拌入少量精料中，让猪自由采食。适用于仔猪副伤寒活疫苗，仔猪黄、白痢遗传工程活疫苗等。

（四）免疫接种方案

免疫接种是预防猪场疫病流行的重要措施，免疫程序的制订，应考虑本地区疫病流行情况、母猪母源抗体状况、猪的发病日龄和发病季节、免疫间隔时间以及免疫效果响因素。拟定一个好的免疫程序，不仅要有严密的科学性，而且要符合当地猪群的实际情况，也应考虑疫苗厂家推荐的免疫程序，根据综合分析，拟定出完整的免疫程序。下文提供的免疫程序仅供参考。

1. 生产母猪

参考表 8-2-2。

表 8-2-2　生产母猪免疫方案

病名	免疫时间	免疫频率
猪瘟	普免	2～3 次/年
	跟胎免	产后 3～4 周
蓝耳病	普免	3～4 次/年
圆环病毒病	普免	2 次/年
	跟胎免	产前 3～4 周
伪狂犬病	普免	3～4 次/年
细小病毒病	普免	2 次/年（春秋）
	跟胎免	产后 2～4 周
乙型脑炎	普免	3 月和 9 月
病毒性腹泻	跟胎免	产前 3 周
	跟胎免	产前 6 周
大肠杆菌病	跟胎免	
链球菌病	普免	2 次/年
	跟胎免	产前 3～4 周
口蹄疫	普免	3～4 次/年

2. 仔　猪

参考表 8-2-3。

表 8-2-3　仔猪免疫方案

接种日龄	适用疾病
0～3	伪狂犬
	病毒性腹泻
7	喘气病
14	蓝耳病
	圆环病毒病
21	链球菌病
28	猪瘟
42	链球菌病
49	口蹄疫
56	伪狂犬
63	猪瘟
70	口蹄疫
90	伪狂犬

3. 后备种猪

参考表 8-2-4。

表 8-2-4　后备种猪免疫方案

接种日龄	适用疾病
140、161	蓝耳病+圆环病毒病
147、168	伪狂犬
154、175	细小病毒+病毒性腹泻
182、203	乙型脑炎+病毒性腹泻
189、210	猪瘟
196、217	口蹄疫

（五）免疫接种的注意事项

（1）养猪场应安排专职人员采购、运输及保管：注意疫苗来源、运输与保存。

① 要使用国家或农业部指定的正规的生物药品厂家生产的疫苗,或是经正规途径技术权威单位认可的疫苗。并要检查疫苗是否在有效期内,包装有无破损,瓶口、瓶盖是否封严。运输疫苗应使用保温瓶、桶。保温瓶、桶内放置冰块并尽快将疫苗运到目的地。

② 在疫苗购回后,及时咨询相关技术人员,根据生物制品说明来保存,不同性质的疫苗与稀释液,分别妥善保管,疫苗应避光保存;在使用前,轻轻摇动,直到瓶内的冻干饼充分混悬均匀;病毒性冻干苗通常在 -15 ℃ 以下冻结保存,一般保存期 2 年。灭活苗在 2 ~ 8 ℃ 贮存,要避免冻结;使用前摇匀;建议在 15 ~ 25 ℃ 的温度下进行免疫注射。大多数弱毒活疫苗应放在 -15 ℃ 以下冻结保存,不得超过所规定的期限。

（2）严格按说明书规定的方法稀释、注射。首先要做疫苗的真空试验,失去真空的不要用。疫苗一旦稀释要求 1 h 内用完,使用完后,疫苗瓶和其内容物要烧毁或深埋;剩余的疫苗不可随意丢弃,接种前后所有容器、用具必须进行消毒,以防传染。接种疫苗的全过程都要树立无菌操作观念。疫苗从冰箱内取出后,应恢复至室温再进行免疫接种（特别是灭活疫苗）。

（3）不能随便加大疫苗的用量,确需加大剂量时要在当地兽医指导下使用。严格和细心地进行注射操作。选用的针头口径、长度应适合,使用过大口径针头或注射过快,疫苗液体容易倒流,造成疫苗剂量不足,免疫效果差。注射疫苗的部位应消毒,并防止消毒剂渗入针头或管内,以免影响疫苗活性,降低效价。

（4）每注射一头猪后,应换消毒过的针头。防止交叉感染。

（5）将每一种疫苗的编号、类型、规格、生产厂名、有效期、批号、接种人员姓名及接种日期等详细记录,并适时抽查监测免疫效果。

（6）疫苗免疫接种前,应详细了解被接种猪群的品种及健康状况。凡瘦弱、有慢性病、怀孕后期或饲养管理不良的猪不宜接种。

（7）防止药物对疫苗接种的干扰,在免疫接种前后 10 d 内尽量不要用抗生素类药物注射两种以上的疫苗时应防止疫苗之间的相互干扰现象,以防影响免疫效果。

（8）气温骤变时，应避免进行免疫接种。在高温或寒冷天气注射疫苗时，应选择合适时间注射，并提前 2～3 d 在饲料或饮水中添加抗应激药物（如氨基维他、电解多维等）可有效减轻猪群的应激反应。

（9）有的疫苗在制备过程中需要加入其他物质，如营养素、动物血清、动物组织异源蛋白、佐剂等，在免疫后可能引起过敏反应，在注射后应详细观察，有的仔猪因个体差异，注射半小时后会出现体温升高、发抖、呕吐和减食等症状，一般 1～2 d 后可自行康复，重者注射 0.1%肾上腺素注射液 1 mL 即可消除过敏性休克。必要时需进行对症治疗以免引起不必要的损失。

（10）同时接种两种以上不同疫苗时，注射器、针头、疫苗不得混合使用，应分别按照各自接种的途径、部位进行免疫接种。

【任务检查】

表 8-2-5　任务检查单——猪场的消毒与免疫接种技术

任务编号	8-2	任务名称		猪场的消毒与免疫接种技术		
序号	检查内容				是	否
1	猪场消毒的意义					
2	消毒的种类					
3	消毒的方法					
4	常用消毒药的特点及使用方法					
5	不同种类消毒药的优缺点及使用方法					
6	消毒方案制订					
7	影响消毒效果的因素					
8	疫苗的种类					
9	疫苗接种的方法					
10	制订各种猪的免疫方案					
11	免疫接种的注意事项					

【任务训练】

1. 过氧乙酸用于空间加热熏蒸消毒，用（　　　）浓度的溶液。

A. 0.3%～0.5%　　　　B. 3%～5%　　　　C. 1%～2%　　　　D. 10%

2. 根据消毒的时间，把消毒分为（　　　）。

A. 定期消毒　　　　B. 紧急消毒　　　　C. 带体消毒　　　　D. 终末消毒

3. 煤酚皂用 5%～10%浓度消毒（　　　）。

A. 猪体　　　　B. 器械　　　　C. 排泄物　　　　D. 圈舍

4. 甲醛熏蒸消毒，可将40%的甲醛加甲醛体积数（　　　）重的高锰酸钾。

A. 30%   B. 50%   C. 50%   D. 100%

5. 氢氧化钠杀菌力强，能杀灭细菌繁殖体、芽孢和病毒，一般以 2%溶液喷洒厩舍地面、饲槽，（   ）溶液用于被炭疽芽孢污染的消毒。

A. 5%   B. 1%   C. 0.5%   D. 1.5%

6. 动物饲养场门口可放置浸透（   ）石灰乳的垫草对进出车辆轮胎和人员鞋底进行消毒。

A. 5%   B. 0.5%   C. 20%   D. 2%

7. 漂白粉，主要成分为次氯酸钙、氯化钙和氢氧化钙的混合物，加入水中生成次氯酸，后者释放活性氯和初生氧而呈现杀菌作用，其杀菌作用快而强，但不持久，广泛用于饮水消毒，浓度为（   ）。

A. 10% ~ 20%   B. 50 L 水 1 g   C. 50 L 水 5 g   D. 15%

8. 疫苗按菌（毒）株的性质可分为（   ）。

A. 活疫苗   B. 三联苗   C. 灭活苗   D. 冻干苗

9. 免疫接种的方法有（   ）。

A. 皮下注射法   B. 肌肉注射法   C. 喷雾法   D. 口服法

10. 利用分子生物学手段改造病原微生物的基因，获得毒力下降、丧失的突变株或构建以弱毒株为载体、表达外源基因的重组毒（菌）株，并利用它们作为疫苗毒株制备疫苗（   ）。

A. 工程苗   B. 三联苗   C. 灭活苗   D. 冻干苗

11. 制订猪场的消毒方案要考虑哪些环节要消毒？

12. 仔猪一般可以做哪些疫苗？

【任务拓展】

兽用金属注射器的使用

一、兽用金属注射器部件识别

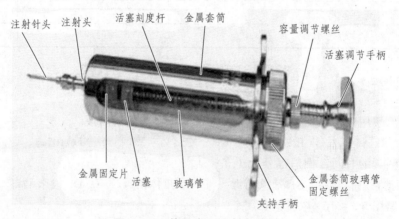

图 8-2-1　兽用金属注射器部件

兽用注射器结构主要是由金属套管、有刻度活塞推杆、剂量调节螺栓、橡皮活塞、活塞调节手柄、金属管与玻璃管固定螺丝帽、注射头、针头、夹持手柄构成（见图 8-2-1）。最大装量有 10 mL、20 mL、30 mL 和 50 mL 4 种规格，特点是轻便、耐用、装量大，适用于猪、牛、羊等中大型动物的注射。

二、兽用金属注射器的消毒

1. 注射器的拆卸

推柄→松刻度螺旋→松金属套筒螺帽→取出活塞→分离刻度杆与推杆→分离橡胶塞与金属固定片→取出玻璃管→取出针嘴与橡胶垫圈→松开夹持手柄。

2. 注射器的消毒

注射器及其附属配件都必须煮沸消毒，金属注射器、针头必须彻底清洗，针头应逐个冲洗，清洗然后拧松固定螺丝，旋松并抽出活塞，将各部元件拆开，分别用清洁纱布包裹玻璃管及其他配件，放入煮沸容器中，针头应放在针头盒内，水沸后再煮 15~20 min，进行煮沸消毒灭菌。

由于有橡皮垫圈，不能采用高压和干热消毒，防止垫圈变形。

三、兽用金属注射器的安装调试

1. 装配金属注射器

装配橡胶塞与金属的固定片→推杆上加装刻度杆（零刻度装在针头端）→刻度杆上装金属套筒螺帽、刻度螺旋及推柄→将针嘴、橡胶垫圈及玻璃管的整体装入金属套筒→装上夹持手柄→向玻璃管中装入活塞→拧紧金属套筒螺帽。

2. 检查气密性

检查是否漏水抽取清洁水数次，以左手食指轻压注射器药液出口，拇指及其余三指握住金属套管，右手轻拉手柄至一定距离（感觉到有一定阻力），松开手柄后活塞可自动回复原位，则表明各处接合紧密、不会漏水，即可使用；若拉动手柄无阻力，松开手柄，活塞不能回复原位，则表明接合不紧密，应检查固定螺丝是否上正拧紧，或活塞是否太松，经调整后，再行抽试，直至符合要求为止。

3. 针头的安装

针头消毒后，用医用镊子夹取针头座，套上注射器针座，顺时针旋转半圈并且略向下压，针头装上；反之，逆时针旋转半圈并且略向外拉，针头卸下。

四、兽用金属注射器的使用

1. 抽药

装药剂利用真空把药剂从药物容器中吸入玻璃管内，装药剂时应注意先把适量空气注入容器中，避免容器内产生负压而吸不出药剂。装量一般控制在最大装量的 50%左右，吸药剂完毕，针头朝上排空管内空气，最后按需要剂量调整剂量螺栓至所需刻度，每注射一头动物调整一次。

2. 连续注射器的使用

连续注射器每次使用前或使用结束后的消毒方式最好是煮沸，并将各元部件拆开，尤其是要把玻璃管内的活塞退出，避免把玻璃管胀裂。注射前要检查注射器及乳胶管的气密性，及时更换老化的橡皮垫圈、活塞和乳胶管等部件，长时间磨损的玻璃管也要更换以防药液回流。

注射前，为使注射器内的气味排净，可将针头向上，反复推动后座（不可将药液射出，造成浪费），排净空气，也可以将针头插入药液瓶内，反复推注，直至注射器内没有空气。

注射时，用力适当，防止使药液被挤到活塞后头，同时，也不能太快，以防药液未完全吸进玻璃管就注射，造成剂量不准确以及对注射对象造成伤害。

猪舍操作时，如药液瓶是瓶口向下放置，使用排气针时，要防止瓶塞处药液滴漏。也可以不用排气针，每隔一定时间，将插头向侧部按压，放空气进入，以增大瓶内气压。

如出现故障，可以根据具体情况，做一定的处理，或维修或更换元部件。医疗器械在清洗之后必须晾干或烘干，最好用高温烘干。

3. 金属注射器的使用注意事项

（1）使用前注射器检查：严格检查注射器玻管有无破损，活塞是否匹配，密封橡胶垫是否老化，松紧度调节是否适宜，对注射器进行正负压的试验有无漏气，调节螺旋是否滑动、能否固定，玻管内壁是否光滑，注射器凸嘴与针头座的接合是否严密。

（2）试用前针头检查：注射用的针头数量要充足、锐利、畅通，并能与注射器凸嘴紧密结合，弯针、堵塞的针头必须剔出，严禁使用。

五、注射方法

（一）注射方法

1. 皮下注射法

注射部位可选择耳根后部、股内侧或腹中线两边，用70%酒精或2%碘酊棉球消毒术部，用左手食、拇、中三指将皮肤提起，使皮肤呈三角形，右手持注射器刺入皮下，然后放开左手，将药液注入。

2. 肌肉注射法

注射部位应选择在大腿内侧肌肉丰满、无大血管和神经处，先消毒后将针头垂直刺入，回抽注射器活塞，无回血时，将药液缓慢注入。油剂、水剂、混悬液均可采用此法，略有刺激性的药物也可采用此法。但"914"、氯化钙不能肌注，否则会发生溃疡或坏死。

3. 静脉注射法

一般常在耳外下缘静脉处注射。注射部位用70%酒精棉球消毒，用手指弹动耳壳后立即用手指紧压耳根，使血管充血，然后用注射器针头在耳静脉刺入，放开紧压耳根的手指，回抽注射栓，如有回血后即可将药液缓缓注入。如注射部位附近隆起或注射不进去或有阻力，表明针头未刺进血管或离开血管，应重新注射。注射完毕拔出针头，用消毒棉球紧压针刺孔，以免出血。

4. 腔内注射法

将兔仰卧保定，将后躯稍抬高，使腹腔肠管向前方移动，然后提起腹壁，消毒后将针头刺入腹腔，回抽注射栓，检查是否刺进脏器或血管，在准确断定插入腹腔后，再固定针头进行注射。

（二）注射给药的注意事

（1）注射前，针头、注射器要彻底消毒。

（2）注射时要将猪保定好，注射部位用5%的碘酊消毒，再用75%的酒精棉球脱碘毒。注射后再用碘酊或酒精棉球压住针孔处皮肤，拔出针头。

（3）稀释药液时要注意药液是否浑浊、沉淀、过期等。

（4）凡刺激性较强或不容易吸收的药液，如青霉素、磺胺类药液等，常作肌肉注射；在抢救危急病猪时，输液量大、刺激性强、不宜做肌肉或皮下注射的药物，如水合氯醛、氯化钙、25%葡萄糖溶液等，可作静脉注射。

（5）注射器里如有空气时，一定要把空气排尽，然后再用。

（6）注射器及针头用完后，要及时清洗，晾干，妥善保管。

参考文献

[1] 鄂禄祥，吕丹娜. 猪生产[M]. 北京：化学工业出版社，2016

[2] 李和国，关红民.养猪生产技术[M]. 北京：中国农业大学出版社，2014（2016.7 重印）.

[3] 王利红，张力. 养殖场环境控制与污物治理技术[M]. 北京：中国农业出版社，2012.

[4] 郑翠芝. 畜禽场设计与环境控制[M]. 北京：中国轻工业出版社，2015.

[5] 关铜. 猪场建设与经营管理[M]. 成都：西南交通大学出版社，2104（2017.11 重印）.

[6] 郑久坤，杨军香. 粪污处理主推技术[M]. 北京：中国农业科学技术出版社，2013.

[7] 王燕丽，李军. 猪生产技术[M]. 北京：化学工业出版社，2016.

[8] 张龙志，张照. 养猪学[M]. 北京：农业出版社，1982.

[9] 柴勇. 规模化养猪场保育猪饲养管理技术探究[J]. 畜禽业，2017，28（4）：26-27.

[10] 齐静，龚辉，孙守礼，等. 保育猪饲养管理及常见疾病防治[J]. 猪业科学，2007，24（4）：76-78.

[11] 陈文各. 保育猪饲养管理关键技术解析[J]. 农民致富之友，2014（2）：244-244.

[12] 闫文良. 保育猪饲养管理关键技术探究[J]. 中国畜牧兽医文摘，2016，32（10）：95-95.

[13] 孔桂红，王亭亭. 保育猪饲养管理与疾病防治分析[J]. 中国畜牧兽医文摘，2018，34.

[14] 中华人民共和国国家环境保护标准 HJ 568—2010.

[15] 王燕丽，李军. 猪生产技术[M]. 北京：化学工业出版社，2016：6-189.

[16] 瘦肉型猪饲养标准 NY/T 65—2004.

[17] 非洲猪瘟疫情应急实施方案（2019 版）.

附　录

附录 A　猪舍环境条件参数

表 A-1　放牧区灌溉用水水质评价指标限值[1]

序号	评价指标	指标限值	单位
1	pH 值	5.5～8.5	无量纲
2	水温	35	℃
3	悬浮物	200	
4	生化需氧量（BOD$_5$）	150	
5	化学需氧量（COD$_{Cr}$）	300	
6	凯氏氮	30	
7	总磷（以 P 计）	10	
8	阴离子表面活性剂（LAS）	8.0	
9	氯化物	250	
10	硫化物	1.0	
11	氟化物	3.0	
12	氰化物	0.5	
13	全盐量	2 000（盐碱土地）、1 000（非盐碱土地区）	
14	石油类	10	
15	挥发酚	1.0	mg/L
16	苯	2.5	
17	三氯乙醛	0.5	
18	丙烯醛	0.5	
19	硼	3.0	
20	镉	0.005	
21	锌	2.0	
22	硒	0.02	
23	铅	0.1	
24	铜	1.0	
25	汞	0.001	
26	铬（六价）	0.1	
27	砷	0.1	
28	粪大肠菌群数	10 000	个/L
29	蛔虫卵数	2	

表 A-2　畜禽饮用水水质评价指标限值[1]

序号	评价指标	指标限值		单位
		畜	禽	
1	色	30		度
2	浑浊度	20		
3	臭和味	不得有异臭、异味		无量纲
4	pH	5.5~9.0	6.5~8.5	
5	总硬度（以 $CaCO_3$ 计）	1 500		
6	溶解性总固体	4 000	2 000	
7	硫酸盐（以 SO_4^{2-} 计）	500	250	
8	氟化物（以 F^- 计）	2.0	2.0	
9	氰化物	0.20	0.05	
10	砷	0.20	0.20	
11	汞	0.01	0.001	
12	铅	0.10	0.10	mg/L
13	铬	0.10	0.05	
14	镉	0.05	0.01	
15	硝酸盐（以 N 计）	10.0	3.0	
16	六六六	0.005		
17	滴滴涕	0.001		
18	乐果	0.08		
19	敌敌畏	0.001		
20	总大肠菌群	100（成年） 3（幼年）	3	个/L

表 A-3　畜禽养殖场、养殖小区生产用水水质评价指标限值[1]

序号	评价指标	指标限值	单位
1	pH 值	6.0~9.0	无量纲
2	嗅	无不快感	
3	浑浊度	10	NTU
4	色	30	度
5	溶解性总固体	1 500	
6	生化需氧量（BOD_5）	15	
7	氨氮	10	
8	阴离子表面活性剂（LAS）	1.0	mg/L
9	溶解氧	≥1.0	
10	总余氯	接触 30 min 后≥1.0，管网末端≥0.2	
11	总大肠菌群	3	个/L

表 A-4 放牧区和畜禽养殖场、养殖小区土壤环境质量评价指标限值[1] 单位：mg/kg

序号	评价指标	放牧区			养殖场、养殖小区
	土壤 pH 值	<6.5	6.5～7.5	>7.5	
1	镉	0.30	0.30	0.60	1.0
2	汞	0.30	0.50	1.0	1.5
3	砷	40	30	25	40
4	铜	150	200	200	400
5	铅	250	300	350	500
6	铬	150	200	250	300
7	锌	200	250	300	500
8	镍	40	50	60	200
9	六六六	0.50			1.0
10	滴滴涕	0.50			1.0
11	寄生虫卵数（个/kg±）	10			10

表 A-5 畜禽养殖场和养殖小区环境空气质量评价指标限值[1]

序号	评价指标	取值时间	场区	单位
1	氨气		5	
2	硫化氢		2	
3	二氧化碳	1 日平均	750	mg/m³
4	可吸入颗粒物		1	
5	总悬浮颗粒物		2	
6	恶臭（稀释倍数）		50	无量纲

表 A-6 畜禽养殖场、养殖小区及放牧区声环境质量评价指标限值[1]

昼间	夜间	单位
60	50	dB（A）

表 A-7 猪只所需水量及和流速[2]

阶段	日消耗水量/L	流速/mL·min⁻¹	
		最小	最大
哺乳阶段	适当量以保证满足补饲量		
断奶仔猪	1.3～2.5	750	1 000
生长猪	2.5～3.8	750	1 000
育肥猪	3.8～7.5	750	2 000
断奶母猪、后备猪	13～17	—	—
哺乳母猪及后备母猪	18～23	1 000	2 000

附录 B 猪场记录表格

表 B-1 母猪-仔猪记录卡

母猪耳号＿＿＿＿＿＿＿＿＿＿＿＿＿　　　公猪耳号＿＿＿＿＿＿＿＿＿＿＿＿＿　　　仔猪耳号＿＿＿＿＿＿＿＿＿＿＿＿＿

胎次	配种日期	预产期	分娩日期	产活仔数	死胎数	活产窝重	3 d 活仔数	28 d 活仔数	28 d 窝重	断奶时间

表 B-2 母猪舍周记录表

周次＿＿＿＿＿＿＿＿＿＿＿＿

时间	母猪				仔猪			死亡情况		出售转群
	第一次配种	第二次配种	分娩	断奶	产活仔	产死	断奶	出生/哺乳	公/母	
上周转群数										
周一										
周二										
周三										
周四										
周五										
周六										
周日										
总计										

表 B-3 母猪场月份生产记录表

月份	平均母猪数	配种母猪数	返情母猪数	分娩母猪数	断奶母猪数	总产活仔数	死胎数	断奶仔猪数	平均窝产仔猪数	窝均断奶仔猪数	出售/转群数
1 月											
2 月											
3 月											
4 月											
5 月											
6 月											
7 月											
8 月											
9 月											
10 月											
11 月											
12 月											
年度总计											

表 B-4 母猪场年度生产记录表

年份				
平均母猪数				
总配种母猪数				
返情母猪数				
总分娩胎数				
总断奶母猪数				
总产活仔数				
总死亡胎数				
总断奶仔猪数				
平均窝产仔数				
平均窝断奶仔猪数				
出售或转出头数				

表 B-5 猪舍配种记录表

母猪耳号	与配公猪耳号			断奶日期	配种日期			预产期	配种后 30 d 妊娠检查	备注
					第 1 次	第 2 次	第 3 次			

表 B-6 后备母猪记录表

日期	转入后备母猪数	首次与公猪接触日期	第 1 次发情日期	第 2 次发情日期	配种日期	与配公猪号		后备母猪淘汰		备注
						1	2	淘汰日期	淘汰原因	

表 B-7 生长育成猪舍记录卡

年份＿＿＿＿＿＿＿＿＿＿＿＿＿＿＿＿ 月份＿＿＿＿＿＿＿＿＿＿＿＿＿

日期	盘存日期	买入头数	平均体重	死亡头数	转出头数	转出总重	出售价格	净收入	备注

表 B-8 母猪管理卡

母猪耳号＿＿＿＿＿＿＿＿＿ 品种＿＿＿＿＿＿＿＿ 父亲耳号＿＿＿＿＿＿＿＿ 母亲耳号＿＿＿＿＿＿＿

出生日期＿＿＿＿＿＿＿＿＿ 首次发情日期＿＿＿＿＿＿＿＿ 首次品种日期＿＿＿＿＿＿＿＿

断奶日期	第 1 次配种		第二次配种		母猪体况	分娩日期	分娩情况（与上次分娩间隔）
	日期	公猪	日期	公猪			

表 B-9 日盘存表

日期＿＿＿＿＿＿＿＿＿

公猪头数	母猪头数	分娩哺乳情况		断奶情况		评价
		哺乳窝数	哺乳仔猪数	断奶窝数	保育仔猪数	

附录 C 猪饲养标准[3]

表 C-1 瘦肉型生长育肥猪每千克饲粮养分含量（自由采食，88%干物质）

体重/kg	3~8	8~20	20~35	35~60	60~90
平均体重/kg	5.5	14	27.5	47.5	75
日增重/kg·d⁻¹	0.24	0.44	0.61	0.69	0.80
采食量/kg·d⁻¹	0.30	0.74	1.43	1.90	2.50
饲料/增重	1.25	1.59	2.34	2.75	3.13
饲料消化能含量/MJ·kg⁻¹（kcal·kg⁻¹）	14.02（3 350）	13.60（3 250）	13.39（3 200）	13.39（3 200）	13.39（3 200）
饲料代谢能含量/MJ·kg⁻¹（kcal·kg⁻¹）	13.46（3 215）	13.06（3 210）	12.86（3 070）	12.86（3 070）	12.86（3 070）
粗蛋白/%	21.0	19.0	17.8	16.4	14.5
能量蛋白比 DE/CP/[kJ/%（kcal/%）]	668（160）	716（170）	752（180）	817（195）	923（220）
赖氨酸能量比 Lys/DE/[g/MJ（g/Mcal）]	1.01（4.24）	0.85（3.56）	0.68（2.83）	0.61（2.56）	0.53（2.19）
氨基酸/%					
赖氨酸	1.42	1.16	0.9	0.82	0.70
蛋氨酸	0.40	0.30	0.24	0.22	0.19
蛋氨酸+胱氨酸	0.81	0.66	0.51	0.48	0.40
苏氨酸	0.94	0.75	0.58	0.56	0.48
色氨酸	0.27	0.21	0.16	0.15	0.13
异亮氨酸	0.79	0.64	0.48	0.46	0.39
亮氨酸	1.42	1.13	0.85	0.78	0.63
精氨酸	0.56	0.46	0.35	0.30	0.21
缬氨酸	0.98	0.80	0.61	0.57	0.47
组氨酸	0.45	0.36	0.28	0.26	0.21
苯丙氨酸	0.85	0.69	0.52	0.48	0.40
苯丙氨酸+酪氨酸	1.33	1.07	0.82	0.77	0.64
矿物元素					
钙/%	0.88	0.74	0.62	0.55	0.49
总磷/%	0.74	0.58	0.53	0.48	0.43
非植酸磷/%	0.54	0.36	0.25	0.20	0.17
钠/%	0.25	0.15	0.12	0.10	0.10

氯 /%	0.25	0.15	0.10	0.09	0.08
镁 /%	0.04	0.04	0.04	0.04	0.04
钾 /%	0.30	0.26	0.24	0.21	0.18
铜 $/mg \cdot kg^{-1}$	6.00	6.00	4.50	4.00	3.50
碘 $/mg \cdot kg^{-1}$	0.14	0.14	0.14	0.14	0.14
铁 $/mg \cdot kg^{-1}$	105	105	70	60	50
锰 $/mg \cdot kg^{-1}$	4.00	4.00	3.00	2.00	2.00
硒 $/mg \cdot kg^{-1}$	0.30	0.30	0.30	0.25	0.25
锌 /mg	110	110	70	60	50
维生素和脂肪酸					
维生素 A/IU	2 200	1 800	1 500	1 400	1 300
维生素 D/IU	220	200	170	160	150
维生素 E/IU	16	11	11	11	11
维生素 K$/mg \cdot kg^{-1}$	0.50	0.50	0.50	0.50	0.50
硫胺素 $/mg \cdot kg^{-1}$	1.50	1.00	1.00	1.00	1.00
核黄素 $/mg \cdot kg^{-1}$	4.00	3.50	2.50	2.00	2.00
泛酸 $/mg \cdot kg^{-1}$	12.00	10.00	8.00	7.50	7.00
烟酸 $/mg \cdot kg^{-1}$	20.00	15.00	10.00	8.50	7.50
吡哆醇 $/mg \cdot kg^{-1}$	2.00	1.50	1.00	1.00	1.00
生物素 $/mg \cdot kg^{-1}$	0.08	0.05	0.05	0.05	0.05
叶酸 $/mg \cdot kg^{-1}$	0.30	0.30	0.30	0.30	0.30
维生素 B_{12}/μg	20.00	17.50	11.00	8.00	6.00
胆碱 /g	0.60	0.50	0.35	0.30	0.30
亚油酸 /%	0.10	0.10	0.10	0.10	0.10

表 C-2　瘦肉型生长育肥猪每日每头养分需要量（自由采食，88%干物质）

体重/kg	3～8	8～20	20～35	35～60	60～90
平均体重/kg	5.5	14	27.5	47.5	75
日增重/kg·d⁻¹	0.24	0.44	0.61	0.69	0.80
采食量/kg·d⁻¹	0.30	0.74	1.43	1.90	2.50
饲料/增重	1.25	1.59	2.34	2.75	3.13
饲料消化能含量/MJ·kg⁻¹（kcal·kg⁻¹）	4.21（1 005）	10.06（2 405）	19.15（4 575）	25.44（6 080）	33.48（8 000）
饲料代谢能含量/MJ·kg⁻¹（kcal·kg⁻¹）	4.04（965）	9.66（2 310）	18.39（4 390）	24.43（5 835）	32.15（7 675）
粗蛋白/%	63	141	255	312	363
氨基酸/g·d⁻¹					
赖氨酸	4.3	8.6	12.9	15.6	17.5
蛋氨酸	1.2	2.2	3.4	4.2	4.8
蛋氨酸+胱氨酸	2.4	4.9	7.3	9.1	10.0
苏氨酸	2.8	5.6	8.3	10.6	12.0
色氨酸	0.8	1.6	2.3	2.9	3.3
异亮氨酸	2.4	4.7	6.7	8.7	9.8
亮氨酸	4.3	8.4	12.2	14.8	15.8
精氨酸	1.7	3.4	5.0	5.7	5.5
缬氨酸	2.9	5.9	8.7	10.8	11.8
组氨酸	1.4	2.7	4.0	4.9	5.5
苯丙氨酸	2.6	5.1	7.4	9.1	10.0
苯丙氨酸+酪氨酸	4.0	7.9	11.7	14.6	16.0
矿物元素					
钙/%	2.64	5.48	8.87	10.45	12.25
总磷/%	2.22	4.29	7.58	9.12	10.75
非植酸磷/%	1.62	2.66	3.58	3.80	4.25
钠/%	0.75	1.11	1.72	1.90	2.50
氯/%	0.75	1.11	1.43	1.71	2.00
镁/%	0.12	0.30	0.57	0.76	1.00
钾/%	0.90	1.92	3.43	3.99	4.50
铜/mg·d⁻¹	1.80	4.44	6.44	7.60	8.75
碘/mg·d⁻¹	0.04	0.10	0.20	0.27	0.35
铁/mg·d⁻¹	31.50	77.70	100.10	114.00	125.00

锰/mg·d^{-1}	1.20	2.96	4.29	3.80	5.00
硒/mg·d^{-1}	0.09	0.22	0.43	0.48	0.63
锌/mg·d^{-1}	33.00	81.40	100.10	114.00	125.00
维生素和脂肪酸					
维生素 A/IU	660	1 330	2 145	2 660	3 250
维生素 D/IU	66	148	243	304	375
维生素 E/IU	5	8.5	16	21	28
维生素 K/mg·d^{-1}	0.15	0.37	0.72	0.95	1.25
硫胺素/mg·d^{-1}	0.45	0.74	1.43	1.90	2.50
核黄素/mg·d^{-1}	1.20	2.59	3.58	3.80	5.00
泛酸/mg·d^{-1}	3.60	7.40	11.44	14.25	17.5
烟酸/mg·d^{-1}	6.00	11.10	14.30	16.15	18.75
吡哆醇/mg·d^{-1}	0.60	1.11	1.43	1.90	2.50
生物素/mg·d^{-1}	0.02	0.04	0.07	0.10	0.13
叶酸/mg·d^{-1}	0.09	0.22	0.43	0.57	0.75
维生素 B$_{12}$/μg·d^{-1}	6.00	12.95	15.73	15.20	15.00
胆碱/g·d^{-1}	0.18	0.37	0.50	0.57	0.75
亚油酸/%	0.30	0.74	1.43	1.90	2.50

表 C-3 瘦肉型妊娠母猪每千克饲粮养分含量（88%干物质）

妊娠期	妊娠前期			妊娠后期		
配种体重/kg	120～150	150～180	＞180	120～150	150～180	＞180
预期窝产仔数/头	10	11	11	10	11	11
采食量/kg·d^{-1}	2.10	2.10	2.00	2.60	2.80	3.00
饲料消化能/MJ·kg^{-1}（kcal·kg^{-1}）	12.75（3 050）	12.35（2 950）	12.15（2 950）	12.75（3 050）	12.55（3 000）	12.55（3 000）
饲料代谢能/MJ·kg^{-1}（kcal·kg^{-1}）	12.25（2 930）	11.85（2 830）	11.65（2 830）	12.25（2 930）	12.0（2 880）	12.05（2 880）
粗蛋白/%	13.0	12.0	12.0	14.0	13.0	12.0
能量蛋白比/[kJ/%（kcal/%）]	981（235）	1 029（246）	1 013（246）	911（218）	965（231）	1 045（250）
赖氨酸能量比[g/MJ（g/Mcal）]	0.42（1.74）	0.40（1.67）	0.38（1.58）	0.42（1.74）	0.41（1.70）	0.38（1.60）
氨基酸/%						
赖氨酸	0.53	0.49	0.46	0.53	0.51	0.48

妊娠期	妊娠前期			妊娠后期		
蛋氨酸	0.14	0.13	0.12	0.14	0.13	0.12
蛋氨酸+胱氨酸	0.34	0.32	0.31	0.34	0.33	0.32
苏氨酸	0.40	0.39	0.37	0.40	0.40	0.38
色氨酸	0.10	0.09	0.09	0.10	0.09	0.09
异亮氨酸	0.29	0.28	0.26	0.29	0.29	0.27
亮氨酸	0.45	0.41	0.37	0.45	0.42	0.38
精氨酸	0.06	0.02	0.00	0.06	0.02	0.00
缬氨酸	0.35	0.32	0.30	0.35	0.33	0.31
组氨酸	0.17	0.16	0.15	0.17	0.17	0.16
苯丙氨酸	0.29	0.27	0.25	0.29	0.28	0.26
苯丙氨酸+酪氨酸	0.49	0.45	0.43	0.49	0.47	0.44
矿物元素						
钙/%	0.68					
总磷/%	0.54					
非植酸磷/%	0.32					
钠/%	0.14					
氯/%	0.11					
镁/%	0.04					
钾/%	0.18					
铜/mg·kg^{-1}	5.0					
碘/mg·kg^{-1}	0.13					
铁/mg·kg^{-1}	0.75					
锰/mg·kg^{-1}	18.0					
硒/mg·kg^{-1}	0.14					
锌/mg·kg^{-1}	45.0					
维生素和脂肪酸						
维生素 A/IU	3 620					
维生素 D/IU	180					
维生素 E/IU	40					
维生素 K/mg·kg^{-1}	0.50					
硫胺素/mg·kg^{-1}	0.90					
核黄素/mg·kg^{-1}	3.40					

妊娠期	妊娠前期	妊娠后期
泛酸/mg·kg^{-1}	11	
烟酸/mg·kg^{-1}	9.05	
吡哆醇/mg·kg^{-1}	0.90	
生物素/mg·kg^{-1}	0.19	
叶酸/mg·kg^{-1}	1.20	
维生素 B12/μg	14	
胆碱/g·kg^{-1}	1.15	
亚油酸/%	0.10	

表 C-4　瘦肉型泌乳母猪每千克饲粮养分含量（88%干物质）

分娩体重/kg	14~180		180~240	
泌乳期体重变化/kg	0.0	−10	−7.5	−15
哺乳窝仔数/头	9	9	10	10
采食量/kg·d^{-1}	5.25	4.65	5.65	5.20
饲料消化能/MJ·kg^{-1}（kcal·kg^{-1}）	13.8（3 300）	13.8（3 300）	13.8（3 300）	13.8（3 300）
饲料代谢能/MJ·kg^{-1}（kcal·kg^{-1}）	13.25（3 170）	13.25（3 170）	13.25（3 170）	13.25（3 170）
粗蛋白/%	17.5	18.0	18.0	18.5
能量蛋白比[kJ/%（kcal/%）]	789（189）	767（183）	767（183）	746（178）
赖氨酸能量比[g/MJ（g/Mcal）]	0.64（2.67）	0.67（2.82）	0.66（2.76）	0.68（2.85）
氨基酸/%				
赖氨酸	0.88	0.93	0.91	0.94
蛋氨酸	0.22	0.24	0.23	0.24
蛋氨酸+胱氨酸	0.42	0.45	0.44	0.45
苏氨酸	0.56	0.59	0.58	0.60
色氨酸	0.16	0.17	0.17	0.18
异亮氨酸	0.49	0.52	0.51	0.53
亮氨酸	0.95	1.01	0.98	1.02
精氨酸	0.48	0.48	0.47	0.47
缬氨酸	0.74	0.79	0.77	0.81
组氨酸	0.34	0.36	0.35	0.37
苯丙氨酸	0.47	0.50	0.48	0.50
苯丙氨酸+酪氨酸	0.97	1.03	1.00	1.04
矿物元素				

钙/%	0.77
总磷/%	0.62
非植酸磷/%	0.36
钠/%	0.21
氯/%	0.16
镁/%	0.04
钾/%	0.21
铜/mg·kg^{-1}	5.0
碘/mg·kg^{-1}	0.14
铁/mg·kg^{-1}	80.0
锰/mg·kg^{-1}	20.5
硒/mg·kg^{-1}	0.15
锌/mg·kg^{-1}	51.0
维生素和脂肪酸	
维生素 A/IU	2 050
维生素 D/IU	205
维生素 E/IU	45
维生素 K/mg·kg^{-1}	0.5
硫胺素/mg·kg^{-1}	1.00
核黄素/mg·kg^{-1}	3.85
泛酸/mg·kg^{-1}	12
烟酸/mg·kg^{-1}	10.25
吡哆醇/mg·kg^{-1}	1.00
生物素/mg·kg^{-1}	0.21
叶酸/mg·kg^{-1}	1.35
维生素 B$_{12}$/μg·kg^{-1}	15.0
胆碱/g·kg^{-1}	1.00
亚油酸/%	0.10

表 C-5　配种公猪每千克饲粮和每日每头养分需要量（88%干物质）

饲粮消化能含量/MJ·kg^{-1}（kcal·kg^{-1}）	12.95（3 100）	12.95（3 100）
饲料代谢能含量/MJ·kg^{-1}（kcal·kg^{-1}）	12.45（2 975）	12.45（2 975）
消化能摄入量/MJ·kg^{-1}（kcal·kg^{-1}）	21.70（6 820）	21.70（6 820）
代谢能摄入量/MJ·kg^{-1}（kcal·kg^{-1}）	20.85（6 545）	20.85（6 545）
采食量/kg·d^{-1}	2.2	2.2
粗蛋白/%	13.5	13.5
能量蛋白比[kJ/%（kcal/%）]	959（230）	959（230）
赖氨酸能量比[g/MJ（g/Mcal）]	0.42（1.78）	0.42（1.78）
需要量		
	每千克饲粮含量	每日需要量
氨基酸		
赖氨酸	0.55%	12.1 g
蛋氨酸	0.15%	3.31 g
蛋氨酸+胱氨酸	0.38%	8.4 g
苏氨酸	0.46%	10.1 g
色氨酸	0.11%	2.4 g
异亮氨酸	0.32%	7.0 g
亮氨酸	0.47%	10.3 g
精氨酸	0.00%	0.0 g
缬氨酸	0.36%	7.9 g
组氨酸	0.17%	3.7 g
苯丙氨酸	0.30%	6.6 g
苯丙氨酸+酪氨酸	0.52%	11.4 g
矿物元素		
钙	0.70%	15.4 g
总磷	0.55%	12.1 g
非植酸磷	0.32%	7.04 g
钠	0.14%	3.08 g
氯	0.11%	2.42 g
镁	0.04 %	0.88 g
钾	0.20%	4.40 g
铜	5 mg	11.0 mg
碘	0.15 mg	0.33 mg

铁	80 mg	176.00 mg
锰	20 mg	44.00 mg
硒	0.15 mg	0.33 mg
锌	75 mg	165 mg
维生素和脂肪酸		
维生素 A	4000 IU	8800 IU
维生素 D	220 IU	485 IU
维生素 E	45 IU	100IU
维生素 K	0.50 mg	1.10 mg
硫胺素	1.0 mg	2.20 mg
核黄素	3.5 mg	7.70 mg
泛酸	12 mg	26.4 mg
烟酸	10 mg	22.0 mg
吡哆醇	1.0 mg	2.20 mg
生物素	0.20 mg	0.44 mg
叶酸	1.30 mg	2.86 mg
维生素 B_{12}	15 μg	33 μg
胆碱	1.25g	2.75 g
亚油酸	0.1%	2.2 g

表 C-6 常用饲料营养成分表

序号	饲料号 CFN	饲料名称	饲料描述	干物质 DM/%	粗蛋白 CP/%	消化能 DE/MJ·kg⁻¹	钙 Ca/%	总磷 P/%	粗脂肪 EE/%	粗纤维 CF/%	赖氨酸 Lys/%
1	4-07-0278	玉米	成熟、高蛋白质、优质	86.0	9.4	14.39	0.02	0.27	3.1	1.2	0.26
2	4-07-0288	玉米	成熟、赖氨酸、优质	86.0	8.5	14.43	0.16	0.25	5.3	2.6	0.36
3	4-07-0279	玉米	成熟，GB/T 17890—1999 1级	86.0	8.7	14.27	0.02	0.27	3.6	1.6	0.24
4	4-07-0280	玉米	成熟，GB/T 17890—1999 1级	86.0	7.8	14.18	0.02	0.27	3.5	1.6	0.23
5	4-07-0272	高粱	成熟，NY/T 1级	86.0	9.0	13.18	0.13	0.36	3.4	1.4	0.18
6	4-07-0270	小麦	混合小麦，成熟，NY/T 2级	87.0	13.9	14.18	0.17	0.41	1.7	1.9	0.30
7	4-07-0274	大麦（裸）	裸大麦，成熟，NY/T 2级	87.0	13.0	13.56	0.04	0.39	2.1	2.0	0.44
8	4-07-0274	大麦（皮）	皮大麦，成熟，NY/T 1级	87.0	11.0	12.64	0.09	0.33	1.7	4.8	0.42
9	4-07-0273	稻谷	成熟，晒干，NY/T 2级	86.0	7.8	11.25	0.03	0.36	1.6	8.2	0.29
10	4-07-0276	糙米	成熟，未去米糠	87.0	8.8	14.39	0.03	0.35	2.0	0.7	0.32
11	4-07-0276	小米	良，加工精米后的副产品	88.0	10.4	15.06	0.06	0.35	2.2	1.1	0.42
12	4-04-0067	木薯干	木薯干片，晒干 NY/T 合格	87.0	2.5	13.10	0.27	0.09	0.7	2.5	0.13
13	4-04-0068	甘薯干	甘薯干片，晒干 NY/T 合格	87.0	4.5	11.80	0.19	0.02	0.8	2.8	0.16
14	4-08-0104	次粉	黑面、黄粉，下面 NY/T 1级	88.0	15.4	13.68	0.08	0.48	2.2	1.5	0.59
15	4-08-0105	次粉	黑面、黄粉，下面 NY/T 2级	87.0	13.6	13.43	0.08	0.48	2.1	2.8	0.52
16	4-08-0069	小麦麸	传统制粉工艺 NY/T 1级	87.0	15.7	9.37	0.11	0.92	3.9	8.9	0.58
17	4-08-0070	小麦麸	传统制粉工艺 NY/T 2级	87.0	14.3	9.33	0.10	0.93	4.0	6.8	0.53
18	4-08-0041	米糠	新鲜，不脱脂 NY/T 2级	87.0	12.8	12.64	0.07	1.43	16.5	5.7	0.74
19	4-08-0025	米糠饼	未脱脂，机榨 NY/T 1级	88.0	14.7	12.51	0.14	1.69	9.0	7.4	0.66
20	4-08-0018	米糠粕	浸提，预压浸提 NY/T 1级	87.0	15.1	11.55	0.15	1.82	2.0	7.5	0.72
21	5-09-0127	大豆	黄大豆，成熟 NY/T 2级	87.0	35.5	16.61	0.27	0.48	17.3	4.3	2.20
22	5-09-0128	全脂大豆	湿法膨化，生大豆为 NY/T 2级	87.0	35.5	17.74	0.32	0.40	18.7	4.6	2.37

序号	饲料号 CFN	饲料名称	饲料描述	干物质 DM/%	粗蛋白 CP/%	消化能 DE/MJ·kg⁻¹	钙 Ca/%	总磷 P/%	粗脂肪 EE/%	粗纤维 CF/%	赖氨酸 Lys/%
23	5-10-0241	大豆饼	机榨 NY/T 2级	89.0	41.8	14.39	0.31	0.50	5.8	4.8	2.43
24	5-10-0103	大豆粕	去皮，浸提或预压浸提 NY/T 1级	89.0	47.9	15.06	0.34	0.65	1.0	4.0	2.87
25	5-10-0102	大豆粕	浸提或预压浸提 NY/T 2级	89.0	44.0	14.26	0.33	0.62	1.9	5.2	2.66
26	5-10-0118	棉籽饼	机榨 NY/T 2级	88.0	36.3	9.92	0.21	0.83	7.4	12.5	1.40
27	5-10-0119	棉籽粕	浸提或预压浸提 NY/T 1级	90.0	47.0	9.41	0.25	1.10	0.5	10.2	2.13
28	5-10-0117	棉籽粕	浸提或预压浸提 NY/T 2级	90.0	43.5	9.68	0.28	1.04	0.5	10.5	1.97
29	5-10-0183	菜籽饼	机榨 NY/T 2级	88.0	35.7	12.05	0.59	0.96	7.4	11.4	1.33
30	5-10-0121	菜籽粕	浸提或预压浸提 NY/T 2级	88.0	38.6	10.59	0.65	1.02	1.4	11.8	1.30
31	5-10-0116	花生仁饼	机榨 NY/T 2级	88.0	44.7	12.89	0.25	0.53	7.2	5.9	1.32
32	5-10-0115	花生仁粕	浸提或预压浸提 NY/T 2级	88.0	47.8	12.43	0.27	0.56	1.4	6.2	1.40
33	5-11-0001	玉米蛋白粉	玉米去胚芽，淀粉后的面筋部分	90.1	63.5	15.06	0.07	0.44	5.4	1.0	0.97
34	5-11-0002	玉米蛋白粉	同上，中等蛋白产品，CP50%	91.2	51.3	15.61	0.06	0.42	7.8	2.1	0.92
35	5-11-0008	玉米蛋白粉	同上，中等蛋白产品，CP40%	89.9	44.3	15.02	—	—	6.0	1.6	0.71
36	5-11-0003	玉米蛋白饲料	玉米去胚芽、淀粉后含皮残渣	88.0	19.3	10.38	0.15	0.70	7.5	7.8	0.63
37	5-11-0007	啤酒糟 DDGS	玉米啤酒糟及可溶物，脱水	90.0	28.3	3.43	0.20	074	13.7	7.1	0.59
38	5-13-0045	鱼粉（CP62.5%）	8样平均	90.0	62.5	3.10	3.96	3.05	4.0	0.5	5.12
39	5-13-0077	鱼粉（CP53.5%）	沿海产，脱脂，11样平均	90.0	53.5	12.93	5.88	3.20	10.0	0.8	3.87
40	5-13-0036	血粉	鲜猪血，喷雾干燥	88.0	82.8	11.42	0.29	0.31	0.4	0.0	6.67
41	5-13-0047	肉骨粉	屠宰下脚，带骨干燥粉碎	93.0	50.0	11.84	9.20	4.70	8.5	2.8	2.60
42	1-05-0074	苜蓿草粉	一茬，盛花期，烘干，NY/T 1级	87.0	19.1	6.95	1.40	0.51	2.3	22.7	0.82
43	4-17-0009	棕榈油		100.0	0.0	33.51	0.00	0.00	99	0.0	0.00
44	4-17-0010	花生油 38		100.0	0.0	36.53	0.00	0.00	99	0.0	0.00